Trillmich · Welz

Bolzenschweißen
Grundlagen und Anwendung

2., überarbeitete Auflage

Bibliografische Information Der Deutschen Nationalbibliothek
Die Deutsche Nationalbibliothek verzeichnet diese Publikation in der Deutschen Nationalbibliografie; detaillierte bibliografische Daten sind im Internet über htttp://dnb.dnb.de abrufbar.

Fachbuchreihe Schweißtechnik
Band 133

ISBN 978-3-87155-240-3

Alle Rechte vorbehalten.
© DVS Media GmbH, Düsseldorf · 2014
Herstellung: Druck Thiebes GmbH, Hagen

Vorwort der 1. Auflage

In den 1940er Jahren hat das Bolzenschweißen seinen Einzug in die industrielle Fertigung begonnen. Heute werden täglich Millionen von Bolzen aufgeschweißt, Zum Teil geschieht dies von Hand mit pistolenartigen, teilmechanischen Geräten, zunehmend mit vollmechanischen Schweißanlagen, auch mit Robotern.

Als Vorteile dieser Technik sind unter anderem zu nennen:

- die vollflächige Verschweißung bei einseitigem Zugang zum Werkstück,
- der schnelle Schweißvorgang und die damit verbundene hohe Taktrate,
- die hohe Qualität und gute Reproduzierbarkeit der Schweißung,
- die Vielfalt der Anwendungsmöglichkeiten,
- das vielfältige Angebot an Geräten bei verschiedenen Mechanisierungsgraden und industriell gefertigter Schweißelemente.

Bei diesen Hochleistungsverfahren sind aber viele Einflussgrößen zu beachten. Das Bolzenschweißen verlangt daher Wissen und Erfahrung. Das vorliegende Fachbuch soll dazu eine Hilfe bieten. Dabei wird der Bogen von der geschichtlichen Entwicklung und den Grundlagen über die Gerätetechnik, die Fertigung bei verschiedenen Anwendungen bis zur Qualitätssicherung und dem Regelwerk geschlagen. Der Leser wird um Verständnis dafür gebeten, dass manche Aspekte mehrfach auftauchen. Wer sich nur für bestimmte Teilbereiche interessiert, findet so leichter den Anschluss an benachbarte Themen.

Meinerzhagen und Krailling, im August 1997   R. Trillmich und W. Welz

Vorwort zur 2. Auflage

Das Fachbuch „Bolzenschweißen" hat seit seinem ersten Erscheinen gute Aufnahme in der Fachwelt gefunden und damit einen lange geäußerten Wunsch nach einer umfassenden Darstellung der Bolzenschweißtechnik erfüllt. Umfangreiche Änderungen im schweißtechnischen Regelwerk und die Weiterentwicklung der Geräte erforderten nun eine Überarbeitung. Mein Mit-Autor Dr. Willy Welz verstarb im Jahr 2010; so musste die Überarbeitung ohne seine fachliche Begleitung erledigt werden. Dankenswerterweise hat mich neben einzelnen Fachleuten auch der DIN-DVS-Gemeinschaftsausschuss „Bolzenschweißen" intensiv unterstützt. Die Namen aller Beteiligten sind hinter dem Inhaltsverzeichnis genannt.

Gleichzeitig möchte ich an dieser Stelle an die Verdienste von Dr. Willy Welz um die wissenschaftliche Erforschung der Bolzenschweißtechnik erinnern. Ohne seine zahlreichen Untersuchungen und Veröffentlichungen wäre dieses Fachbuch in der vorliegenden Form nicht entstanden.

Meinerzhagen, im Dezember 2014   R. Trillmich

Inhaltsverzeichnis

Vorworte

Danksagung

Geschichte des Bolzenschweißens

1	**Einführung**	1
2	**Verfahren zum Lichtbogenbolzenschweißen**	3
2.1	Bolzenschweißen mit Hubzündung	3
2.2	Bolzenschweißen mit Spitzenzündung	4
3	**Verschiedene Verfahrensvarianten**	6
3.1	Unterteilung der Varianten	6
3.2	Aufgaben und Eigenschaften von Hilfsmitteln	8
3.2.1	Keramikring	8
3.2.2	Schutzgas	9
3.2.3	Zusätze in der Bolzenspitze	10
4	**Besonderheiten des Bolzenschweißens**	12
5	**Vorgänge und Einflussgrößen beim Bolzenschweißen**	14
5.1	Schweißstromkreis beim Bolzenschweißen	14
5.2	Lichtbogen beim Bolzenschweißen	15
5.2.1	Lichtbogen beim Bolzenschweißen mit Hubzündung	15
5.2.1.1	Zünden	15
5.2.1.2	Schweißlichtbogen	16
5.2.2	Lichtbogen beim Bolzenschweißen mit Spitzenzündung	17
5.2.2.1	Zünden	17
5.2.2.2	Schweißlichtbogen	18
5.3	Blaswirkung	18
5.4	Einbrandform und ihre Bedeutung	22
5.5	Erstarrungsvorgang beim Bolzenschweißen und daraus folgende Unregelmäßigkeiten ..	24
5.5.1	Physikalische und chemische Reaktionen	25
5.5.2	Maßnahmen zur Vermeidung von Poren	26
6	**Hinweise für die Konstruktion und die Fertigung**	28
6.1	Allgemeines	28
6.1.1	Bolzendurchmesser und Blechdicke	28
6.2	Hubzündungs-Bolzenschweißen mit Keramikring oder Schutzgas	29
6.2.1	Bolzenform	29
6.2.2	Schweißwulst	29
6.2.3	Positionierung	30
6.2.4	Bolzenlänge	31
6.2.5	Eigenspannungen	32
6.2.6	Kraftumlenkung und Kerbwirkung	32
6.2.7	Blechdickenrichtung	32
6.2.8	Dehnlänge	33
6.2.9	Lochleibung	33

6.2.10	Schweißposition	33
6.2.11	Beschichtungen	34
6.3	Bolzenschweißen mit Kondensatorentladung	35
6.3.1	Bolzenformen	35
6.3.2	Bolzenlänge	35
6.3.3	Positionierung	35
6.3.4	Kerbwirkung	36
6.3.5	Schweißposition	36
6.3.6	Oberflächenbeschichtungen	36
6.3.6.1	Verzinkungen	36
6.3.6.2	Beschichtungen mit anderen metallischen Überzügen	37
6.3.6.3	Ölbeschichtung	37
6.3.6.4	Ungeeignete Beschichtungen	37
6.3.7	Rückseitenmarkierungen	38
6.3.8	Beeinflussung in der Nähe der Schweißstelle	38
6.4	Berechnungsgrundlagen	39
6.4.1	Bolzenschweißungen an Bauteilen mit vorwiegend ruhender Belastung	39
6.4.2	Kopfbolzen in der Befestigungstechnik	43
7	**Werkstoffe zum Bolzenschweißen**	**44**
7.1	Schweißeignung der Werkstoffe – Übersicht	44
7.2	Bolzenschweißen von unlegiertem Stahl	48
7.2.1	Aufhärtung	48
7.2.2	Alterung und Feinkörnigkeit	50
7.2.3	Verformungsfähigkeit	51
7.3	Bolzenschweißen von legiertem Stahl	52
7.4	Bolzenschweißen von unlegiertem mit legiertem Stahl	53
7.4.1	Schweißungen von austenitisch-ferritischen Werkstoffen	53
7.4.2	Schweißungen von delta-ferritischen mit alpha-ferritischen Werkstoffen	54
7.5	Bolzenschweißen von Aluminium	55
7.5.1	Bolzenschweißen von Aluminium mit Spitzenzündung	56
7.5.2	Bolzenschweißen von Aluminium mit Hubzündung	56
8	**Gerätetechnische Einflussgrößen und Schweißparameter**	**59**
8.1	Einstellrichtwerte	59
8.2	Richtwerte für das Hubzündungs-Bolzenschweißen mit Keramikring oder Schutzgas	59
8.2.1	Stromstärke und Schweißzeit	59
8.2.2	Hub- und Eintauchbewegung	62
8.3	Richtwerte für das Kurzzeit-Bolzenschweißen	65
8.3.1	Stromstärke, Schweißzeit und Hub	65
8.4	Bolzenschweißen mit Spitzenzündung	66
9	**Gerätetechnik zum Bolzenschweißen**	**70**
9.1	Stromquellen und ihre Entwicklung	70
9.1.1	Ungeregelte Schweißgleichrichter	70
9.1.2	Geregelte Schweißgleichrichter	73
9.1.2.1	Stromquellen mit Thyristorregelung	73
9.1.2.2	Inverterstromquellen	76
9.1.2.3	Kondensatoren als Stromquelle	78
9.1.3	Überlegungen zur Anschlussleistung von Schweißgleichrichtern	79
9.2	Bewegungsvorrichtungen	81

9.2.1	Mechanisch gesteuerte Vorrichtungen	81
9.2.2	Elektronisch gesteuerte Vorrichtungen	83
9.2.3	Bolzenbewegung durch Roboter	85
9.3	Automation von Bolzenschweißanlagen	85
9.3.1	Zuführung der Bolzen	86
9.3.2	Leistung der Anlagen und Positionierung	87
9.3.3	Automatische Zuführ- und Positioniersysteme zum Bolzenschweißen mit Keramikring	89
9.4	Bolzenschweißen mit magnetisch bewegtem Lichtbogen	90
9.4.1	Prozessablauf beim Hülsenschweißen	90
9.4.1.1	Schweißelemente	91
9.4.1.2	Gerätetechnik	91
9.4.1.3	Qualität und Anwendungen aus der Praxis	91
9.4.2	Bolzenschweißen mit magnetisch bewegtem Lichtbogen am Vollquerschnitt	92
10	**Mechanisch-technologische Eigenschaften einer Bolzenschweißung und ihre Untersuchung**	**94**
10.1	Statische Prüfungen von Bolzenschweißverbindungen	94
10.1.1	Zugprüfung	94
10.1.2	Biegeprüfung	95
10.1.3	Scherversuch	97
10.1.4	Drehmomentprüfung	97
10.2	Dynamische Beanspruchung von Bauteilen mit aufgeschweißten Bolzen	97
10.2.1	Zugschwellversuche	97
10.2.2	Biegewechselversuche am Bolzen	99
10.2.3	Biegewechselversuche am Blech	100
11	**Qualitätssicherung von Bolzenschweißarbeiten und geltendes Regelwerk**	**103**
11.1	Allgemeines	103
11.2	Normung	103
11.3	Bolzenherstellung	105
11.3.1	Aluminiumzusatz und Bolzenform	107
11.3.2	Korrosionsschutz und Lagerung	108
11.3.3	Ausblick	109
11.4	Gesetzlich geregelter Bereich	109
11.4.1	Stahltragwerke	109
11.4.2	Herstellerqualifikation im Stahltragwerksbau	110
11.4.3	Verbundkonstruktionen	110
11.4.4	Schienenfahrzeuge	111
11.4.5	Bestiftungen	111
11.5	Gesetzlich nicht geregelter Bereich	111
11.6	Qualitätsanforderungen nach DIN EN ISO 3834	112
11.7	Checkliste zur Qualitätssicherung	113
11.8	Unregelmäßigkeiten und Korrekturmaßnahmen	113
12	**Prüfen von Bolzenschweißungen**	**118**
12.1	Sichtprüfung	118
12.2	Kontrolle der Schweißparameter	119
12.3	Biegeprüfung	121
12.4	Biegeprüfung im elastischen Bereich	122
12.5	Durchstrahlungsprüfung	123
12.6	Zugprüfung	123

12.7	Ultraschallprüfung	124
12.8	Makroschliffe und Härteprüfung	124
12.9	Mikroschliffe	126
12.10	Andere Prüfungen	126
12.11	Prüfungen und Regelwerke außerhalb Deutschlands	126
12.11.1	Europäische Festlegung nach Eurocodes	126
12.11.2	USA	126
12.11.3	Anwendung von Verankerungen mit Kopfbolzen in den osteuropäischen Staaten	127
13	**Fachpersonal**	132
14	**Arbeitsschutz, Gerätesicherheit und Wartung der Anlagen**	133
14.1	Arbeitsschutz	133
14.2	Gerätesicherheit	134
14.3	Wartung der Anlagen	135
15	**Anwendungen**	137
15.1	Bolzenschweißen im Bauwesen	137
15.1.1	Verbundbau	137
15.1.2	Stahlverankerungen in Beton (Befestigungstechnik)	139
15.1.3	Durchschweißtechnik	142
15.1.4	Fassadenbau	144
15.1.5	Verglasungen	145
15.1.6	Schwarz-Weiß-Verbindungen	146
15.1.7	Werkstatt- oder Baustellenschweißung?	147
15.2	Bolzenschweißen im Automobilbau	147
15.3	Bolzenschweißen im Schiffbau	151
15.4	Bolzenschweißen im Feuerfestbau	154
15.4.1	Hitzebeständige Werkstoffe	154
15.4.2	Bolzen- und Verankerungswerkstoffe	155
15.4.3	Eigenschaften des Vormaterials	158
15.4.4	Korrosion	160
15.4.5	Versprödung und Duktilitätsverlust	161
15.4.6	Anwendungsbereiche und Befestigungssysteme	163
15.4.7	Allgemeiner Feuerfestbau	163
15.4.8	Kraftwerksanlagen	164
15.4.9	Qualitätsanforderungen nach DIN EN ISO 14555	167
15.4.10	Qualitätsanforderungen nach DIN EN ISO 3834	168
15.5	Bolzenschweißen in der Wärme-, Kälte-, Schall- und Brandschutzisolierung	169
15.6	Bolzenschweißen im Anlagen- und Behälterbau	171
15.7	Bolzenschweißen im Verschleißschutzbereich	174
15.8	Bolzenschweißen auf hochfesten Stählen	175
15.9	Anwendungen für das Bolzenschweißen mit Spitzenzündung	176
16	**Schrifttum**	180

Danksagung

Folgende Firmen und Personen, auch die hier nicht genannten Mitglieder im DIN-DVS-Gemeinschaftsausschuss NA 092-00-16 AA/AG V 2.2 „Bolzenschweißen", haben die Autoren mit Hinweisen, Ratschlägen und Abbildungen unterstützt, wofür an dieser Stelle herzlich gedankt wird.

Firmen:

AS Arnhold Schweißtechnik, Witten
AS-Schöler+Bolte GmbH, Witten
AVT Anti-Verschleiß-Technik GmbH, Iserlohn
BETEK GmbH & Co. KG, Aichhalden
Bolzenschweißtechnik bsk+BTV GmbH, Massenbachhausen
Josef Gartner GmbH, Gundelfingen
Dr. Josef Gödde Schweißüberwachungen, Greifenstein
Goldbeck GmbH, Bielefeld
GSI – Gesellschaft für Schweißtechnik International mbH, Niederlassung SLV Duisburg
GSI – Gesellschaft für Schweißtechnik International mbH, Niederlassung SLV München
HBS Bolzenschweißsysteme GmbH & Co. KG, Dachau
Hilbig Schweißtechnik GmbH, Hamburg
Köster & Co. GmbH, Ennepetal
Lohmeier Schaltschrank-Systeme GmbH & Co. KG, Vlotho
Nelson Bolzenschweiß-Technik GmbH & Co. KG, Gevelsberg
OBO Bettermann GmbH & Co. KG, Menden
P + G Ankersysteme , Breckerfeld
Heinz Soyer GmbH, Wörthsee-Etterschlag
Tucker GmbH A Division of STANLEY Engineered Fastening, Gießen
VHI GmbH, Andernach
Viessmann Werke GmbH & Co., Allendorf
VOGT Ultrasonics GmbH, Burgwedel
Wendker Fassaden-Systembau GmbH, Herten

Personen:

Prof. Dr.-Ing. Helmut Bode †, Kaiserslautern
Prof. Dr.-Ing. Thomas Böllinghaus, Berlin
Roland Freund, München
Prof. Dr.-Ing. Gerhard Hanswille, Wuppertal
Dr.-Ing. Gunter Hauf, Gundelfingen
Andreas Jenicek, München
Hans Köchert, Berlin
Dr.-Ing. Vitalij V. Marotschka, Dnipropetrovsk/Ukraine
Dr.-Ing. Markus Porsch, Mainz
Wilhelm Pupp, Glonn
Dr.-Ing. Bärbel Schambach, Berlin
Rainer Zwätz †, Ratingen

Geschichte des Bolzenschweißens

Die Geschichte des Bolzenschweißens und seine Anwendung begannen im Schiffbau. Schon in den Jahren 1915 bis 1918 bemühte sich der Ingenieur Harold Martin in Portsmouth (England), das umständliche Bohren und Befestigen von Bolzen an Schiffsblechen zu vereinfachen. Er nahm einen leicht konisch angespitzten Bolzen als Elektrode, berührte das Blech, schaltete den Schweißstrom ein und zog einen Lichtbogen. Nach einer bestimmten Zeit tauchte er den Bolzen in das Schmelzbad ein und schaltete den Strom ab. Dies alles geschah von Hand.

Der erste industrielle Einsatz des Bolzenschweißens erfolgte aber in Nordamerika. Ted Nelson, ein Schweißer der US-Marine, erhielt 1938 ein Patent [1] auf eine Bolzenschweißpistole. Die Handsteuerung wurde durch einen mechanischen Ablauf ersetzt. Beim Auslösen des Pistolentasters wurden die Stromquelle und ein damit gekoppelter Hubmagnet eingeschaltet. Nach Ablauf der Schweißzeit wurde mit dem Abschalten des Schweißstromes auch der Hubmagnet stromlos; eine Feder tauchte den Bolzen in das Schweißbad.

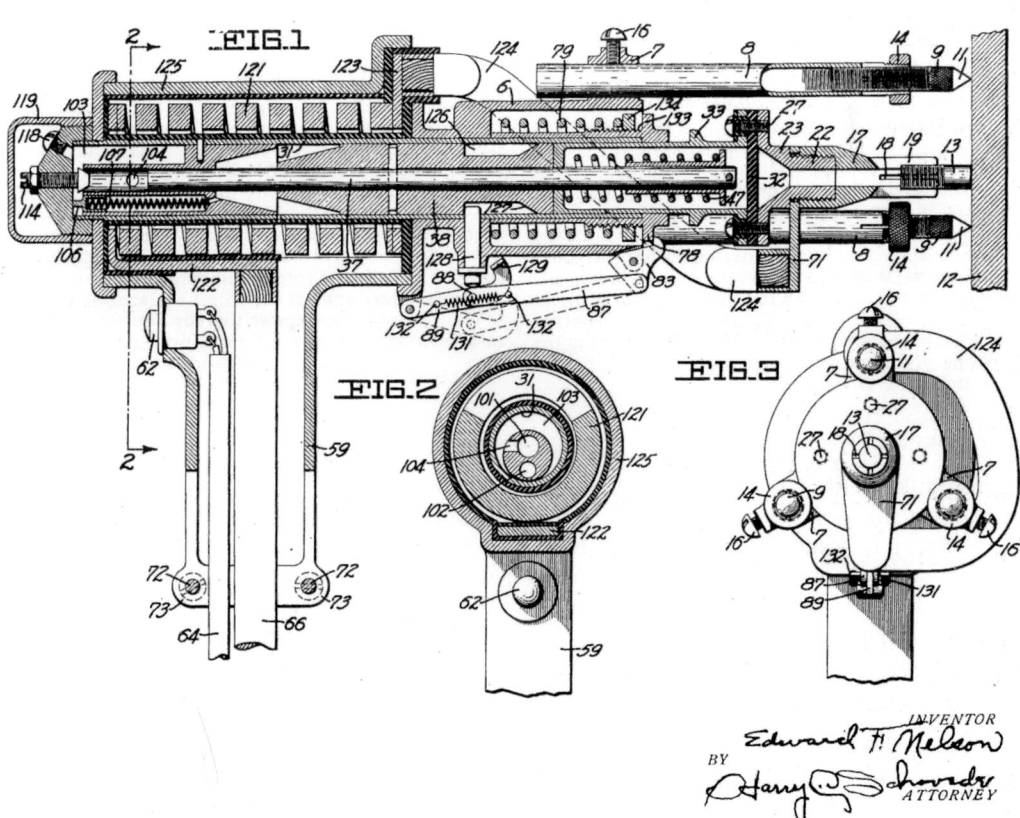

Darstellung der ersten Bolzenschweißpistole aus der Patentschrift von 1938.

Nelson sah die Schwierigkeiten bei der Holzbeplankung der Stahldecks an Flugzeugträgern und löste die Aufgabe, durch vorgebohrte Hölzer Gewindebolzen auf die Stahldecks zu schweißen. Mit dieser Technik sparte er der Marine während des Krieges 50 Millionen Mannstunden an Arbeit. Aus der von Nelson gegründeten Firma spaltete sich 1946 die Firma KSM ab.

Patented Feb. 27, 1940

2,191,494

UNITED STATES PATENT OFFICE

2,191,494

STUD WELDER

Edward F. Nelson, Vallejo, Calif.

Application July 5, 1938, Serial No. 217,345

11 Claims. (Cl. 219—4)

This invention relates to mechanisms for electric welding.

It is an object of the invention to provide improved portable apparatus for electrically butt-welding studs or other rod-like members to the surfaces of metallic objects.

Another object of the invention is to provide, in apparatus of the class described, means for electrically timing the preheating of the parts to be joined so that all welds will be uniformly alike.

A further object of the invention is to provide, in apparatus of the above-mentioned type, means for variably lengthening or shortening the operative cycle of the apparatus.

The invention possesses other objects and features of advantage some of which, together with the foregoing, will be specifically set forth in the detailed description of the invention hereunto annexed. It is to be understood that the invention is not to be limited to the specific form thereof herein shown and described as various other embodiments thereof may be employed within the scope of the appended claims.

Referring to the drawings·

Figure 1 is a ··

In a short time the metal of the object in the arc crater and the end of the stud will have increased in temperature to the melting point whereupon the welder quickly plunges the stud end into the arc crater, the current is turned off, and the molten metal is allowed to cool and solidify. The stud, which is now bonded to the surface of the object, may then be separated from the holder.

There are several undesirable features connected with this hand method of welding. First, it is left entirely to the discretion of the operator to determine when the respective metals of the stud and the object to which the stud is to be bonded, have reached the proper welding temperature. In a great many instances the metals are joined before they are in a molten state, thereby resulting in a faulty and easily broken weld. Secondly, even though the metals happen to be brought to the correct temperature, the stud may be plunged against the object surface slightly to one side of the arc crater thereby also resulting in a weld which does not form a proper homoge

····· and the object. In

·· ·ap may

Auszug aus der Patentschrift.

Auch Harold Martin entwickelte das Bolzenschweißen weiter und erkannte 1945 die Wichtigkeit der Zeitsteuerung. Bei seinem Verfahren wurde ein Bolzen mit einer Aluminiumspritzschicht an der Spitze mit Magnetkraft und unter Bildung eines Pilotlichtbogens zur Erleichterung des Zündvorganges vom Werkstück abgehoben und dann der eigentliche Schweißstrom gezündet, der Bolzenende und Grundwerkstoff anschmilzt. Nach Ablauf der Schweißzeit wurde der Hubmagnet stromlos und eine Feder drückte den Bolzen in die Schmelze. Schließlich wurde der Schweißstrom abgeschaltet. All diese Vorgänge verliefen zyklisch gesteuert nacheinander, daher hat das Verfahren seinen Namen (Cyc-Arc). Martin brachte seine Patente in die Firma Cyc-Arc ein, die später von der Firma Crompton-Parkinson übernommen wurde. Von dieser Firma übernahm 1951 die Firma Peco Schweißmaschinenfabrik R. Bocks, München-Pasing, die Lizenz. Die Firma Köster, Ennepetal, fertigte für die Firma Peco die Bolzen, machte sich aber 1963 von der Firma Peco unabhängig. Die Unterschiede zwischen dem Cyc-Arc-Verfahren und dem Nelson-Verfahren verschwanden im Laufe der Entwicklung immer mehr durch die Zusammenarbeit der Firmen. Heute spricht man nur noch vom Bolzenschweißen mit Hubzündung.

Einen anderen Weg ging die Firma Philips mit dem gleichnamigen Verfahren. Hierbei konnte der Anwender selbst beschaffte Bolzen einsetzen; lediglich eine Papphülse mit einem Kohlering (eine mit Bindemitteln gepresste Masse) musste von Philips gekauft werden. Sie leitete über eine Widerstandserhitzung den Lichtbogen ein. Nach einer bestimmten Zeit, mit dem Abschmelzen der Auflagekanten, wurde der unter Federkraft stehende Bolzen in das Schmelzbad getaucht. Als Stromquelle brauchte man, im Gegensatz zum Cyc-Arc- und Nelson-Verfahren, keine Gleichrichter oder Umformer, sondern es genügten Transformatoren ausreichender Leistung. Das Verfahren konnte sich aber wegen mangelnder Wirtschaftlichkeit nicht gegen den Wettbewerb durchsetzen. Der preisgünstigere Transformator war unter Bedingungen erhöhter elektrischer Gefährdung nicht einsetzbar, da die zulässige Spannung von 42 V zum zuverlässigen Zünden nicht ausreichte. Das Verfahren wurde auch als „Bolzenschweißen mit Ringzündung" bekannt, hat aber heute keinerlei wirtschaftliche Bedeutung mehr.

H. J. Graham beantragte 1945 ein Patent für das Kondensatorentladungs-Bolzenschweißen, bei dem die Bolzen eine kleine zylindrische Spitze aufwiesen. Er verkaufte seine Firma 1960 an die Firma Omark. In Europa wurde das Patent nicht aufrechterhalten und das Verfahren ab 1962 in Deutschland durch die Firma Peco vertrieben. Insbesondere der Fortschritt bei der Entwicklung bei Hochleistungskondensatoren in Europa ermöglichte prozessstabile Geräte für den industriellen Einsatz.

1970 wurde im damaligen Technischen Ausschuss des Deutschen Verbandes für Schweißen und verwandte Verfahren e. V. die Arbeitsgruppe „Bolzenschweißen" gegründet. Von ihr wurden die firmenneutralen Bezeichnungen „Bolzenschweißen mit Hubzündung" und „Bolzenschweißen mit Spitzenzündung" geprägt, Merkblätter zu den Verfahren und zur Qualitätssicherung erarbeitet [16 bis 21] und als Gemeinschaftsausschuss DVS V 2.2 / NAS 0092-00-16 AA im Normenausschuss „Schweißen und verwandte Verfahren" des DIN verschiedene Bolzen und Hilfsmittel [38, 39] genormt.

Meilensteine in der Entwicklung und Anwendung der Verfahren waren 1960 das Aufschweißen kaltgestauchter Kopfbolzen mit 22 mm Durchmesser im Verbundbau und 1963 die Mechanisierung und pneumatische Zuführung von T-Bolzen mit 3 mm Durchmesser zu den Schweißpistolen für vielfältige Anwendungen im PKW-Karosseriebau.

Der zunehmende Bedarf an Bolzenschweißanlagen für die Massenfertigung führte ab 1970 zum Einsatz von Schweißrobotern und zur Entwicklung automatischer Bolzenschweißanlagen. Dabei wurden auch die Verfahren variiert, zum Beispiel durch den Ersatz des Keramikringes durch Schutzgas. Die moderne Halbleitertechnik hat sowohl die Stromquellen als auch die Steuerungen nachhaltig verändert. Ab etwa 1990 wurden Stromquellen in Invertertechnik angeboten, die geringe Masse mit hervorragender Regelgeschwindigkeit verbinden und sich besonders bei Dünnblechanwendungen (Automobilbau) als vorteilhaft erwiesen haben.

In der automobilen Großserienproduktion wurden bereits seit 1987 Inverterstromquellen eingesetzt; sie verdrängten Schritt für Schritt konventionelle 3-Phasen-Gleichrichterstromquellen vollständig. Anfang der 1990er Jahre ermöglichten diese Energiequellen das Kurzzeit-Bolzenschweißen von T 5- und M 6-Aluminiumbolzen mit gezogenem Lichtbogen an Aluminiumbauteilen der Autoindustrie in größerem Umfang.

Die ungeregelten Antriebssysteme der Bolzenschweißwerkzeuge werden in der Automobilindustrie ab 1996 durch elektrodynamisch arbeitende Linearmotoren abgelöst. Diese ermöglichen, die Bewegung des Schweißbolzens während des Schweißprozesses regelungstechnisch in weiten Bereichen zu beherrschen. In Verbindung mit der Invertertechnik ist es somit erstmals möglich, unabhängig von der Schweißrichtung und der bewegten Masse des Schweißwerkzeuges eine reproduzierbare Verknüpfung zwischen dem Schweißstromverlauf und der Bolzenbewegung zu verwirklichen. Das Kurzzeit-Bolzenschweißen mit gezogenem Lichtbogen kann somit auch die Anforderungen erfolgreich erfüllen, in der Automobilindustrie die immer dünner werdenden Stahl- und Aluminiumbleche mit Bolzen zu bestücken.

In den 1990er Jahren wurde auch das Bolzenschweißen mit magnetisch bewegtem Lichtbogen in den industriellen Einsatz überführt, welches das Aufschweißen von hülsenförmigen Schweißelementen ermöglicht.

1 Einführung

Lichtbogenbolzenschweißen ist das Fügen von Schweißelementen (Bolzen) auf Werkstücke durch kurzzeitiges Anschmelzen mit einem Lichtbogen zwischen den Fügeflächen und dem nachfolgenden Vereinigen der Schmelzzonen durch geringe Kraft. Alle diese Vorgänge laufen programmgesteuert ab. Es ist nach DIN 1910-100 zu den Pressschweißverfahren zu rechnen.

Die Aufgabe, Schweißelemente auf Werkstücke zu schweißen, stellt sich in vielen Fertigungsbereichen. Um eine wirtschaftliche, aufgabengerechte Lösung bemühen sich seit Jahren viele Fachleute der Gerätehersteller und Anwender. Daraus entstand ein spezieller Bereich: die Bolzenschweißtechnik. Mit ihr befassen sich auch außerhalb der Firmen Arbeitsgruppen und Forschungsinstitute. So hat das Bolzenschweißen Eingang in verschiedene Regelwerke, Bauvorschriften und Normen gefunden.

Wie bei allen Schweißverfahren müssen auch beim Bolzenschweißen die drei Bereiche

Konstruktion – Werkstoff – Fertigung

beachtet und aufeinander abgestimmt werden.

Bei der Konstruktion sind Form, Gestaltung und Abmessungen der Bauteile und deren Beanspruchungen zu berücksichtigen. Die Bedeutung des aufgeschweißten Bolzens für die Sicherheit des Bauteils ist zu klären. In kritischen Fällen, zum Beispiel wenn das Versagen der Schweißverbindung schwerwiegende Folgen hat, wird man die Belastung auf mehrere Bolzen verteilen.

Der Werkstoff muss schweißgeeignet sein, das bedeutet, er darf durch das Schweißen weder zur Rissbildung noch zu Aufhärtung und Versprödung neigen.

Bei der Fertigung ist ein geeignetes Verfahren mit dazu passenden Schweißelementen zu wählen, dazu ist der gesamte Fertigungsvorgang von der Vorbereitung, der fachgerechten Durchführung des Schweißens bis zur eventuell erforderlichen Nacharbeit zu überprüfen. Unter den Bolzenschweißverfahren hat vor allem das Lichtbogenbolzenschweißen mit seinen verschiedenen Varianten die größte Bedeutung erlangt. Es kann sehr universell eingesetzt werden und erfasst einen Bereich von etwa 0,8 bis 25 mm Bolzendurchmesser bei Schweißzeiten von 1 bis etwa 2000 ms. Andere Bolzenschweißverfahren, wie das Widerstandsbolzenschweißen und das Reibbolzenschweißen, spielen nur eine geringe Rolle. Das Lichtbogenbolzenschweißen nimmt gegenüber den anderen Lichtbogenschweißverfahren eine Sonderstellung ein. Dies betrifft nicht nur die Aufgabenstellung, auch der sehr kurzzeitige Schweißvorgang, die dabei geforderte hohe Stromstärke, das Zusammenspiel von elektrischen Schaltvorgängen mit mechanischen Bewegungen des Bolzens, die sehr schnellen Erschmelzungs- und Erstarrungsvorgänge treten bei anderen Lichtbogenschweißverfahren im Allgemeinen nicht auf. Erfahrungen aus anderen Bereichen sind daher nur begrenzt übertragbar.

Die einfache Handhabung der Bolzenschweißgeräte hat viel zu ihrer Verbreitung beigetragen. Das leichte Aufsetzen der Schweißpistole und Auslösen der mechanischen und elektrischen Vorgänge lässt oft übersehen, welche Präzision und Sorgfalt bei der Ausführung einer hochwertigen, reproduzierbaren Schweißung gefordert werden. An die Stelle der Handfertigkeit eines Blech- oder Rohrschweißers treten beim Bolzenschweißen die Fachkunde, die Kenntnis technischer Zusammenhänge und der präzise Verfahrensablauf der Geräte. Das Bedienungspersonal muss daher auch beim Bolzenschweißen geschult sein, um die Zusammenhänge richtig beurteilen zu können.

Aus vielen Fertigungsbereichen ist das Bolzenschweißen nicht mehr wegzudenken. Dazu gehören besonders:

– das Bauwesen (Stahlbau, Brückenbau, Verbundbau, Fassadenbau),
– der Fahrzeugbau (PKW, LKW, Schienenfahrzeuge, Zulieferindustrie),
– der allgemeine Maschinen- und Apparatebau,
– die Elektroindustrie (Haushaltsgerätebau, elektrischer Anlagenbau),
– der Kessel-, Behälter- und Anlagenbau (einschließlich Montagehilfen),
– der Schiffbau (insbesondere Installationstechnik und Montagehilfen),
– der Kraftwerks- und Ofenbau (Dampferzeuger, Verbrennungsanlagen, Glühöfen),
– der Verschleißschutz durch Aufschweißen von Hartstoffbolzen (Baumaschinen, Agrarmaschinen, Rohstoffgewinnung und -verarbeitung).

Die zunehmende Mechanisierung der Geräte und die hohe Wirtschaftlichkeit des Bolzenschweißens führt heute dazu, nicht nur die vorgegebene Aufgabenstellung „Aufschweißen von Bolzen" optimal zu lösen, sondern sie fordert auch vom Konstrukteur Lösungen zu suchen, bei denen andere Befestigungssysteme so geändert werden, dass das wirtschaftliche Bolzenschweißen zur Rationalisierung eingesetzt werden kann. Das Bolzenschweißen wird daher in Zukunft weitere Anwendungsgebiete finden.

2 Verfahren zum Lichtbogenbolzenschweißen

Die Verbreitung und vielfältigen Anwendungsmöglichkeiten des Lichtbogenbolzenschweißens haben dazu geführt, dafür den kürzeren Begriff „Bolzenschweißen" zu verwenden. Diese Kurzform wird auch hier gewählt. Dabei sind heute zwei Verfahrensgruppen zu unterscheiden:

– Bolzenschweißen mit Hubzündung,
– Bolzenschweißen mit Spitzenzündung.

2.1 Bolzenschweißen mit Hubzündung

Das Verfahren wird für Bolzendurchmesser von etwa 2 bis 25 mm bei Stromstärken bis etwa 3000 A und Schweißzeiten bis etwa 2000 ms eingesetzt. Als Stromquellen dienen Schweißgleichrichter (in Sonderfällen Wechselspannungsquellen) oder eine Kondensatorbatterie.

Arbeitsweise:

Die prinzipielle Schaltanordnung, in diesem Fall beim Bolzenschweißen mit Keramikring, ist in Bild 2-1 dargestellt.

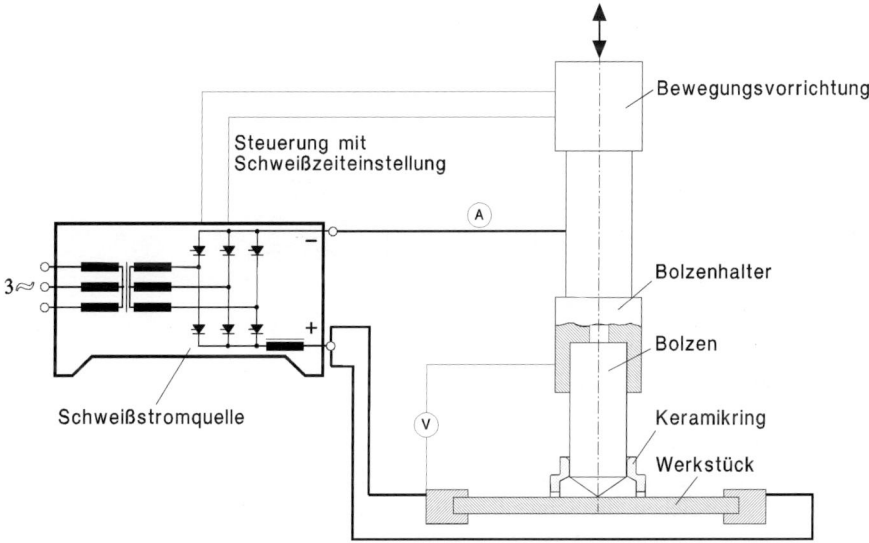

Bild 2-1. Schaltanordnung einer Bolzenschweißanlage mit Hubzündung für das Schweißen mit Keramikring.

Im Allgemeinen wird der Pluspol der Stromquelle mit dem Werkstück verbunden. Den Verfahrensablauf zeigt Bild 2-2. Der Bolzen wird in den Bolzenhalter der Pistole oder des Schweißkopfes eingeschoben und, eventuell mit einem Keramikring versehen, auf das Werkstück aufgesetzt (1). Zu Beginn des Schweißvorganges wird der Bolzen durch einen Hubmechanismus angehoben und zuerst ein Hilfslichtbogen (Pilotlichtbogen) geringer Stromstärke (2), dann der Hauptlichtbogen zwischen Bolzenspitze und Werkstück gezündet. Der Hauptlichtbogen hoher Stromstärke muss auf den Bolzendurchmesser abgestimmt sein. Die Bolzenstirnfläche und das gegenüberliegende Werkstück schmelzen nun an (3). Nach Ablauf der eingestellten Schweißzeit wird der Bolzen zum

Werkstück bewegt, beide Schmelzzonen vereinigen sich (4). Dann wird die Stromquelle abgeschaltet; die Schmelzzone erstarrt und kühlt ab (5). Bei Verwendung eines Keramikringes wird dieser anschließend entfernt.

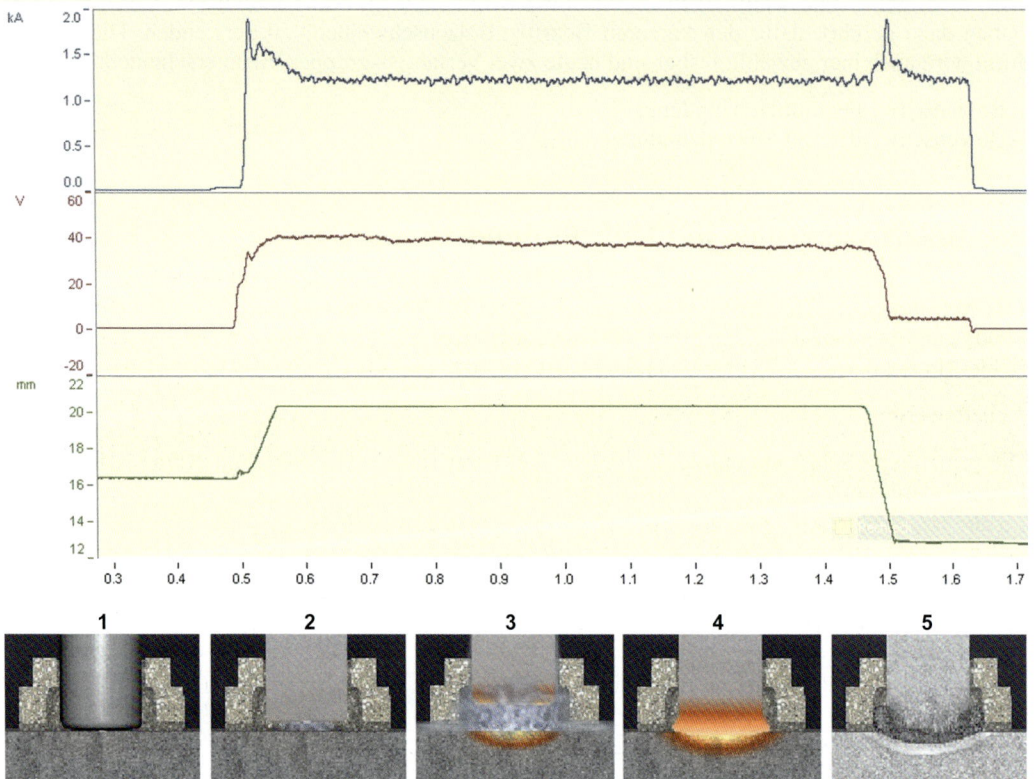

Bild 2-2. Verfahrensablauf des Bolzenschweißens mit Hubzündung.

2.2 Bolzenschweißen mit Spitzenzündung

Das Verfahren wird für Bolzen bis etwa 8 (10) mm Durchmesser eingesetzt. Man verwendet Bolzen mit kleiner zylindrischer Spitze und als Stromquelle eine Kondensatorbatterie. Der Spitzenstrom kann 10.000 A erreichen; die Schweißzeit liegt zwischen 0,5 und 5 ms.

Arbeitsweise:

Die Schaltanordnung und der Bewegungsablauf sind in Bild 2-3 und Bild 2-4 dargestellt. Die Kondensatorbatterie wird auf eine vorgegebene Spannung aufgeladen. Im Allgemeinen wird der Minuspol mit dem Bolzen verbunden. Der Bolzen mit seiner genau dimensionierten zylindrischen Zündspitze wird zum Werkstück bewegt. Die Spitze berührt das Werkstück und schließt damit den Stromkreis. Der rasch ansteigende Strom lässt die Zündspitze schlagartig schmelzen und zündet damit den Lichtbogen. Bolzen und Werkstück werden angeschmolzen. Mit dem Auftreffen des Bolzens erlischt der Lichtbogen, die Schmelzzonen vereinigen sich und erstarren. Die Restenergie des Kondensators entlädt sich im Kurzschluss.

Beim Bolzenschweißen mit Spitzenzündung gibt es zwei Verfahrensvarianten. Beim „Schweißen mit Spalt" kann, wie hier geschildert, der Bolzen auf eine bestimmte Geschwindigkeit beschleunigt werden. Durch den Zündvorgang wird die Bewegung nicht verzögert.

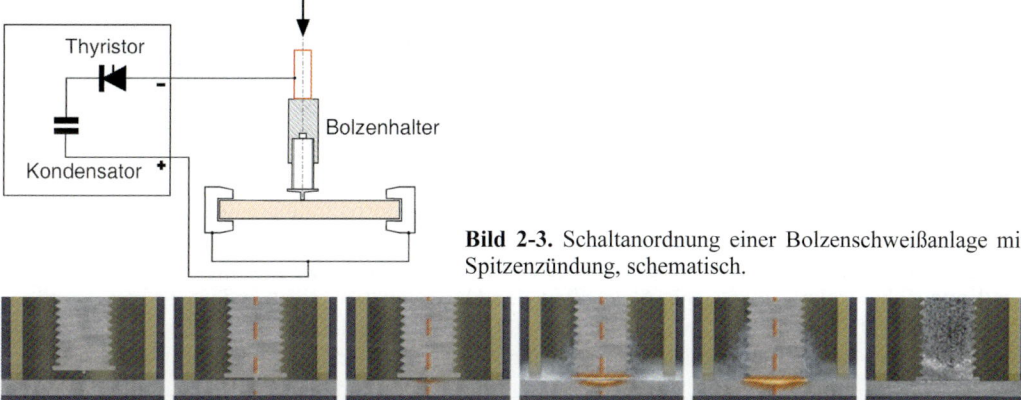

Bild 2-3. Schaltanordnung einer Bolzenschweißanlage mit Spitzenzündung, schematisch.

Bild 2-4. Verfahrensablauf des Bolzenschweißens mit Spitzenzündung.

Tabelle 2-1. Verfahrensvarianten des Bolzenschweißens mit Spitzenzündung.

Kenngröße	Spaltverfahren	Kontaktverfahren
Ordnungsnummer nach DIN EN ISO 4063	786	786
Bolzendurchmesser d (mm)	0,8 bis 10 (Aluminium bis 6)	0,8 bis 10
Spitzenstrom etwa (A)	10000	5000
Schweißzeit etwa (ms)	0,5 bis 2	1 bis 3
Federkraft etwa (N)	40 bis 60	60 bis 100 je nach Kolbenmasse
Eintauchgeschwindigkeit etwa (m/s)	0,5 bis 1 (Aluminium 1 bis 1,5)	0,5 bis 0,7
Zündung	meist korrekt, Frühzündung möglich	immer korrekt
typische Anwendung	Aluminium, Messing	Stahl (unlegiert und legiert), galvanisch verzinkte und geölte Oberflächen

Beim „Schweißen mit Kontakt" berührt die unter Federkraft stehende Zündspitze das Werkstück. Mit dem Einschalten des Stromes schmilzt die Zündspitze explosionsartig und zündet den Lichtbogen. Der Bolzen bewegt sich zum Werkstück und verschweißt. Da der Bolzen aus dem Ruhezustand beschleunigt werden muss, ergibt sich eine längere Schweißzeit als beim Schweißen mit Spalt. In der Tabelle 2-1 sind die Eigenschaften beider Varianten gegenübergestellt.

Der sehr kurzzeitige Schweißvorgang lässt sich nur anhand von gespeicherten Oszillogrammen verfolgen, die damit eine genaue Beurteilung des Ablaufes ermöglichen, über den noch im Einzelnen zu sprechen sein wird.

3 Verschiedene Verfahrensvarianten

3.1 Unterteilung der Varianten

In der Anfangszeit wurde das Bolzenschweißen mit Hubzündung vorwiegend mit einem Keramikring als Schweißbadschutz ausgeführt. Nur bei kleinen Bolzen (< 8 mm Durchmesser) und in Sonderfällen wurde auch ohne Keramikring geschweißt. Da der Schweißvorgang über Schaltschütze gesteuert wurde, ließ die An- und Abfallverzögerung keine Schweißzeiten unter etwa 100 ms zu.

Mit den ersten Thyristoren (1962) konnte nur eine Kondensatorbatterie geschaltet werden, um den Schweißvorgang auszulösen. Da die Bewegung des Pistolenkolbens aber mehr Zeit benötigte, wurde mit dem Abheben zunächst ein Pilotlichtbogen geringer Stärke gezündet und erst während der Eintauchbewegung, also nach Abschalten des Hubmagneten, die Kondensatorbatterie zugeschaltet. Diese Technik wurde im PKW-Bau ab 1963 für die T-Bolzen mit Schweißzeiten bis 10 ms eingesetzt. Man spricht vom Kondensatorentladungs-Bolzenschweißen mit Hubzündung.

Hinsichtlich Anwendung, Anforderung an die Werkstücke und Qualitätssicherung ähnelt das Verfahren stark dem Bolzenschweißen mit Spitzenzündung. Da bei beiden Verfahren eine Kondensatorentladung die nötige Energie liefert, umfasst der Begriff „Bolzenschweißen mit Kondensatorentladung" sowohl das Verfahren Spitzenzündung als auch das Kondensatorentladungs-Bolzenschweißen mit Hubzündung, letzteres ist jedoch in der Praxis kaum noch anzutreffen; es wurde durch das Kurzzeit-Bolzenschweißen verdrängt.

Die Weiterentwicklung der Leistungshalbleiter führte zu Thyristoren, die zu einem gesteuerten Gleichrichter zusammengeschaltet werden konnten. Damit war der Bereich oberhalb etwa 20 ms Schweißzeit für das Bolzenschweißen, vorwiegend an dünnen Blechen, erschlossen. Diese Technik wurde unter der Bezeichnung „Kurzzeit-Bolzenschweißen mit Hubzündung" eingeführt. Auch hier wird die träge Mechanik der Schweißpistolen oder -köpfe durch geeignete Bewegungsabläufe an die kurze Lichtbogenbrennzeit angepasst.

Schließlich zeigte sich, dass es bei der Mechanisierung und Automatisierung des Schweißprozesses schwierig ist, den Keramikring mechanisch oder automatisch zuzuführen. Für die Bolzensortierung und -zuführung hatte man das Problem in verschiedener Form gelöst. Für Bolzen bis 6 mm Durchmesser konnte man durch kurze Schweißzeit und hohe Stromstärke auch ohne Keramikring befriedigende Ergebnisse erzielen. Bei Bolzen über 8 mm Durchmesser suchte man aber eine geringere Porenanfälligkeit und ein besseres Wulstaussehen zu erreichen. Dazu wurde dem Schweißbereich ein Schutzgas zugeführt, um den Lichtbogen vor der Atmosphäre zu schützen.

So ergaben sich verschiedene Varianten des Bolzenschweißens mit Hubzündung, die mit folgenden Bezeichnungen in DIN EN ISO 4063 genormt sind:

– **Hubzündungs-Bolzenschweißen mit Keramikring oder Schutzgas (Nr. 783),**
– **Kurzzeit-Bolzenschweißen mit Hubzündung (Nr. 784) (mit oder ohne Schutzgas),**
– **Kondensatorentladungs-Bolzenschweißen mit Hubzündung (Nr. 785).**

Ihre Arbeitsbereiche sind in Tabelle 3-1 aufgeführt. Wie bereits erwähnt, wurde das Kondensatorentladungs-Bolzenschweißen mit Hubzündung weitgehend vom Kurzzeit-Bolzenschweißen mit Hubzündung mit neuen stromgeregelten Schweißgleichrichtern oder Invertern verdrängt.

Tabelle 3-1. Kenngrößen und Einstellparameter beim Bolzenschweißen.

Kenngröße	Hubzündungs-Bolzenschweißen mit Keramikring oder Schutzgas	Kurzzeit-Bolzenschweißen mit Hubzündung	Kondensatorentladungs-Bolzenschweißen mit Hubzündung	Bolzenschweißen mit Spitzenzündung
Nr. nach DIN EN ISO 4063	783	784	785	786
Bolzendurchmesser d (mm)	3 bis 25, Schutzgas 3 bis 12 (16)	3 bis 12	2 bis 8	2 bis 8 (10)
Spitzenstrom (A)	2500	2000	4000	10000
Schweißzeit (ms)	100 bis 2000	10 bis 100	3 bis 10	1 bis 3
Fügekraft (N)	< 100	< 100	< 100	< 100
Energiequelle	Schweißgleichrichter oder Inverter	Schweißgleichrichter oder Inverter	Kondensator	Kondensator
Schweißbadschutz	Keramikring oder Schutzgas	ohne Schutz oder Schutzgas	ohne Schutz	ohne Schutz
Bolzenwerkstoff	Baustahl, CrNi-Stahl, Aluminium (bis 12 mm)	Baustahl, CrNi-Stahl, Messing (mit Schutzgas)	Baustahl, CrNi-Stahl, Messing, Kupfer, Aluminium	Baustahl, CrNi-Stahl, Messing, Kupfer, Aluminium, Titan
Blechoberfläche	metallisch blank, (Walzhaut, Flugrost, Schweißprimer)	metallisch blank, verzinkt, leicht geölt	metallisch blank, leicht geölt	metallisch blank, verzinkt (Kontaktschweißen bis M 6)
Schweißposition	mit Keramikring: bis 16 mm Ø: PA, PC, PE, bis 19 mm Ø: PA und PE, über 19 mm Ø: nur PA mit Schutzgas: nur PA	alle Positionen	alle Positionen	alle Positionen
Mindestblechdicke (d = Bolzendurchmesser)	1/4 d, bei Schutzgas 1/8 d	1/10 d, ab etwa 0,7 mm	1/10 d, ab etwa 0,5 mm	1/10 d (ab etwa 0,5 mm)
	übliche Einstellparameter			
	Schweißstrom	Schweißstrom	Ladespannung	Ladespannung
	Schweißzeit	Schweißzeit		Zündspalt
	Hub (Lichtbogenlänge)	Hub (Lichtbogenlänge)		Federkraft (Auftreffgeschwindigkeit)
	Eintauchgeschwindigkeit und Überstand, Dämpfung ab 14 mm Durchmesser	Überstand (Eintauchgeschwindigkeit)	in Sonderfällen Kapazität	in Sonderfällen Kapazität

Wegen der in DIN EN ISO 4063 notwendigen langen Bezeichnungen werden in diesem Buch dort, wo keine Verwechslung mit anderen Varianten möglich ist, kürzere Namen verwendet.

Auch bei der Bolzenfertigung haben sich verschiedene Weiterentwicklungen durchgesetzt. Die anfänglich verwendete Metallkappe mit Desoxidationsmitteln an der Bolzenspitze wurde durch eine Aluminium-Spritzschicht ersetzt. Der dadurch erforderliche separate Fertigungsgang erschwerte und verteuerte die Massenfertigung. An ihrer Stelle wurde daher eine Aluminiumkugel in eine Bohrung der Bolzenstirnfläche eingepresst. Beide Ausführungen werden heute noch verwendet; die aufgespritzte Aluminiumschicht aber nur noch bei kleinen Fertigungslosen oder Sonderbolzen.

Für das Kurzzeit-Bolzenschweißen wird ein Bolzen mit angestauchtem Flansch und flacher Kegelspitze ohne Aluminiumzusatz eingesetzt.

Eine ganz andere Variante ergab sich bei der Aufgabe, Muttern mit einem durchgehenden Gewinde, also nicht mit einem Sackloch in einem Bolzen, auf Bleche oder Rohre aufzuschweißen. Hier musste auf eine Methode zurückgegriffen werden, die zwar seit langem bekannt ist [2], aber bisher vorwiegend für das Stumpfschweißen von Rohren eingesetzt wurde: das Schweißen mit magnetisch bewegtem Lichtbogen. Es ist detailliert in Abschnitt 9.4 beschrieben.

3.2 Aufgaben und Eigenschaften von Hilfsmitteln

Beim Bolzenschweißen mit Hubzündung können verschiedene Hilfsmittel eingesetzt werden, um den Schweißablauf und das Ergebnis zu verbessern. Solche Hilfsmittel sind der Keramikring (CF: ceramic ferrule gemäß DIN EN ISO 14555) und das Zuführen von Schutzgas (SG: shielding gas). Aber auch die Wirkung von Zündhilfen und Desoxidationsmitteln an der Bolzenspitze sollen hier besprochen werden.

Ohne Hilfsmittel, das bedeutet ohne Schutz des frei brennenden Lichtbogens gegenüber der Atmosphäre, tritt eine verstärkte Spritzerbildung, verbunden mit Oxidation und Porenbildung auf. Der Schweißwulst wird in Form und Aussehen unregelmäßig. Die Festigkeitswerte der Schweißung sind gering. Um im Durchmesserbereich unter 6 mm in der Massenfertigung trotzdem brauchbare Ergebnisse zu erzielen, verringert man die Schweißzeit auf 10 bis 30 ms und erhöht die Stromstärke. Die damit erreichte stärkere Metalldampfbildung und kurze Reaktionszeit verringert die Porenbildung. Mit einem angestauchten Flansch an der Bolzenspitze wird die Schweißfläche vergrößert und die Festigkeit des Bolzenwerkstoffs erreicht. Bei größeren Bolzendurchmessern bedient man sich aber der nachfolgenden Hilfsmittel:

3.2.1 Keramikring

Bei Bolzen über etwa 10 mm Durchmesser dient in den meisten Fällen ein Keramikring als Schutz. Der Keramikring wird nur einmal verwendet und ist in DIN EN ISO 13918 genormt. Dabei sind Bolzen mit Aluminiumzusatz an der Spitze zu verwenden, siehe Abschnitt 3.2.3.

Der Keramikring hat im Wesentlichen drei Aufgaben:

- Er lässt den sich aufgrund der hohen Temperatur in der Brennkammer bildenden Metalldampf nur durch die Entgasungskanäle entweichen und hält so zum Teil die Atmosphäre ab und vermindert dadurch die Reaktionen mit der Schmelze.
- Er konzentriert den Lichtbogen auf einen kleinen Bereich des Werkstückes, stabilisiert ihn und vermindert das Ausweichen des Lichtbogens aus der Achsrichtung aufgrund von unsymmetrischen Magnetfeldern (siehe Abschnitt 5.3 – Blaswirkung).
- Er formt beim Eintauchen des Bolzens die seitlich weggedrückte Schmelze zu einem definierten Schweißwulst. Beim Schweißen in Zwangslagen stützt er die Schmelze. Schweißungen in Querposition sind oberhalb etwa 8 mm Durchmesser nur mit Keramikring möglich.

Darüber hinaus verringert der Keramikring die Abkühlgeschwindigkeit und schützt den Bediener vor Strahlung und Spritzern. Das sind jedoch Nebeneffekte, die nicht ausschlaggebend für die Wahl des Keramikringes als Schweißbadschutz sind.

Der Keramikring soll zur Vermeidung der thermischen Blaswirkung (siehe diese) zentrisch zum Bolzen sitzen, darf die Bolzenbewegung nicht behindern und muss auf das Werkstück gedrückt werden. Es sollen nur die zum Bolzen passenden Keramikringe zum Einsatz kommen. Ein Indiz für unwirksame Abschirmung ist ein breiter Hof aus Ruß um den Ring im Gegensatz zu einem „Strahlenkranz" bei guter Abschirmung. In Einzelfällen kann es nötig sein, die Form des Keramikringes dem Werkstück (zum Beispiel einem runden Rohr oder den Ecken eines Winkelprofiles) anzupassen.

Keramikringe müssen trocken gelagert werden, andernfalls nehmen sie Feuchtigkeit auf, die zu erhöhter Spritzer- und Porenbildung führen kann.

Keramikringe bestehen aus einer preisgünstigen Masse, meistens aus Aluminium- und Magnesiumsilikaten (Reihe C 500, DIN EN 60672), teilweise auch aus Aluminiumoxid. Wichtig ist eine geringe Wärmeleitfähigkeit und hohe Temperaturwechselbeständigkeit; sie verhindern ein Platzen des Ringes während des Schweißens. Das wird unter anderem. durch ein Porenvolumen von etwa 20% erreicht. Der Keramikring wird in seiner Brennkammer innen angeschmolzen, haftet dadurch am Schweißwulst und wird beim Entfernen meistens zerstört. Es ist daher kaum möglich und auch nicht sinnvoll, den Keramikring mehrmals zu verwenden. Dauerkeramikringe gibt es nicht. Verwendet man wesentlich größere Keramikringe, zum Beispiel zum Schutz von Vorrichtungen oder dergleichen, so erfüllen sie ihre eigentlichen Aufgaben nicht.

3.2.2 Schutzgas

Schutzgas hat sich als Schweißbadschutz anstelle von Keramikringen bei Bolzen bis etwa 12 mm Durchmesser, vor allem bei automatischer Bolzenzuführung bewährt. Kann in Wannenlage gearbeitet werden und spielt ein im Mittel etwas ungleichmäßig ausgebildeter Schweißwulst keine Rolle, sind auch positive Erfahrungen bei Bolzen bis etwa 16 mm Durchmesser bekannt. Dabei muss aber der Vermeidung der magnetischen Ablenkung des Lichtbogens (Blaswirkung) besondere Aufmerksamkeit geschenkt werden.

Schutzgas schirmt den Lichtbogen und die Schmelze gegenüber der Atmosphäre ab, verhindert die Aufnahme von Stickstoff im Schmelzbad, verringert die Oxidation und die Porenbildung. Das Schutzgas beeinflusst die Energieverteilung im Lichtbogen, erhöht die Ionendichte (verringert die Lichtbogenspannung) und das Anschmelzverhalten an Bolzen und Werkstück. Der Lichtbogen wirkt auf eine größere Werkstückfläche ein und schmilzt sie weniger an als mit Keramikring. Es wird mehr Bolzenwerkstoff angeschmolzen, besonders am Rand greift der Lichtbogen am zylindrischen Schaft weiter nach oben. Über die Oberflächenspannung der Schmelze wird auch die Form des Schweißwulstes beeinflusst.

Im Vergleich zum Schweißen mit Keramikring ist der Lichtbogen weniger intensiv, aber stabiler, so dass auch auf dünneren Blechen ohne Durchbrennen Bolzen geschweißt werden können (siehe Tabelle 3-1).

Voraussetzung für einen guten Gasschutz ist eine geeignete Vorrichtung. Das Schutzgas muss möglichst großflächig und ohne Verwirbelung zur Schweißstelle geführt werden. Eintrittsbohrungen in die Gaskammer sollten radial oberhalb der Schweißstelle angebracht werden und dem Gas eine Beruhigungsstrecke bis zur Schweißstelle lassen. Die Schweißung muss gleichmäßig vom Schutzgas umspült sein. Eine ausreichende Vorströmzeit zur Spülung der Schweißstelle ist erforderlich. Neben der Gasvorrichtung ist daher auch eine Gassteuerung erforderlich. Im Allgemeinen genügt je nach Bolzendurchmesser eine Gasmenge von 10 l/min.

Generell kommt bei Stahl und nichtrostendem Stahl Mischgas nach DIN EN ISO 14175 (M12, M20, M21) mit 75 bis etwa 98% Ar und etwa 2 bis 25 % CO_2 zum Einsatz. Die Befürchtung, bei nichtrostendem Stahl könnte eine Aufkohlung erfolgen, hat sich nicht bestätigt; dazu sind die

Verweilzeiten bei Schweißtemperatur zu gering. Mischgas mit 82 % Ar und 18 % CO_2 wird am häufigsten verwendet.

Mischgas ergibt einen guten Einbrand, bei inerten oder nur wenig aktiven Gasen ist der Einbrand oft unbefriedigend. Beim Kurzzeit-Bolzenschweißen kommt es manchmal vor, dass sich bei normaler Einstellung der Schweißparameter und Wechsel von einem aktiven zu einem inerten Gas die Schmelzbäder nicht vereinigen und Gerätefehler vortäuschen.

Bei Aluminium wird ein Gemisch aus 70 bis 85 % Argon und 15 bis 30 % Helium eingesetzt (I3 nach DIN EN ISO 14175). Reinargon Ar 99,99 (I1 nach DIN EN ISO 14175) sollte nur bei Bolzen bis etwa 5 mm und Blechen bis etwa 1 mm Dicke verwendet werden. An die Gasvorrichtung werden bei Aluminium höhere Anforderungen gestellt.

Dazu weitere Ausführungen findet man in Abschnitt 7.5.

Die Lichtbogenspannung sinkt bei Einsatz von Schutzgas um etwa 3 V, so dass bei stromgeregelten Geräten zur Erzielung gleicher Lichtbogenleistung der Strom um etwa 10 % erhöht werden muss. Bei ungeregelten Anlagen mit leicht fallender Kennlinie wird durch die niedrigere Lichtbogenspannung zwangsläufig ein höherer Strom erreicht.

In Sonderfällen ist auch der zusätzliche Einsatz von Keramikringen beim Schweißen unter Schutzgas angezeigt, zum Beispiel beim Bolzenschweißen von nichtrostenden Stählen über 16 mm Durchmesser oder wenn der Lichtbogen am Werkstück auf einen kleinen Bereich beschränkt werden und der Schweißwulst besser geformt werden soll. In diesen Fällen ist der Einstellbereich von Strom und Zeit bei gleicher Energie größer.

In manchen Fällen ist es schwierig, eine perfekte Schutzgasatmosphäre um den Bolzen zu schaffen, entweder, weil die Bolzenform (Kopfbolzen) ungeeignet ist, eine Schutzgasglocke keinen Platz auf dem Werkstück hat oder wegen der Oberflächenform keine Abdichtung möglich ist. Durch Erhöhen des Schweißstromes lässt sich aber auch ohne Schutzgas manchmal eine akzeptable Schweißqualität erreichen. Die kurze Schweißzeit bei hohem Strom verringert die Reaktionszeit mit der Luft. Voraussetzung ist allerdings eine saubere Werkstückoberfläche.

3.2.3 Zusätze in der Bolzenspitze

Im Allgemeinen werden Bolzen für das Hubzündungs-Bolzenschweißen mit Keramikring (Schweißzeiten über etwa 150 ms) entweder mit einer in die Spitze eingepressten Aluminiumkugel oder mit einer Beschichtung (Spritzschicht) aus Aluminium geliefert. Seit langem hat sich die Aluminiumkugel wegen der einfacheren Herstellung durchgesetzt. Sie wird bei gepressten Bolzen in der letzten Pressstufe oder, bei gedrehten Bolzen, auf einer separaten Vorrichtung eingebracht. Bei Sonderbolzen oder bei geringen Produktionsmengen findet man noch die Beschichtung. Sie hat geringe schweißtechnische Vorteile, da die Reaktion im Lichtbogen gleichmäßiger ist, allerdings besteht leicht die Gefahr der Überdosierung. Im Normalfall sind die Unterschiede in der Praxis nicht spürbar.

Aluminium hat eine geringere Ionisationsenergie als Eisen und erleichtert damit das Zünden des Lichtbogens. Durch seine hohe Affinität zu Sauerstoff verhindert es die Reaktion von Sauerstoff mit Kohlenstoff und „beruhigt" das Schmelzbad. Außerdem bindet es den Stickstoff, erhöht damit die Feinkörnigkeit und verringert die Porenbildung.

Die Aluminiummengen und Reaktionen sind im Allgemeinen auf die Schweißbadgrößen beim Bolzenschweißen mit Keramikring abgestimmt. Daraus ist ersichtlich, dass sie weder für das

Schutzgasbolzenschweißen mit seinen geringen Reaktionen mit Sauerstoff und Stickstoff noch für das Kurzzeit-Bolzenschweißen mit Hubzündung mit den wesentlich geringeren Badgrößen geeignet sind. Beim Bolzenschweißen mit Schutzgas ist der Schweißwulst ungleichmäßig und von einer Aluminiumoxidhaut überzogen. Beim Kurzzeit-Bolzenschweißen versprödet die Schweißzone durch die zu hohe Aluminium-Auflegierung.

Besonders Bolzen aus legiertem Stahl ohne Aluminiumzusatz zeigen in einigen Fällen beim Schweißen mit Keramikring ein schlechteres Schweißverhalten (stärkere Spritzerbildung) als Bolzen mit Aluminium. Die bauaufsichtliche Zulassung Z-30.3-6 [13] schreibt bei nichtrostenden Bolzen einen Aluminiumzusatz vor, wenn mit Keramikring geschweißt wird.

Die Gefahr der Überdosierung der Aluminiummenge wurde bereits erwähnt. In einer Untersuchung [3] konnte gezeigt werden, dass ein relativ großer Bereich existiert, in dem gute Schweißungen erreicht werden. Bei zu hohem Aluminiumgehalt treten spröde Brüche in der Schweißzone auf. Diese werden durch Grobkornbildung mit δ-Ferrit verursacht. Bei Verwendung von Bolzen mit Aluminiumspritzschicht kann Ursache auch Wasserstoffeinfluss sein. Die raue Schicht hat eine relativ große Oberfläche mit viel Aluminiumoxid, das Feuchtigkeit bindet.

4 Besonderheiten des Bolzenschweißens

Der Lichtbogen als konzentrierte Energiequelle brennt beim Bolzenschweißen direkt zwischen den beiden zu schweißenden Teilen, also zwischen Bolzen und Werkstück und schmilzt sie an. Zum Schweißen müssen dann nur noch die angeschmolzenen Teile mit geringer Kraft zusammengeführt werden. Bemerkenswert ist, dass das Zünden des Lichtbogens schon in den Anfängen schnell, präzise und ohne Hochspannungsimpulse gelang. Durch die kurze Schweißzeit und hohe Stromstärke wird ein nur geringer Einbrand erzielt. Daraus ergeben sich verschiedene Eigenschaften der Verfahren, die viel zur Verbreitung des Bolzenschweißens beigetragen haben:

- Das Bauteil muss nur von einer Seite zugänglich sein.
- Es müssen keine Bohrungen angebracht werden, die zu Undichtigkeiten an Hohlkörpern führen könnten.
- Durch leichte und handliche Schweißpistolen kann in allen Positionen geschweißt werden, mit gewissen Einschränkungen beim Schweißen an senkrechter Wand.
- Der große Durchmesserbereich von 0,8 bis 25 mm und das Verschweißen von Flachstiften mit rechteckigem Querschnitt bei einem Seitenverhältnis von bis zu 1:5 erlauben vielfältige Anwendungen.
- Es wird eine vollflächige Verbindung der Bolzenstirnfläche mit dem Werkstück erreicht.
- Durch einen angestauchten Flansch an der Bolzenspitze kann die Schweißfläche vergrößert werden, so dass auch bei Schweißungen mit Fehlstellen die Festigkeit des Bolzens erreicht wird.
- Es wird eine hohe Festigkeit der Verbindung erreicht, generell versagen bei mechanischer Beanspruchung eher der Bolzen oder das Werkstück.
- Der geringe Einbrand im Werkstück infolge der kurzen Schweißzeit und hohen Stromstärke lässt je nach Verfahren ein Verhältnis von Bolzendurchmesser zu Blechdicke von 4:1 bis 10:1 zu.
- Verzug und dadurch erforderliche Nacharbeit sind sehr gering.

Das Bolzenschweißen mit Spitzenzündung weist durch seine extrem kurze Schweißzeit einige besondere Eigenschaften auf:

- Aluminiumbolzen bis 6 mm Durchmesser können ohne Schutzgas geschweißt werden.
- Es sind Mischverbindungen zwischen Stahl/nichtrostender Stahl und Messing (Kupfer) möglich.
- Es können Bolzen auf Bleche ab etwa 0,5 mm Dicke und mit einseitiger Kunststoffbeschichtung geschweißt werden.
- Die sehr schmale Schmelzzone (etwa 0,1 mm dick) und die unvollständige Durchmischung von Bolzen- und Grundwerkstoff führen trotz der Aufhärtung der schmalen Zone zu guten Festigkeits- und Verformungseigenschaften. Bei verschiedenen nicht schweißgeeigneten Werkstoffen können nur Versuche die Einsatzmöglichkeiten für einen bestimmten Anwendungsfall klären.

Insgesamt wird mit allen Varianten des Lichtbogenbolzenschweißens eine hohe Wirtschaftlichkeit erreicht. Dazu helfen:

- die vielfältigen Ausführungsformen der Bolzenschweißgeräte und Pistolen, die relativ niedrigen Anschaffungskosten der Geräte,
- die im Allgemeinen geringen Kosten der Standardbolzen durch die Herstellung auf Mehrstufenpressen,
- die hohe Schweißleistung, die bei Handgeräten bis zu 10, bei Automaten bis zu 50 Bolzen/min betragen kann.
- Die gute Reproduzierbarkeit der Ergebnisse bei geringer Ausschussquote (im Fahrzeugbau etwa 0,3 ‰).

Zu beachten ist allerdings:

- Je nach gewünschtem Ergebnis und gewähltem Verfahren sind hohe Anforderungen an die Sauberkeit der Werkstücke und Bolzen zu stellen.
- Der Lichtbogen als elektrischer Leiter ohne Festigkeit kann durch äußere Magnetfelder (unsymmetrische Stromführung im Werkstück, einseitige Anhäufung ferromagnetischer Massen) einseitig abgelenkt werden (siehe Abschnitt 5.3). Das Bolzenschweißen mit seinen hohen Stromstärken ist daher besonders anfällig für Blaswirkung.
- Das Arbeiten mit den Geräten und Pistolen, das Einstellen der Schweißparameter oder das Anordnen der Masseklemmen bedarf gewisser Kenntnisse, die nur durch Schulung der Mitarbeiter erreicht wird. Auch die betriebliche Wartung der Anlagen muss geregelt werden.
- Besonders beim Bolzenschweißen mit Hubzündung sind akzeptable Schweißergebnisse auch beim Schweißen auf Werkstücken mit leichten Oberflächenverunreinigungen durch Anpassen der Schweißparameter möglich. Diese Anpassung muss durch Versuche ermittelt werden.

5 Vorgänge und Einflussgrößen beim Bolzenschweißen

5.1 Schweißstromkreis beim Bolzenschweißen

Dem Lichtbogen als Wärmequelle muss beim Bolzenschweißen eine den Arbeitsbedingungen entsprechende Stromstärke und Spannung zur Verfügung stehen. Der Schweißstromkreis wird beim Bolzenschweißen mit Hubzündung von einer geeigneten Stromquelle gespeist, die kurzzeitig hohe Ströme liefern muss. Der Strom wird zum Werkstück und dem Schweißkopf oder Pistole mit flexiblen Kabeln geleitet, deren Querschnitt ausreichend groß gehalten wird (bei Bolzen 22 mm: 70 bis 120 mm²), um den Spannungsabfall und die Erwärmung in den Zuleitungen möglichst gering zu halten. Zu lange und zu dünne Schweißstromkabel führen zu Spannungsabfall und damit bei ungeregelten Stromquellen zu einem Rückgang des Stromes. Da der Strom ständig auf wechselnde Bolzen und Werkstücke übertragen werden muss, kommt den Kontaktstellen besondere Bedeutung zu. Sie sind meist Schwachstellen des Stromkreises. Aus den Untersuchungen von Holm [4] geht hervor, dass die stromleitende Fläche an Plattenkontakten bei Stahl bei einer Anpresskraft von 1 kN nur etwa 2 mm² beträgt. Beim Bolzenschweißen mit Stromstärken von 500 bis 2500 A (Hubzündung) und 5000 bis 10000 A (Spitzenzündung) treten an den Kontaktstellen sehr hohe Stromdichten auf, die Kontaktstellen erwärmen sich, werden unter der Kontaktkraft verformt und vergrößert. Bei geringer Kontaktkraft kann es aber leicht zu einem Anschmoren kommen. Masseklemmen sollen daher nur an blanken Stellen gut befestigt werden. Eine kupfer- oder messingbelegte Auflagefläche verbessert die Wärmeabfuhr.

Schwieriger als am Werkstück sind die Kontaktbedingungen am Bolzenhalter. Letztere sind meist federnd ausgeführt und übertragen den Strom nur mit geringen Kontaktkräften. Die damit kleinen stromleitenden Kontaktflächen können überhitzt werden und verschmoren dann leicht. Die Bolzenhalter müssen daher aus gut federnden Werkstoffen mit hoher Wärmeleitfähigkeit hergestellt werden. Die Kontaktflächen sind regelmäßig zu überprüfen und die Bolzenhalter rechtzeitig auszuwechseln. Beim Schweißen großer Stückzahlen sollte man nach der Erfahrung einen bestimmten Prüfzyklus (zum Beispiel nach 5000 Schweißungen) festlegen. Erste Anzeichen defekter Bolzenhalter sind leichte Schmorstellen an den Gewindespitzen.

Beim Bolzenschweißen mit Spitzenzündung muss beim Entladungsvorgang des Kondensators ein gleichmäßiger schneller Stromanstieg gewährleistet sein. Dabei spielen nicht nur der Ohmsche Widerstand der Kabel, sondern auch der induktive Widerstand des Stromkreises und damit die Kabelführung eine wichtige Rolle. Die Kabel sollen möglichst kurz und nicht in Ringen ausgelegt werden. Die Kabelkonfiguration des Herstellers sollte nicht verändert werden. Nur wenn beim Schweißen ohne Spalt ein längerer Entladungsvorgang gewünscht wird (zum Beispiel beim Schweißen von sogenannten Tellerstiften, siehe Abschnitt 15.5), müssen längere Kabel angebracht werden.

Für die sehr hohen Stromstärken und die kurze Entladungszeit des Kondensators ist das oben dargelegte Kontaktproblem der Stromzuführung zum und im Werkstück sowie zum Bolzen besonders sorgfältig zu beachten.

Bei allen Stromquellen ist ein ausreichender Netzanschluss sicherzustellen. Bei den Schweißgleichrichtern darf bei der kurzzeitig hohen Leistungsaufnahme kein unzulässiges Absinken der Netzspannung erfolgen (Näheres dazu, siehe Abschnitt 9.1). Beim Bolzenschweißen mit Spitzenzündung erfolgt der Ladevorgang des Kondensators je nach Schweißfolge mit relativ geringer Netzleistung.

5.2 Lichtbogen beim Bolzenschweißen

Der Lichtbogen setzt die zum Anschmelzen der Teile erforderliche Energie frei. Dazu müssen von den Ansatzstellen des Lichtbogens Ladungsträger emittiert und die Lichtbogenstrecke ionisiert werden.

Bei beiden Bolzenschweißverfahren verläuft der Zündvorgang sehr unterschiedlich. Auch die spezifische Stromstärke – auf die Bolzenfläche bezogen – unterscheidet sich um mehr als eine Zehnerpotenz, siehe Tabelle 5-1.

Tabelle 5-1. Kennwerte der verschiedenen Lichtbogenschweißverfahren.

	Hubzündung			Spitzen-zündung	Lichtbogen-handschweißen	MAG-Schweißen
Bolzendurchmesser (mm)	10	16	22	6	3,2	1,2
Bolzenfläche (mm²)	79	201	380	44	8,3	1,1
empfohlene Stromstärke (A)	700	1300	2000	8000	140	280
spezifischer Strom (A/mm²)	8,9	6,5	5,3	181	17	248

Die Lichtbogenlänge, bei der Hubzündung einige Millimeter, bei der Spitzenzündung nur Bruchteile eines Millimeters, führen zu sehr unterschiedlichen Energieverteilungen und Anschmelzungen. Da diese Zusammenhänge für das Verständnis des Verfahrensablaufes und seiner Einflussfaktoren wichtig sind, soll der Lichtbogen für beide Bolzenschweißverfahren vom Zündvorgang bis zum Kurzschluss beim Eintauchen näher untersucht werden.

5.2.1 Lichtbogen beim Bolzenschweißen mit Hubzündung

5.2.1.1 Zünden

Zum Zünden des Lichtbogens wird beim Bolzenschweißen die sogenannte Berührungszündung gewählt. Der Bolzen wird mit dem Werkstück in Berührung gebracht. Beim Auslösen des Schweißvorganges – unmittelbar vor dem Abheben – wird ein geringer Strom (10 bis 50 A) bei ausreichender Spannungsreserve (oder Induktivität) zugeschaltet. Der geringe Strom verhindert ein Anschmoren des Bolzens. Mit dem Abheben bildet sich ein kleiner Hilfslichtbogen, dem dann der Hauptlichtbogen überlagert wird. Als Zündhilfen können in die Bolzenspitze eine Aluminiumkugel eingeprägt oder auf der Bolzenstirnfläche eine Aluminiumspritzschicht aufgebracht sein. Aluminium hat gegenüber Stahl eine geringere Austrittsarbeit der Elektronen (Al 3,95 eV, Al_2O_3 1,77 eV, Fe 4,79 eV), zündet damit den Lichtbogen leichter und wird gleichzeitig bei Stahl zur Desoxidation des Schmelzbades verwendet. Näheres, siehe Abschnitt 3.2.3.

Bei sehr kurzer Schweißzeit kann es notwendig sein, den Hauptlichtbogen erst während der Abwärtsbewegung des Bolzens einzuschalten. Mit dem Hilfslichtbogen wird im Allgemeinen kein Anschmelzvorgang bezweckt. In Sonderfällen, zum Beispiel zum Abbrennen von störenden Oberflächenschichten, kann es zweckmäßig sein, den Hilfslichtbogen mit höherer Stromstärke auf die Oberfläche des Werkstückes einwirken zu lassen. Beim automatischen Schweißen kleiner Bolzen können auch Spannungsunterschiede im Hilfslichtbogen für Regelvorgänge, zum Beispiel zur angepassten Veränderung von Stromstärke oder Schweißzeit des Hauptlichtbogens, benutzt werden.

5.2.1.2 Schweißlichtbogen

Der Schweißlichtbogen ist beim Bolzenschweißen mit Hubzündung oft durch einen Keramikring abgeschirmt und dadurch nicht zu beobachten. Öffnet man den Keramikring um 90°, so kann man den schnell ablaufenden Schweißvorgang mit einer Hochgeschwindigkeitskamera gut verfolgen. Schweißungen mit 22 mm Bolzen bei flacher Bolzenspitze zeigen anfangs einen Lichtbogen in Bolzenmitte, der sich schnell hin und her bewegt und Anschmelzungen hervorruft. Das sich schnell ausbreitende Schmelzbad zeigt an Bolzen und Werkstück ein intensives Brodeln und Kochen mit Spritzer- und Metalldampfbildung. Vereinzelt beobachtet man Blasen am werkstückseitigen Schmelzbad, die sich vergrößern, den Bolzen berühren, zerreißen und sich in kleine Tropfen auflösen. Dieses Brodeln und Kochen ist mit anderen Lichtbogenschweißverfahren (zum Beispiel dem WIG-Verfahren) nicht zu vergleichen, bei denen sich ein ruhiges Schmelzbad mit hoher Oberflächenspannung ausbreitet.

Mit zunehmender Schmelzbadgröße am Bolzen kann der Lichtbogen mit seinen Kräften nur Teilbereiche zurückhalten. Die Schmelzzone außerhalb des Lichtbogens nähert sich dem Werkstück, bietet dort aber dem Lichtbogen die Möglichkeit, bei niedrigerer Spannung zu brennen. Da der Lichtbogen aber immer die Position mit geringster Brennspannung einnehmen wird (Stehenbecksches Minimumprinzip), bewegt er sich sofort an diese Stelle und hält nun hier das Schmelzbad zurück. Inzwischen nähert sich eine andere Stelle des bolzenseitigen Schmelzbades dem Werkstück und der Lichtbogen wandert dorthin. Dies hat eine ständige Lichtbogenbewegung zur Folge. Bevor der Lichtbogen die zunehmende Badgröße nicht mehr beherrscht und Kurzschlüsse auftreten, wird im Normalfall durch die Abwärtsbewegung des Bolzens der Schweißvorgang im Kurzschluss beendet.

Führt man durch eine einseitige Massenklemme den Strom werkstückseitig unsymmetrisch zum Lichtbogen, so tritt eine Blaswirkung auf. In den Hochgeschwindigkeitsaufnahmen erkennt man, dass der Lichtbogen von Anfang an exzentrisch brennt und damit eine Seite stärker anschmilzt. Auch hier sieht man das starke Brodeln und Kochen der angeschmolzenen Zonen. Dabei hat es den Anschein, dass sich der Lichtbogen in dieser abgelenkten Position weniger bewegt. Man beobachtet auch die in Blaswirkung gerichtete Werkstoffanhäufung auf der Blechseite, während am schräg angeschmolzenen Bolzen das Schmelzbad durch die Schwerkraft auf der Seite zum Teil abfließt. Insgesamt beobachtet man bei Blaswirkung einen stärkeren Werkstoffübergang. Offensichtlich wird dabei durch den Lichtbogen der Werkstoff weniger am Übergang gehindert bzw. zurückgedrängt

In den Hochgeschwindigkeitsaufnahmen wird durch die Metalldampfbildung der Lichtbogen teilweise verdunkelt. Es fällt insgesamt auf, dass der Lichtbogen nur innerhalb des werkstückseitigen Schmelzbades wirkt. Am Rand des Schmelzbades bildet sich ein Überhang aus, ein weiteres Ausfließen des Schmelzbades kann man dabei nicht beobachten. Durch den Keramikring wird der Lichtbogen auf der Werkstückseite eingeschnürt und konzentriert. Werkstückseitig wird allseitig Wärme abgeführt und damit insgesamt weniger Werkstoff erschmolzen als auf der Bolzenseite.

Die für das Bolzenschweißen mit Hubzündung empfohlene Stromstärke hängt vom Durchmesser des Bolzens ab, siehe Tabelle 5-1. Dabei nimmt mit zunehmendem Durchmesser die spezifische Stromstärke ab. Unterschreitet man die angegebenen Richtwerte um mehr als etwa 10 %, nimmt die Porenanfälligkeit stark zu. Anscheinend wird durch die kleine Lichtbogenoberfläche und stärkere Lichtbogenbewegung mehr Atmosphäre eingewirbelt und durch die verringerte Metalldampfbildung ein geringerer Schutz erzeugt.

Wird die Stromstärke erhöht und die Schweißzeit verringert (< 100 ms) kann bei Bolzen unter 12 mm Durchmesser durch einen stabilen Lichtbogen eine flache gleichmäßige Anschmelzung von

Bolzen und Werkstück erreicht werden. Dabei muss aber ein kleiner Kegelwinkel der Bolzenspitze gewählt werden, um beim Zusammenführen die Anschmelzformen von Bolzen und Werkstück anzupassen und mit der schmalen Schmelzzone eine fehlerfreie Verbindung herzustellen. Reaktionen des Lichtbogens mit der Atmosphäre, die zu Porenbildung führen kann, sind durch Schutzgase zu unterbinden.

Bei ungünstiger Wahl der Schweißparameter (zu geringer Hub, zu lange Schweißzeit) können Tropfenkurzschlüsse auftreten. Durch den hohen Strom wird die Werkstoffbrücke in der Regel nach kurzer Zeit wieder aufgerissen. Starke Spritzerbildung und Schweißfehler können die Folge sein. Bei Stromquellen mit Konstantstrom kann durch die sofort einsetzende Abregelung des Kurzschlussstromes auf den vorgewählten Wert die Werkstoffbrücke eher bis zum Ende der Schweißzeit stehen bleiben und die Eintauchbewegung behindert werden (sogenannter Aufhänger).

Bei der Auswertung der Spannungsoszillogramme fällt auf, dass die Lichtbogenspannung während des Schweißvorganges annähernd konstant bleibt und bei der Wahl des Hubes gemäß den Richtwerttabellen etwa 30 V beträgt. Mit zunehmendem Hub steigt auch die Lichtbogenspannung. Beim Bolzenschweißen mit argonreichen Mischgasen beträgt sie etwa 27 V. Die zusätzliche Anwendung von Schutzgas gestattet auch bei großem Bolzendurchmesser (19 und 22 mm) Stromstärken von etwa 30 % unter den empfohlenen Richtwerten ohne verstärkte Porenbildung.

5.2.2 Lichtbogen beim Bolzenschweißen mit Spitzenzündung

5.2.2.1 Zünden

Beim „Schweißen mit Kontakt" ist die Bolzenspitze mit dem Werkstück in Berührung. Mit dem Schließen des Stromkreises (meistens durch einen Thyristor) und dem Beginn der Kondensatorentladung wird die Zündspitze durch Widerstandserwärmung erhitzt, schmilzt schlagartig und leitet den Lichtbogen ein. Die Dauer der Widerstandserwärmung, die sogenannte Vorwärmzeit, hängt von der Kapazität, dem Widerstand und der Induktivität des Stromkreises, der Zündspitzendicke und vom Werkstoff ab. Sie liegt meist bei 0,2 bis 0,4 ms und sollte vor Erreichen des Strommaximums beendet sein.

Beim „Schweißen mit Spalt" wird der Bolzen auf das Werkstück zu bewegt. Der Zündvorgang beginnt bei „korrekter Zündung", das heißt mit Berühren der Bolzenspitze, wie oben geschildert mit Widerstandserwärmung, schlagartigem Schmelzen und führt damit in die Lichtbogenbrennphase.

Anders verläuft der Zündvorgang bei der sogenannten „Frühzündung". Hier bildet sich der Lichtbogen unmittelbar beim Auftreffen der Zündspitze. Die Widerstandserwärmung der Zündspitze findet nicht statt. Sind zwischen Zündspitze und Werkstück leitfähige bzw. ionisierbare Partikel vorhanden, tritt diese Frühzündung verstärkt auf. Eine Abhängigkeit besteht auch von Ladespannung, Auftreffgeschwindigkeit und Oberflächenzustand. Besonders häufig beobachtet man die Frühzündung bei geringer Auftreffgeschwindigkeit und geölten oder gefetteten Werkstücken, bei Aluminium und bei Graten an der Zündspitze. Durch die Frühzündung wird die Lichtbogenbrennphase verlängert.

Die Abmessung der Zündspitze ist für den Prozess entscheidend, denn sie beeinflusst direkt die Schweißenergie. Wie oben gezeigt, ist die Lichtbogenbrennzeit bei konstanter Eintauchgeschwindigkeit der Zündspitzenlänge proportional. Nach DIN EN ISO 13918 sind die Zündspitzenlängen auf ±0,05 und die Durchmesser auf ±0,08 mm toleriert. Damit wird die Stabilität des Schweißprozesses unterstützt.

Da bei der Herstellung der Bolzen durch geringe Schwankungen in der Festigkeit des Ausgangswerkstoffs und durch Abnutzung der Presswerkzeuge von einer Charge zur anderen die Zündspitzenlängen innerhalb des Toleranzfeldes schwanken können, sollten Chargen immer getrennt verarbeitet werden. Dann besteht die Möglichkeit, die Schweißeinrichtung auf die aktuelle Zündspitzenabmessung genau einzurichten.

Bolzen sollten vor dem Schweißen möglichst schonend behandelt werden, damit die Zündspitzen nicht deformiert werden (unter anderem bei Rüttlern zu beachten). Das gilt besonders für Aluminiumbolzen.

5.2.2.2 Schweißlichtbogen

Der sehr kurze Lichtbogen (Lichtbogen ≤ Zündspitzenlänge) erfasst die ganze Bolzenstirnfläche und schmilzt sie an. Das dabei erschmolzene Schweißgut hängt von der im Lichtbogen umgesetzten Leistung und der Lichtbogenbrennzeit ab. Die Schweißleistung wird vom Kondensatorentladungsvorgang und damit vom zeitlichen Verlauf von Schweißstrom und Lichtbogenspannung bestimmt. Durch die Frühzündung wird nicht nur die Lichtbogenbrennzeit verlängert, auch die Lichtbogenspannung und damit die Schweißleistung wird erhöht. Ebenso beeinflusst der Oberflächenzustand der Bleche die Spannung, zum Beispiel gefettete Bleche erhöhen sie. Mit dem Zusammenführen der erschmolzenen Flächen von Bolzen und Werkstück wird der Lichtbogen gelöscht und der Schweißstromkreis kurzgeschlossen.

Die Zeit vom Zünden des Lichtbogens bis zum Zusammentreffen der erschmolzenen Flächen ist die Schweißzeit. Sie hängt beim „Schweißen mit Spalt" von der Auftreffgeschwindigkeit des Bolzens ab, beziehungsweise vom Beschleunigen der Bewegungsvorrichtung durch Federkraft beim „Schweißen mit Kontakt" und ändert sich mit der Schweißposition. Neben den bereits besprochenen Einflussfaktoren wie Frühzündung und Spannungsverlauf spielt die Gleichmäßigkeit der Bewegungsabläufe eine wichtige Rolle. Reibungsarme Bewegungen sind anzustreben, um die Reproduzierbarkeit der Schweißung sicherzustellen.

Beim Auftreffen des Bolzens auf das Werkstück werden Massenkräfte frei, die bei massivem Werkstück zu Prellvorgängen im Bolzen-Masse-System, an dünnen Blechen zu Schwingungsvorgängen auf der Werkstückseite führen können. Der fehlerfreie Erstarrungsvorgang wird dadurch gefährdet.

5.3 Blaswirkung

Der Lichtbogen kann als Leiter ohne Festigkeit durch äußere magnetische Felder (magnetische Blaswirkung) und durch Gasströmungen (thermische Blaswirkung) in seiner Lage verändert werden. Sein Eigenmagnetfeld stabilisiert den Lichtbogen etwas bei unlegierten Stählen. Beim Bolzenschweißen mit Hubzündung wird der Lichtbogen durch die relativ große Bolzenstirnfläche bei insgesamt geringer spezifischer Strombelastung in seiner Lage nur wenig fixiert. Dies führt dazu, dass der Lichtbogen durch äußere Bedingungen leicht abgelenkt werden kann. Dazu gehören:

a) das Magnetfeld der Stromführung im Blech,
b) die Masseverteilung ferromagnetischer Werkstoffe,
c) das Magnetfeld des Schweißkabels an der Pistole,
d) die Blaswirkung aufgrund von Gasströmung.

Eine Übersicht der verschiedenen Wirkungen und Möglichkeiten der Verringerung zeigt Bild 5-1.

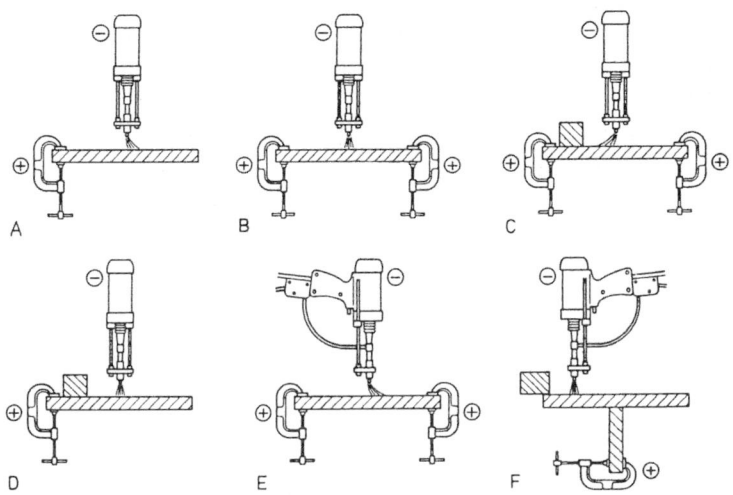

Bild 5-1. Die Blaswirkung (A, C, E) beim Bolzenschweißen und die Wege zu ihrer Vermeidung (B, D, F).

Bei Blaswirkung wird der Bolzen einseitig stärker angeschmolzen. Der Schweißwulst ist nach dem Eintauchen an der anderen Seite nur klein oder nicht mehr geschlossen. Damit erkennt man bereits am Aussehen des Wulstes, ob eine Blaswirkung vorgelegen hat. Mit dem Auftreffen der Blaswirkung nimmt auch die Porenanfälligkeit durch das Einwirbeln von Luft in die Schmelze zu.

Bei Bolzen ab etwa 14 mm Durchmesser ist eine starke Blaswirkung schon während des Schweißprozesses am unruhigen Geräusch und an starken Spritzern erkennbar. In manchen Fällen verhindern Spritzer, die sich zwischen Bolzenschaft und Keramikring festsetzen, das Eintauchen des Bolzens.

a) Eine einseitige Stromführung im Blech führt bei den hohen Stromstärken des Bolzenschweißens zu einer höheren Felddichte auf der Seite der Masseklemme und dadurch zu einer Auslenkung des Lichtbogens nach der Gegenseite. Um diese unerwünschten Einflüsse zu vermeiden, soll der Strom im Blech möglichst symmetrisch zur Schweißstelle geführt werden. Dazu werden zwei Masseklemmen beidseitig der Schweißstelle angebracht, Bild 5-1 B. Die Masseklemmen müssen am blanken Blech gut angezogen werden.

Nachlässigkeiten beim Anbringen der Masseklemmen ergeben bei den hohen Stromstärken des Bolzenschweißens undefinierte Blaswirkungen und Anschmelzungen. Beim Schweißen in der Nähe einer Masseklemme bei ansonsten symmetrischer Stromzuführung kann man aber trotzdem eine Blaswirkung feststellen, weil einseitig ein Stromanteil überwiegt.

Ist die Rückseite der Werkstücke nicht metallisch blank (zum Beispiel bei der Ankerplattenfertigung im Betonfertigteilbau) und wird auf eine feste Klemmung verzichtet, werden sich bei jedem Werkstück andere Kontaktpunkte einstellen, die als „Masseklemmstellen" anzusehen sind. In solchen Fällen wird der Anwender (besonders bei Bolzen über etwa 12 mm Durchmesser) kaum eine konstante Schweißqualität erzielen. Es hat sich bewährt, mehrere Platten mit den Schnittkanten zusammenzulegen und für eine leichte Pressung der Kanten, vorzugsweise in Verbindung mit den Masseanschlüssen, zu sorgen. Der Stromfluss wird dann hauptsächlich in der Plattenebene erfolgen und eine extreme Blaswirkung verhindern, siehe Bild 5-2.

Schwierig ist oft das Bolzenschweißen auf kleinen Platten. Hier empfiehlt sich eine Stromführung von unten mit einer pneumatischen Anpressvorrichtung.

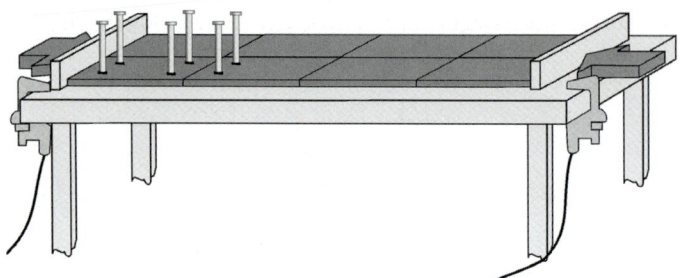

Bild 5-2. Empfohlene Anordnung von Werkstücken zur Verringerung der Blaswirkung.

Im Allgemeinen ist die Blaswirkung bei ferromagnetischen Bolzen und Werkstücken am geringsten. Das Bolzenschweißen mit austenitischen Werkstoffen führt unter gleichen Bedingungen daher zu stärkerer Blaswirkung als bei ferritischen. Bei austenitischen Bolzen verläuft ein großer Teil der Feldlinien in Luft und steht daher zur Beeinflussung des Lichtbogens zur Verfügung. Ferritische Werkstoffe konzentrieren die Feldlinien und stabilisieren das Eigenmagnetfeld des Lichtbogens; andererseits erzeugt bei ihnen eine ungleiche Massenverteilung stärkere Blaswirkung.

Ein Keramikring vermindert die Blaswirkung, weil die Ablenkung des Lichtbogens durch die Wandung des Rings begrenzt wird. Im Allgemeinen können aus diesem Grund in der Praxis Bolzen über 16 mm Durchmesser nur noch mit Keramikring ausgeführt werden.

b) Bei einer einseitigen Anhäufung ferromagnetischer Stoffe auf der Werkstückseite wird das Eigenmagnetfeld des Lichtbogens durch den geringeren magnetischen Widerstand zur größeren Masse hin abgelenkt und der Bolzen einseitig stärker angeschmolzen. Der Wulst in Richtung Rand ist geringer ausgebildet; zusätzlich schrumpft er beim Erkalten ungleichmäßig und führt zur Schiefstellung des Bolzens, Bild 5-3.

Die ungleiche Verteilung ferromagnetischer Massen ist in der Praxis schwierig zu kompensieren.

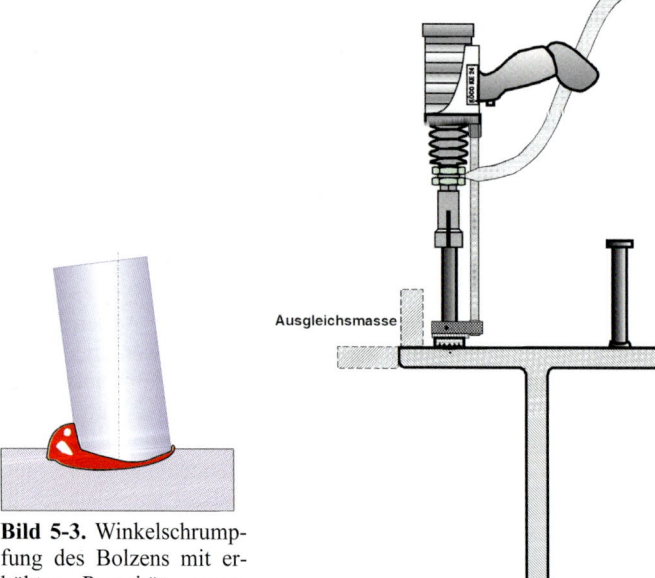

Bild 5-3. Winkelschrumpfung des Bolzens mit erhöhter Porosität, verursacht durch Blaswirkung.

Bild 5-4. Empfohlene Pistolenhaltung beim Schweißen von Kopfbolzen an den Rändern eines I-Trägers (äußerer Kabelbogen nach außen) und eventuelle zusätzliche Anordnung einer Ausgleichsmasse.

Bei Schweißungen am Rand legt man Ausgleichsmassen an, um die einseitige Feldverteilung zu vermeiden. Grundbedingung ist ein guter magnetischer Kontakt der Ausgleichsmasse zum Werkstück. Jeder Luftspalt, der Feldlinien durch den höheren magnetischen Widerstand austreten lässt, vermindert die Wirkung. Sauber und glatt geschnittene oder geschliffene, an den Werkstückrand angepasste Kanten sind Voraussetzung für eine Ausgleichswirkung.

In welcher Richtung die Ausgleichsmasse angelegt wird, ob in gerader Verlängerung des Werkstücks oder senkrecht dazu, ist weniger wichtig, Bild 5-4. Beim Bolzenschweißen am Rand von großen Ausbrüchen in Behältern kann eine genau passende Platte in die Bohrung eingelegt werden. Wichtig ist auch hier der gute magnetische Kontakt zum Werkstück.

Beim Schweißen von Serienteilen in einer Vorrichtung oder Schablone sollten Teile, die Kontakt zum Werkstück in der Schweißstelle haben, auf keinen Fall aus massivem ferritischen Stahl bestehen. Durch wiederholtes Schweißen in einer solchen Vorrichtung oder auf einem ringförmigen Werkstück wird ein permanentes Magnetfeld erzeugt. Die Blaswirkung steigt mit der Zahl der Schweißungen immer weiter an. Bewährt haben sich in solchen Fällen für die Schablone Kunststoff (zum Beispiel Hartgewebe), oder nicht magnetisierbare Metalle.

Weiter ist auch bei vormagnetisierten Werkstücken zu beachten, die zum Beispiel mit einem Magnetkran transportiert worden sind, dass ihr Eigenmagnetfeld den Lichtbogen beeinflussen kann.

Aus der Praxis sind Fälle bekannt (Kurzzeit-Bolzenschweißen M 6 aus X5CrNi18-10 (W.-Nr. 1.4301) auf Blech etwa 1 mm dick aus S235), bei denen eine Umpolung der Schweißspannung (Minus an Masse) zu einer erheblichen Verringerung der Blaswirkung geführt hat. Auf jeden Fall wird dadurch eine eventuell bestehende Vormagnetisierung einer massiven Vorrichtung aus Stahl oder eines Werkstückes die Magnetisierung in ihrer Richtung umgekehrt.

c) Eine magnetische Ablenkung des Lichtbogens ist auch durch das Schweißkabel möglich. Bereits das seitlich zum Bolzenhalter der Pistole geführte Kabel hat schon eine geringe Blaswirkung zur Folge, die mit kürzer werdendem Bolzen zunimmt, Bild 5-1 E.

Wird das Pistolen- oder Massekabel in der Nähe der Schweißstelle vorbeigeführt, ist auch hier mit einer zusätzlichen Blaswirkung zu rechnen.

Man versucht oft, die gegensätzlichen Wirkungen von Stromführung und Masseverteilung zur Wirkung zu bringen, um die Blaswirkung zu verringern, siehe Bild 5-1 F. Ein vollkommener Ausgleich ist aber nur dann möglich, wenn alle Einzelkomponenten nicht nur qualitativ, sondern auch quantitativ ausgeglichen werden können. Das ist nur selten der Fall.

Beim Schweißen von Kopfbolzen auf Trägern in mehreren Reihen kann der Blaswirkung, die immer zum Steg hin gerichtet ist, durch den Kabelbogen entgegengewirkt werden. Der Schweißer muss dann die Pistole so halten, dass der Kabelbogen zum Rand zeigt und nicht zum Steg, siehe Bild 5-4.

Durch ein dem Lichtbogen überlagertes axiales Magnetfeld, zum Beispiel durch eine Ringspule um den Bolzen, lässt sich die Blaswirkung verringern, die dabei verursachte Eigenbewegung des Lichtbogens verstärkt die Anschmelzung bolzenseitig und das Lichtbogengeräusch.

Eine bewusst herbeigeführte Blaswirkung wird beim Schweißen von Bolzen ab etwa 16 mm an senkrechter Wand ausgenutzt. Dabei darf oberhalb der Schweißstelle keine Masseklemme angebracht sein. Dadurch wirkt der Lichtbogen mehr nach oben und gleicht so das Herabfließen der Schmelze durch die Schwerkraft etwas aus. Oft sind nur auf diese Weise Schweißungen mit allseits geschlossenem, wenn auch an der Oberseite flachem Wulst erreichbar.

d) Neben der magnetischen Blaswirkung kann der Lichtbogen auch durch Gasströmungen abgelenkt werden. Dies beobachtet man besonders, wenn Keramikringe mit einem größeren Spalt zwischen Bolzen und Ring exzentrisch zum Bolzen zu liegen kommen. Die beim Schweißen expandierenden Gase strömen zu den größeren Öffnungen und bewegen den Lichtbogen und das Bad in diese Richtung. Ähnliches tritt auch auf, wenn der Keramikring nicht an das Blech gedrückt wird und sich einseitig abhebt. Auch kräftiger Wind auf Baustellen kann den Lichtbogen ablenken. Die Schweißstelle sollte in solchen Fällen abgeschirmt werden.

Beim Bolzenschweißen mit Spitzenzündung kann man die Blaswirkung an der einseitigen Verteilung des Schweißspritzerkranzes erkennen. Die Stromstärke ist hier zwar kurzzeitig wesentlich höher als bei der Hubzündung. Die höhere Stromdichte konzentriert aber den Lichtbogen auf die Bolzenstirnfläche mit Flansch und der kurze Lichtbogen verringert die Gefahr der seitlichen Ablenkung. Dabei zeigt sich bei kurzer Schweißzeit (etwa 1 ms) weniger Blaswirkung als bei langer (1,5 bis 2,5 ms).

5.4 Einbrandform und ihre Bedeutung

Der Lichtbogen schmilzt Bolzen und Werkstück an. Dabei bilden sich je nach Bolzendurchmesser, Werkstoff und Arbeitsbedingungen Schmelzzonen unterschiedlicher Form aus, die am Ende des Schweißvorganges zusammengeführt werden. Für eine einwandfreie Schweißung müssen diese Schmelzzonen so geformt sein, dass der anschließende Erstarrungsvorgang fehlerfrei verläuft.

Beim Hubzündungs-Bolzenschweißen über 12 mm Durchmesser ist ein Schmelzbad ausreichender Größe notwendig, um eine hohe Qualität zu erreichen. Hier wird bolzenseitig eine konvexe Anschmelzung angestrebt. Nach dem Eintauchen ist dann in Bolzenmitte die Schmelzzone schmal, am Rand breiter, und die Erstarrung ist zuerst in Bolzenmitte abgeschlossen und schreitet fehlerfrei nach außen zum Rand fort.

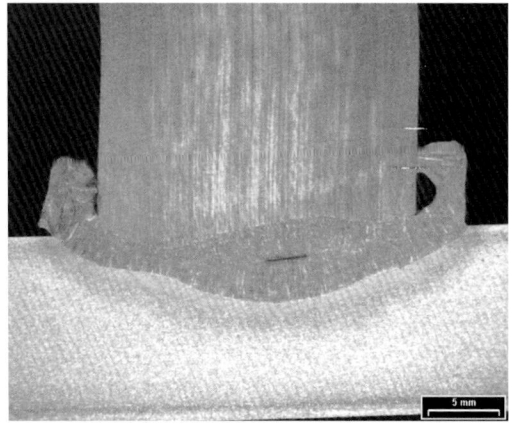

Bild 5-5. Rissartiger Schwindungslunker, verursacht durch zu geringen Hub.

Bei zu geringer Lichtbogenlänge (zu geringem Hub) besteht bei Bolzen über 16 mm Durchmesser die Gefahr einer verstärkten Anschmelzung in Bolzenmitte. Der Lichtbogen bleibt dann zu lange im Zentrum des Bolzens und schmilzt diese Zone verstärkt an. Beim Erstarren werden dann flüssige Zonen in Bolzenmitte abgeschnürt und können die Volumenkontraktion wegen der Blockierung der axialen Schrumpfbewegung nicht mehr ausgleichen. Schwindungslunker und flache Poren sind die Folge, Bild 5-5.

Beim Schweißen mit Schutzgas (Ar + 18% CO_2) neigt der Lichtbogen dazu, den Bolzenrand stärker anzuschmelzen. Dies führt häufig zu einer stärkeren Wulstbildung.

Bei größeren Bolzen (16 bis 22 mm Durchmesser) können auch kleinere Unregelmäßigkeiten in der Einbrandform Fehlstellen verursachen, wenn nach dem Zusammenführen der Schmelzzonen nur ein schmales Schmelzbad zurückbleibt. Auch hier wird an einigen Stellen die axiale Schrumpfung blockiert; noch nicht erstarrte Zonen werden abgeschnitten. Risse und flache Poren entstehen. Um dies zu verhindern, strebt man bei größeren Bolzen ein 2 bis 4 mm dickes Schmelzbad an. Man erreicht dies durch eine Begrenzung der Eintauchbewegung der Pistole (begrenztes Eintauchmaß, Bild 5-6). Die Anschmelzform am Bolzen wird auch durch die Form der Bolzenspitze beeinflusst. Beim Hubzündungs-Bolzenschweißen über 100 ms Schweißzeit kann man dies zum Teil mit der Lichtbogenlänge (Hub) ausgleichen. So werden Bolzen mit flacher Bolzenstirnfläche mit eingeprägter Aluminiumkugel bei größerem Hub mit etwa gleich gutem Ergebnis geschweißt, wie Bolzen mit kegeliger Bolzenspitze bei geringerem Hub.

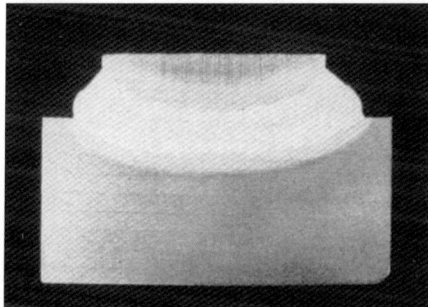

Bild 5-6. Fehlerfreie Schweißung durch günstige Anschmelzform und begrenztes Eintauchen bei richtigem Hub, Bolzendurchmesser 22 mm.

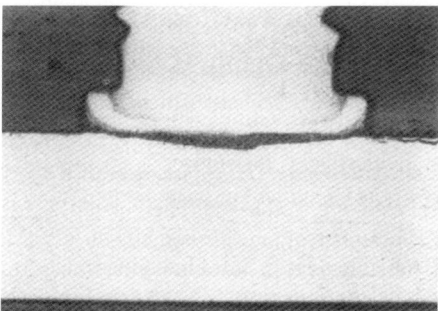

Bild 5-7. Bolzendurchmesser 8 mm, 800 A, 50 ms, ohne Gas, Kegelwinkel etwa 165°.

Wird die Schweißzeit verringert, erzielt man eine geringere Anschmelzung an Bolzen und Werkstück. Die damit verbundene schnellere Erstarrung kann nur dann fehlerfrei erfolgen, wenn die Schmelzzonen am Bolzen und Werkstück weitgehend übereinstimmen, Bild 5-7.

Die Bolzenspitze muss dann in ihrem Kegelwinkel den Bedingungen angepasst werden. Während beim Hubzündungs-Bolzenschweißen mit Keramikring Kegel von 130 bis 140° üblich sind, wird beim Kurzzeit-Bolzenschweißen die Bolzenspitze mit 164 bis 168° wesentlich flacher ausgeführt (siehe DIN EN ISO 13918). Bei Schweißzeiten > 50 ms und Blechdicken > 2 mm ist ein Kegelwinkel von etwa 150° vorzuziehen.

Beim Bolzenschweißen mit Spitzenzündung mit seiner extrem kurzen Schweißzeit (1 bis 3 ms) wird eine vollständige Übereinstimmung der Anschmelzung von Bolzenspitze und Werkstück angestrebt. Nur dann sind normale Schmelzzonen (~ 0,1 mm dick) und Schweißungen ausreichender Festigkeit zu erreichen. Der Kegelwinkel der Bolzen beträgt hier nach obiger Norm 172 bis 176°.

Durch Blaswirkung wird besonders der Bolzen, aber auch das Werkstück, einseitig verstärkt angeschmolzen, Bild 5-8. Beim Hubzündungs-Bolzenschweißen mit Keramikring mit seinem größeren Schmelzbad nimmt dabei auch die Fehleranfälligkeit durch Porenbildung, wegen des stärkeren Einwirbelns der Luft, zu. Ist nach dem Eintauchen des Bolzens der Wulst nicht allseitig geschlossen, so treten an der wulstfreien Stelle häufig auch Bindefehler zwischen Bolzen und Werkstück auf. Solche Schweißungen sind zur Kraftübertragung ungeeignet.

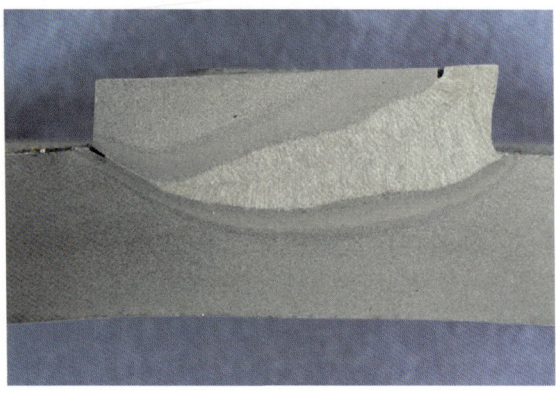

Bild 5-8. Einseitig verstärkte Anschmelzung durch Blaswirkung.

Auch beim Kurzzeit-Bolzenschweißen kann die Blaswirkung zu Bindfehlern führen; dies ist durch geeignete Maßnahmen zu vermeiden. Auch hier ist das Aussehen des Schweißwulstes ein sicheres Indiz.

Beim Bolzenschweißen mit Spitzenzündung wirkt sich die Blaswirkung nicht so stark aus. Die sehr schmale Schmelzzone wird aber durch einseitiges Herausspritzen von Schweißgut eine größere Fehlerfläche aufweisen.

In der Fertigung sollte man bei neuen Schweißaufgaben die Einbrandform durch Schliffe in Bolzenmitte überprüfen. Meist genügen ein Makroschliff und das Anätzen mit einem geeigneten Mittel, bei unlegiertem Stahl beispielsweise Ammoniumpersulfat.

5.5 Erstarrungsvorgang beim Bolzenschweißen und daraus folgende Unregelmäßigkeiten

Mit dem Erlöschen des Lichtbogens und dem Zusammenführen der Schmelzzonen wird ein Teil des Schweißgutes nach außen gedrängt und bildet beim Bolzenschweißen mit Hubzündung einen Wulst, beim Bolzenschweißen mit Spitzenzündung einen flachen Spritzerkranz, der bei gleichmäßiger Anschmelzung, das heißt ohne Blaswirkung, den Bolzen allseitig umgibt.

Das verbleibende Schmelzbad zwischen Bolzen und Werkstück beginnt durch die Wärmeabfuhr zu erstarren und zu kristallisieren. Dieser Vorgang beginnt an den bolzen- und werkstückseitigen Grenzen der Schmelze und verläuft anfangs ungefähr senkrecht zu dieser Grenzfläche.

In der Schmelze gelöste und nicht chemisch gebundene Gase werden beim Erstarren ausgeschieden, können die Kristallisation beeinträchtigen und Poren bilden. Bei Stahl handelt es sich um die Gase Wasserstoff, Stickstoff und Sauerstoff, bei Aluminium um Wasserstoff. Verunreinigungen mit niedriger Schmelztemperatur, beispielsweise Seigerungen mit erhöhtem Schwefel- und Phosphorgehalt, werden wegen ihrer niedrigen Schmelztemperatur vor der Kristallisationsfront gehalten und erstarren erst beim Zusammentreffen der bolzen- und werkstückseitigen Erstarrungsfront im sogenannten Kristallstoß. Mit der Kristallisation sind auch Volumenänderungen verbunden, die durch axiale Schrumpfung und seitliche Materialzufuhr von außen ausgeglichen werden müssen. Das Schmelzbad soll daher eine solche Form haben, damit es in Bolzenmitte zuerst erstarrt und dann radial nach außen die Verbindung schließt. Wird durch eine ungünstige Einbrandform das mittige Schmelzbad durch eine äußere ringförmige, vorzeitige Erstarrung eingeschlossen, entstehen durch die Volumenkontraktion Erstarrungslunker in Bolzenmitte, Bild 5-5.

Bewegungsvorgänge zwischen Bolzen- und Werkstück während der Erstarrung können zu sogenannten Heißrissen führen. Solche Bewegungen können auch beim weiteren Abkühlen des Werkstückes durch die Schrumpfvorgänge der, von kaltem Werkstoff umgebenen, Schweißzone hervorgerufen werden. Die Schrumpfungsvorgänge erzeugen am abgekühlten Werkstück Eigenspannungen bis zur Streckgrenze des Werkstoffes.

Beim Zusammenführen der Schmelzzonen werden die Werkstoffe von Bolzen und Werkstück miteinander vermischt. Dies geschieht bei kurzen Schweißzeiten nicht gleichmäßig. Schlierenartige Gefügestrukturen in den Schliffbildern zeigen diese ungleichmäßigen Vermischungen. Die sehr kurzzeitigen Erschmelzungs- und Erstarrungsvorgänge beim Bolzenschweißen mit Spitzenzündung zeigen teilweise sogar unvermischte Schmelzzonen am Bolzenende.

Die grundsätzlich sehr schnelle Abkühlung beim Bolzenschweißen führt zu stärkeren Aufhärtungen als bei anderen Schweißverfahren. Aus diesem Grund wird der Kohlenstoffgehalt der Bolzenwerkstoffe auf maximal 0,2 % begrenzt. Die Härtezone kann beim Bolzenschweißen auch extrem schmal sein, beim Bolzenschweißen mit Spitzenzündung zum Beispiel nur 0,1 mm dick. Wieweit ein solcher Härtefilm bei einem C-Gehalt über 0,3 % im Werkstück die Belastbarkeit des Bauteils beeinträchtigt, muss immer durch praxisnahe Versuche überprüft werden. Bei einer Reihe von Anwendungsfällen waren die Ergebnisse befriedigend.

Die Porenbildung beim Bolzenschweißen von unlegiertem Stahl mit schweißgeeigneten Werkstoffen hängt vorwiegend mit den physikalischen und chemischen Reaktionen des Lichtbogens und des Schmelzbades mit Luft (79 % Stickstoff, 21 % Sauerstoff) und Verbindungen mit Wasserstoff zusammen.

5.5.1 Physikalische und chemische Reaktionen

Durch die hohe Temperatur des Lichtbogens (größer 3000 °C) wird die Siedetemperatur des Eisens örtlich überschritten und es entsteht ein Metalldampf, der – leider nur unvollkommen – die umgebende Atmosphäre abhält. Wird kein zusätzlicher Gasschutz aufgebracht, kann der Stickstoff der Luft im Schmelzbad in Lösung gehen. Bei der Erstarrung nimmt die Löslichkeit des Stickstoffs im Schmelzbad sehr stark ab, und der sich ausscheidende gasförmige Stickstoff verursacht Porenbildung im Schweißgut, Bild 5-9.

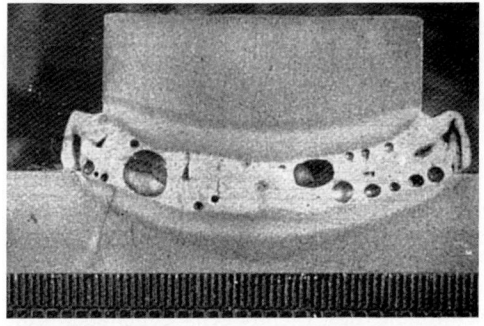

Bild 5-9. Starke Porenbildung durch zu geringe Stromstärke mit geringer Metalldampfbildung und starke Lichtbogenbewegung mit Einwirbelung von Luft; Bolzendurchmesser: 22 mm.

Der Sauerstoff der Luft kann mit den verschiedenen Legierungselementen des Stahles reagieren. Dabei bilden sich Metalloxide, aber auch Gasreaktionen, die das Schmelzbad in Wallung bringen und dann bei der Erstarrung zu Poren führen. Eine Desoxidation des Stahles, durch das Aufbringen von Aluminium an der Bolzenspitze, kann die Gasreaktion verringern und das Schmelzbad „beruhigen".

Bei der sehr hohen Lichtbogentemperatur werden Wasserstoffverbindungen (zum Beispiel Feuchtigkeit und gebundenes Wasser an Oberflächen, organische Verbindungen wie Öle, Fette oder Farben) aufgespalten, der Wasserstoff wird im atomaren Zustand von der Schmelze absorbiert. Während der Erstarrung gibt er sein Elektron an die Elektronenhülle im Metall ab und liegt schließlich ionisiert vor [31]. Im Metallgitter kann Wasserstoff zu Versprödung führen. Während lange angenommen wurde, durch die Rekombination von zwei Wasserstoffatomen zu einem Molekül würde durch die damit verbundene Volumenvergrößerung das Gitter aufgeweitet und so ein Riss eingeleitet, gibt es heute zwei Theorien, wie Wasserstoff im Stahl zur Rissbildung beiträgt:

Hydrogen Enhanced Localized Plasticity (HELP): Wasserstoff regt örtlich die Versetzungstätigkeit des Metalls an, die Versetzungen stauen sich an den Korn- oder Plattengrenzen auf und es tritt eine gefügeinterne Verfestigung auf, die sich makroskopisch als Versprödung bemerkbar macht, also die Dehnungsfähigkeit und Duktilität einschränkt. Dies lässt sich meist anhand einer wegfallenden Einschnürung erkennen, denn Komponenten versagen unter Zugfestigkeit gleich Streckgrenze (Nullduktilität). Davon zu unterscheiden ist die Kerbschlagarbeit, die bei Gefügebeaufschlagung mit Wasserstoff meist nicht beeinträchtigt ist, denn die Emittierung von Versetzungen erfordert Zeit, die bei der hohen Verformungsgeschwindigkeit bei der Kerbschlagprobe nicht gegeben ist.

Hydrogen Enhanced Decohesion (HEDE): Wasserstoff setzt vor einer Rissspitze oder vor einem Kerbgrund die Kohäsionskräfte des Gitters herab und führt so zu einer Zähigkeitsabnahme und Rissbildung. Für die Diffusion vor die Rissspitze ist ebenfalls jeweils Zeit erforderlich, so dass auch dieser Mechanismus erklärt, warum in der Kerbschlagprobe aufgrund der hohen Beanspruchungsgeschwindigkeit keine Zähigkeitsabnahme infolge Wasserstoff festzustellen ist. Neuere Annahmen gehen davon aus, dass beide Mechanismen gemeinsam wirken und für die wasserstoffunterstützte Rissbildung verantwortlich sind.

Generell gilt: Für eine Rissbildung ist primär eine mechanische Beanspruchung, zum Beispiel Eigenspannungen durch Schrumpfen der Schweißzone, ursächlich, nicht der Wasserstoff an sich, deshalb spricht man von wasserstoffunterstützter Rissbildung (engl. Hydrogen Assisted Cracking). Nur in wenigen (Ausnahme-) Fällen wird diese notwendige mechanische Beanspruchung durch Wasserstoff im Gefüge selbst erzeugt (Hydrogen Induced Cracking), beispielsweise durch Anlagerung und möglicherweise auch Rekombination [29].

5.5.2 Maßnahmen zur Vermeidung von Poren

Um die Porenbildung zu minimieren, sollte man die nachfolgend genannten Maßnahmen ergreifen:

- Verhinderung der Wasserstoffaufnahme durch saubere, trockene, fett- und oxidfreie Werkstückflächen vor dem Schweißen. Auf trockene Keramikringe ist zu achten! Keramikringe, die einmal feucht geworden sind, nicht mehr verwenden, auch wenn sie trocken zu sein scheinen!
- Wahl möglichst doppelt beruhigter Stähle für Bolzen, nur beim Bolzenschweißen mit Schutzgas kann auf die Aluminium-Kugel oder Aluminium-Spritzschicht an der Bolzenspitze verzichtet werden.
- Verhinderung der Stickstoffaufnahme durch Abschirmung des Lichtbogens gegenüber Luft durch Schutzgas.
- Ohne Schutzgas kann der Keramikring den Luftzutritt verringern, so dass bei ausreichend hoher Stromstärke die Metalldampfbildung in Verbindung mit dem Aluminium an der Bolzenspitze zur porenfreien Erstarrung ausreicht.

- Der Stickstoff im Schmelzbad kann zum Teil durch Reaktion mit Aluminium abgebunden werden, bei gleichzeitiger Kornfeinung bei der Erstarrung.
- Das Abbinden des Sauerstoffes im Schmelzbad geschieht beim Bolzenschweißen durch geeignete Werkstoffe (vorwiegend doppelt beruhigte Stähle) und zusätzlich durch die eingeprägte Aluminium-Kugel oder Aluminium-Spritzschicht. Beim Schutzgas-Bolzenschweißen führt dieses zusätzliche Aluminium zu einer Oxidschicht am Schweißwulst.
- Durch die magnetische Ablenkung des Lichtbogens (Blaswirkung) wird Luft in den Lichtbogen eingewirbelt und die Neigung zur Porenbildung erhöht. Blaswirkung ist daher durch geeignete Maßnahme zu verringern.
- Wird die Stickstoff-, Sauerstoff- und Wasserstoffaufnahme nicht unterbunden, tritt zusätzlich zur Porenbildung auch eine Versprödung der Schweißzone ein:
  bei Stickstoff in Verbindung mit Kaltverformung, die sogenannte Alterung; bei Sauerstoff eine Abnahme der Dehnung und Zähigkeit; bei Wasserstoff eine Diffusion zu Fehlstellen mit Gefahr der Rissbildung im Schweißgut oder Fischaugenbildung bei Belastung oder Verformung nach dem Schweißen.

Die hier dargestellten Zusammenhänge gelten in erster Linie für das Bolzenschweißen mit Hubzündung. Beim Bolzenschweißen mit Spitzenzündung sind nur sehr kurze Reaktionszeiten vorhanden. Es fällt schwer, die einzelnen Vorgänge auseinander zu halten. Die bei der Hubzündung möglichen Reaktionen mit Aluminium werden hier bei einer Schweißzeit von 1 bis 3 ms nicht in Betracht gezogen. Andererseits ist bei der Spitzenzündung die Metalldampfbildung stärker und dadurch eine bessere Abschirmung gegenüber der Luft gegeben. Die trotzdem starke Porenbildung deutet aber auf Vorgänge hin, die noch einer genaueren Untersuchung bedürfen. Den Oberflächenzustand von Bolzen (Ziehfette, Verkupferung) und Blech (Fette, Feuchtigkeit) wird man dabei zuerst erfassen müssen. Schließlich muss man davon ausgehen, dass an sogenannten „reinen" Oberflächen immer noch Filme von Fetten, Lösungsmitteln und auch Gasen haften. Auch eine mögliche Überhitzung des Schmelzbades mit einer Art „Kochen" ist nicht auszuschließen.

Bei diesem Schweißverfahren ist Sauberkeit sehr wichtig. Die extrem kurze Schweißzeit kann nicht berücksichtigte Oberflächenverunreinigungen nicht ausgleichen. Sauberkeit gilt nicht nur für das Werkstück, sondern auch für den Bolzen. Deshalb sind Bolzen aus unlegiertem Stahl zum Korrosionsschutz generell verkupfert. Die Schweißflächen müssen frei von Rost, Zunder, Farbe und Fett sein.

6 Hinweise für die Konstruktion und die Fertigung

6.1 Allgemeines

Der Konstrukteur kann das Bolzenschweißen aus verschiedenen Gründen vorgeben. Solche Gründe sind beispielsweise die hohe Wirtschaftlichkeit, die gute Reproduzierbarkeit, die hohe Festigkeit, die Zugänglichkeit von nur einer Seite, die vielfältigen Bolzenformen oder der geringe Einbrand.

Die wesentliche Aufgabe einer Konstruktion ist die für den Verwendungszweck erforderliche Belastbarkeit bei ausreichender Sicherheit und geringen Kosten zu erzielen. Um diese Grundbedingungen zu erfüllen, müssen die Einflussgrößen

– Konstruktion,
– Werkstoff und
– Fertigung

berücksichtigt werden.

Die konstruktionsbedingte Eigenschaft einer Schweißung wird nach DIN-Fachbericht ISO/TR 581 mit dem Begriff „Schweißsicherheit" definiert. *Die Schweißsicherheit einer Konstruktion* ist vorhanden, wenn das Bauteil aufgrund seiner konstruktiven Gestaltung mit dem verwendeten Werkstoff (siehe Kapitel 7) unter den vorgesehenen Betriebsbedingungen funktionsfähig bleibt.

Die Schweißsicherheit wird von folgenden Faktoren beeinflusst:

– *konstruktive Gestaltung*, zum Beispiel:
  Kraftfluss im Bauteil,
  Anordnung der Schweißnähte,
  Werkstückdicke,
  Kerbwirkung,
  Steifigkeitsunterschiede,

– *Beanspruchungszustand*, zum Beispiel:
  Art und Größe der Spannungen im Bauteil,
  Räumlichkeitsgrad der Spannungen,
  Beanspruchungsgeschwindigkeit,
  Temperaturen,
  Korrosion.

Beim Bolzenschweißen sind besonders die nachfolgenden Hinweise zu beachten.

6.1.1 Bolzendurchmesser und Blechdicke

Das Bolzenschweißen mit Hubzündung wird im Allgemeinen bis zu einem Bolzendurchmesser von 25 mm eingesetzt. Beim Bolzenschweißen mit Spitzenzündung sind Bolzen bis 8 mm Durchmesser gebräuchlich, in Ausnahmefällen bis 10 mm.

Die minimale Blechdicke muss beim Bolzenschweißen mit Keramikring ¼ des Bolzendurchmessers betragen. Beim Bolzenschweißen mit Schutzgas und beim Kurzzeit-Bolzenschweißen sind durch die flache und schnelle Anschmelzung Blechdicken bis zu 1/10, minimal etwa 0,7 mm des Bolzendurchmessers möglich. Beim Bolzenschweißen mit Spitzenzündung verringert die extrem kurze Schweißzeit den Wert auch auf etwa 1/10 des Bolzendurchmessers, aber minimal etwa 0,5 mm.

In Grenzfällen kann man durch eine gut wärmeleitende Unterlage (vorzugsweise Kupfer) ein Durchschmelzen vermeiden oder Durchdrücken der Schweißstelle verringern.

6.2 Hubzündungs-Bolzenschweißen mit Keramikring oder Schutzgas

6.2.1 Bolzenform

Wegen der vorwiegend kreisförmigen Ausbildung des Lichtbogens sind runde Bolzen vorzuziehen. Bei manchen Anwendungsfällen werden Stifte mit rechteckigem Querschnitt angeschweißt. Dabei besteht aber die Gefahr, dass der Lichtbogen die Stirnseiten zu wenig anschmilzt. Für einige rechteckige Stifte stehen angepasste Keramikringe zur Verfügung (zum Beispiel 15 x 3). Das Verhältnis von Breite zu Dicke sollte aber nicht größer als 5 : 1 bei maximal 30 mm Breite sein.

Für den Schweißvorgang ist nur die Größe und Form der Bolzenspitze maßgebend. Außerhalb der Schweißzone kann unter Berücksichtigung der Höhe des Keramikringes und der Aufnahmelänge im Bolzenhalter die Form und Länge des Bolzens beliebig gewählt werden. Der Bolzenhalter und die Abstützung der Schweißpistole müssen aber der Schweißaufgabe angepasst werden. Es empfiehlt sich, Sonderformen mit dem Bolzen- und Gerätehersteller zu besprechen, da auch das zulässige Gewicht des Bolzens begrenzt ist und die Bolzenbewegung durch Führungshülsen nicht behindert werden darf.

Beim Aufschweißen von Bolzen auf Rohre soll der Rohraußendurchmesser mindestens viermal größer als der Bolzendurchmesser sein. Bei kleineren Rohren, bei Sonderprofilen, beim Schweißen von Bolzen in oder auf Winkelecken sollten Sonderkeramikringe verwendet werden, die dem Werkstück und der Schweißaufgabe angepasst sind.

6.2.2 Schweißwulst

Bei allen Konstruktionen ist die Größe des Schweißwulstes zu berücksichtigen. Sie wird von der Bolzenform, den Abmessungen des Innenraumes des Keramikringes, der Schweißenergie (Verfahrensvariante) und der Eintauchtiefe bestimmt. Richtwerte dazu findet man in den Normen und den Katalogen der Lieferfirmen. Zu beachten ist, dass der Wulst immer etwas größer wird als der Innendurchmesser des Keramikringes, denn die Keramikmasse schmilzt im Lichtbogen geringfügig an. Soll der Wulst im Außendurchmesser klein gehalten werden und beispielsweise den Gewindedurchmesser nicht wesentlich überschreiten, muss der Bolzendurchmesser an der Schweißspitze reduziert werden. Kaltgepresste, an der Spitze reduzierte Bolzen (Typ RD nach DIN EN ISO 13918) haben sich als günstig erwiesen und erreichen trotz nominell geringeren Querschnittes die Nennfestigkeit einer Schraube der Klasse 4.8.

Beim Schweißen ohne Keramikring (zum Beispiel unter Schutzgas) ist die Wulstgeometrie ungleichmäßiger als bei der Formung des Schweißbades durch den Keramikring.

6.2.3 Positionierung

Wichtig für passgenaue Verbindungen ist eine einwandfreie Positionierung des Bolzens vor dem Schweißen. Dazu stehen mehrere Möglichkeiten zur Verfügung:

1. Positionierung nach Körnermarkierungen:
Bei Einzelstücken und nicht allzu großen Anforderungen an die Genauigkeit hat sich dieses Verfahren bewährt. Je nach Sorgfalt beim Ankörnen lassen sich Genauigkeiten von ±1,5 mm erreichen. Da die Bolzen nach DIN EN ISO 13918 eine Spitze von etwa 135° haben, findet der Bediener beim Aufsetzen der Pistole mit eingesetztem Bolzen die Markierung leicht. Manchmal können Teile, die auf einer CNC-Maschine bearbeitet werden, auch gleich für das Bolzenschweißen markiert werden. Die zusätzlichen Kosten sind dann fast vernachlässigbar und die Genauigkeit entsprechend hoch.

2. Positionierung mit Keramikring:
Bei Serienteilen, bei denen eine Positioniergenauigkeit von etwa ±1 mm ausreicht, bietet sich die Anfertigung einer einfachen Blechschablone an, deren Bohrungen auf den Außendurchmesser des Keramikringes abzustimmen sind. Die Keramikringe haben herstellbedingt größere Toleranzen als Stahlteile, daher sollten die Bohrungen mit etwa 0,5 mm Übermaß ausgeführt sein. Wichtig, aber oft vergessen, sind Abstandshalter zwischen Werkstück und Schablone. Andernfalls wird die Entgasung des Schweißbades durch die Kanäle des Keramikringes behindert. Ungleichmäßige Schweißqualität oder unkontrolliertes Wegspritzen des Schweißbades ist die Folge, Bild 6-1.

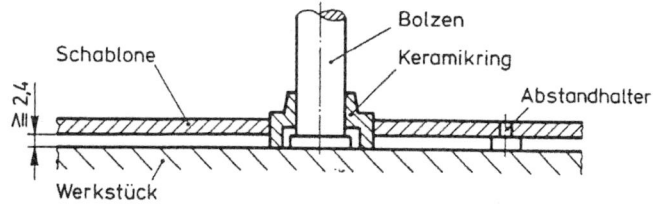

Bild 6-1. Einfache Schablone zum Positionieren der Bolzen.

3. Positionierung mit Pistolenzwischenstück:
Dies ist bei Handpistolen die aufwendigste, aber auch genaueste Methode, bei der Toleranzen von etwa ±0,5 mm erreicht werden. In eine massive Trägerplatte werden an den jeweiligen Positionen handelsübliche Bohrbuchsen eingepresst, die auf den Durchmesser des Pistolenzwischenstücks abgestimmt sind. Mit dieser Einrichtung sind sowohl Abweichungen in horizontaler Richtung als auch Schiefstellungen, die bei 1. und 2. möglich sind, ausgeschlossen, Bild 6-2.

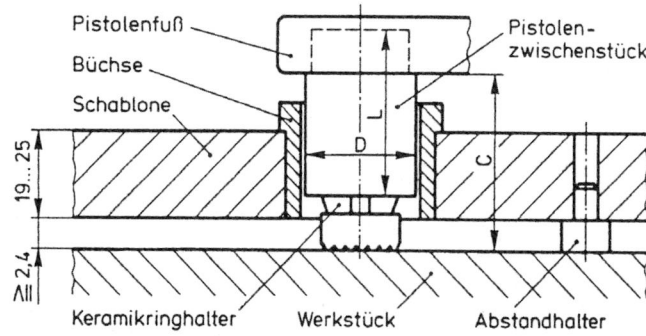

Bild 6-2. Schablone mit Büchse und Pistolenzwischenstück.

Oft wird der Fehler begangen, als Trägerplatte massiven Werkzeugstahl zu verwenden. Erfahrungsgemäß wird dieser Werkstoff aber nach einigen Schweißungen stark magnetisch und beeinträchtigt dann den Schweißvorgang durch Blaswirkung. Empfehlenswert ist Aluminium, Kunststoff oder jeder andere geeignete nicht magnetisierbare Werkstoff.

Die Genauigkeit der Position des geschweißten Bolzens hängt allerdings nicht immer nur von der Positioniergenauigkeit vor dem Schweißen ab. Ursache für Abweichungen kann auch die Blaswirkung sein. Eine ungleichmäßige Anschmelzung des Bolzens ist die Folge. Beim Erkalten schrumpft die Seite mit dem dickeren Schweißbad stärker als die gegenüberliegende; der Bolzen steht schief auf dem Werkstück, siehe Bild 5-3. Besonders bei langen Bolzen oder bei mehreren Bolzen, auf die ein Teil passen muss (Flansche oder Deckel), wirkt sich das unangenehm aus. Abhilfe schafft eine gezielte Beeinflussung des Lichtbogens durch Ausgleichsmassen oder Verlegen der Masseklemmen. Der Anwender sollte sich in solchen Fällen frühzeitig, zum Beispiel vor der Anfertigung von teuren Schablonen, von einem erfahrenen Geräteaushersteller beraten lassen.

Sollen die Bolzen automatisch zugeführt werden, beispielsweise in Fertigungsstraßen für Heizkessel, wird der Keramikring durch Schutzgas ersetzt. Dann ist allerdings die Querposition bei Bolzen über etwa 8 mm Durchmesser nicht zu empfehlen; es bilden sich an der Unterseite der Schweißung unschöne Tropfen und an der Oberseite eventuell eine Unterschneidung (zum Teil nur im Schliffbild sichtbar, Bild 6-3).

Bild 6-3. Unterschneidung beim Bolzenschweißen (M 14) an senkrechter Wand (PC).

6.2.4 Bolzenlänge

Die Bolzenlänge am Werkstück ergibt sich aus der Ausgangslänge, der abgeschmolzenen Länge und dem Eintauchvorgang. Die Bolzen werden generell mit der Angabe „Länge nach dem Schweißen" bestellt und vom Hersteller mit einem Zuschlag für normale Schweißbedingungen gefertigt. Durch Unregelmäßigkeiten bei der Anschmelzung, zum Beispiel durch Blaswirkung, durch unterschiedliche Kombinationen von Schweißstrom und Schweißzeit ergeben sich

Toleranzen in der Bolzenlänge zum Nennmaß. Bolzen gleicher Nennlänge sollen nach dem Schweißen mit den gleichen Daten innerhalb eines Streubereiches von ±1 mm, bei Kopfbolzen nach DIN EN ISO 13918 +1 bis –2 mm liegen.

6.2.5 Eigenspannungen

Der Lichtbogen mit hoher Stromstärke und kurzer Schweißzeit schmilzt Bolzen und Werkstück an. Diese Schmelzzone kühlt sich sehr schnell ab und zieht sich dabei zusammen. Die radiale Kontraktion wird durch den umgebenden kalten Blechwerkstoff verhindert. Es entstehen hohe Zug- und Druckeigenspannungen bis zur Streckgrenze.

Mit der schnellen Abkühlung ist bei unlegierten Stählen eine Härte- und Festigkeitssteigerung der Schweißzone gegenüber dem Grundwerkstoff gegeben. Damit ist im Bereich der Schweißzone und an ihrem Rand eine geringere Verformungsfähigkeit als im Blech oder Bolzen außerhalb der Schweißung vorhanden.

6.2.6 Kraftumlenkung und Kerbwirkung

Wird der auf ein Blech geschweißte Bolzen durch Normalspannungen (Zug, Druck, Biegung) beansprucht, tritt eine Umlenkung des Kraftflusses aus dem Bolzen in die Blechebene ein. Diese Umlenkung findet beim geschweißten Bolzen nicht über eine Hohlkehle statt, sondern der Querschnitt vom Bolzen zum Schweißwulst ändert sich plötzlich. Der Formfaktor der Kraftumlenkung ist ungünstig; Kerbwirkungen sind auch aufgrund von Fehlstellen an den Übergängen gegeben. Bei Ermüdungsbeanspruchung des Werkstückes sind dabei wesentlich geringere Dauerfestigkeitswerte als beim unbeeinflussten Grundwerkstoff anzusetzen.

In Verbindung mit den bereits besprochenen Eigenspannungen und der höheren Härte der Schweißzone ist auch eine starke Verformungsbehinderung vorhanden. Daher wird bei Zugbeanspruchung des Bolzens und einwandfreier Schweißung der Bruch außerhalb der Schweißstelle erfolgen. Auch bei der Biegeprüfung entlastet der verformungsfähige Bolzen die Schweißzone und lässt sich bis in die Blechebene umbiegen. Unabhängig von den genannten Eigenschaften der Bolzenschweißung würde auch eine homogene, eigenspannungsfreie Verbindung zwischen Bolzen und Werkstück durch die örtliche Querschnittsvergrößerung bei Belastung des Bleches Kerbwirkungen mit Spannungsspitzen hervorrufen.

6.2.7 Blechdickenrichtung

Wird der geschweißte Bolzen auf Zug belastet, erfolgt eine Beanspruchung des Bleches in Dickenrichtung. Durch den Walzvorgang sind die Verunreinigungen im Blech zeilenförmig angeordnet, das Blech hat in Dickenrichtung eine geringere Festigkeit und Verformungsfähigkeit als in Walzrichtung. In ungünstigen Fällen kann der Bolzen bei hoher Last, zum Beispiel bei der Biegeprüfung, terrassenförmig ausbrechen. Normalerweise werden aber keine besonderen Qualitäten der Bleche in Dickenrichtung gefordert, da die Schweißfläche am Werkstück größer ist als die Bolzenfläche und die Wirkungsfläche der Bolzenkraft im Blech schnell zunimmt.

6.2.8 Dehnlänge

Sollen mit einem geschweißten Gewindebolzen Bauteile durch starke Klemmkräfte gehalten werden, die den Bolzen auf Zug beanspruchen, so ist zwischen Schweißstelle und Mutter eine geringere Dehnlänge vorhanden, als wenn die Schraube mit Gewindeloch im Werkstück angezogen wird.

6.2.9 Lochleibung

Werden mit einem Bolzen Schubkräfte auf einen Träger oder ein Blech übertragen, so treten in der Bohrung des Bauteils sogenannte Lochleibungskräfte auf. Diese Kräfte werden häufig auf mehrere Bolzen verteilt. Dafür ist aber eine genaue Passung der Bolzen erforderlich. Diese Passung ist mit Bolzenschweißen nicht zu erreichen. Vom Verbundbau abgesehen, bei dem der eingebrachte Ortbeton die Kräfte überträgt, können im Stahlbau die Bedingungen nicht erfüllt werden, die das Übertragen der Lochleibungskräfte auf mehrere aufgeschweißte Bolzen ermöglichen.

6.2.10 Schweißposition

Die besten Ergebnisse sind selbstverständlich in Wannenlage zu erzielen. Der Keramikring stützt und formt das Schweißbad. Wird ein Verfahren ohne Keramikring gewählt, sind Einschränkungen nicht zu vermeiden. Der Tabelle 6-1 sind die Grenzen für die verschiedenen Verfahren zu entnehmen.

Tabelle 6-1. Grenzen für die verschiedenen Verfahren.

Position	Keramikring	Schutzgas	Kurzzeit	Bezeichnung nach DIN EN ISO 6947
Wannenlage	bis 25	bis 16	bis 12	PA
an senkrechter Wand	bis 16 (19)	bis 8	bis 12	PC
überkopf	bis 20	bis 10	bis 12	PE

Die schwierigste Position ist die an senkrechter Wand, weil das Schweißbad aufgrund der Schwerkraft dazu neigt, sich als Tropfen an der Unterseite des Bolzens zu sammeln. Beim Schweißen mit Keramikring sollten zunächst die für Wannenlage üblichen Parameter für Schweißstrom und Schweißzeit gewählt werden. In manchen Fällen haben sich höherer Strom und kürzere Zeit als vorteilhaft erwiesen. Die Lichtbogenlänge (Hub) soll so gering wie möglich sein. Oberhalb der Schweißstelle soll keine Masseklemme angebracht sein. Die so erzielte Blaswirkung lenkt den Lichtbogen nach oben und erzeugt dort relativ mehr Schmelze als unten, wo sie hinfließt. Ein tiefes Eintauchen fördert das Verdrängen des Schmelzbades in den oberen Bereich. Es wurde oft beobachtet, dass bei den für Wannenlage üblichen Eintauchtiefen Unterschneidungen an der Oberseite an senkrechter Wand auftraten. Mit tieferem Eintauchen, evtl. mit leicht erhöhter Eintauchgeschwindigkeit sind Verbesserungen zu erzielen, Bild 6-4.

Nicht unerheblich bei der Frage, bis zu welchem Durchmesser Schweißungen an senkrechter Wand möglich sind, ist die Form des Keramikringes. Der Bolzenhersteller, der im Allgemeinen auch den Keramikring liefert, muss verschiedene Anforderungen erfüllen. Ein großes Spiel zwischen Bolzen und Ring erlaubt Schweißungen ohne Eintauchbehinderungen auch bei nicht genau zentrierter Fußplatte. Große Entgasungsschlitze fördern porenfreie Schweißzonen auch auf kritischen Oberflächen (Walzhaut, leichter Rost, Beschichtungen). Allerdings ist die Stützwirkung für das Schweißbad an senkrechter Wand geringer als bei einem „engen" Ring, eventuell mit einem kleinen Wulstraumdurchmesser. Der Einstellbereich zum Erzielen guter Schweißungen ist dagegen bei einem „engen" Ring kleiner. Bei relativ hoher Energie kann der Ring platzen. Zumindest wird der Wulstraum mit Schmelze überfüllt; sie tritt nach oben aus und kann zur Eintauchbehinderung führen. Bei Keramikringen nach Norm ergibt sich ein mittleres Spiel zwischen Bolzen und Ring.

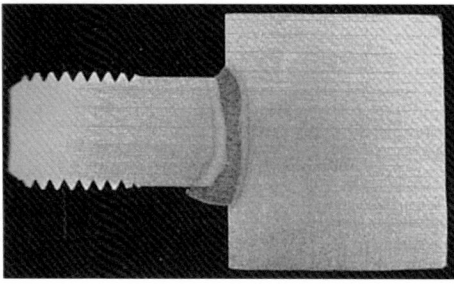

Bild 6-4. Bolzenschweißung M 16 in Querposition (mit Keramikring).

Für das Schweißen an senkrechter Wand werden manchmal Sonderkeramikringe mit halbseitig geschlossenen Entgasungsschlitzen angeboten. Nachteilig dabei ist, dass der Ring in einer bestimmten Orientierung in den Halter gesetzt werden muss.

Beim Schutzgasbolzenschweißen fehlt die Stützwirkung des Keramikringes; es kann daher nur bei kleinen Bolzendurchmessern in Zwangslagen eingesetzt werden. Beispielsweise wurde mit dem Bolzen M 8 (Typ PS nach DIN EN ISO 13918) in Position PC und Schweißzeit unter 150 ms noch ein geschlossener Schweißwulst erzielt.

6.2.11 Beschichtungen

Gemäß den Empfehlungen des Merkblattes DVS 0902 soll die Oberfläche des Werkstückes metallisch blank sein. In der Praxis hat sich jedoch gezeigt, dass oft auch beim Schweißen auf Beschichtungen (Primern) eine konstante Qualität erreichbar ist. Meistens liegen die Schichtdicken zwischen 15 und 30 µm. Die erforderliche Entgasung erzielt man durch Verlängern der Schweißzeit bei gleichzeitiger leichter Verringerung des Schweißstromes (siehe dazu auch die Ausführungen unter „Schweißstrom" und „Schweißzeit" in Abschnitt 8.2). Kritisch ist oft der Prozessbeginn, da die Beschichtung nicht immer elektrisch leitfähig ist. Beschichtungen auf Basis Eisenoxid, Eisenglimmer und Aluminium lassen sich in den üblichen Schichtdicken nachweislich gut überschweißen; Beschichtungen mit Zinkanteil bereiten mehr Probleme. Verursacht die Beschichtung einen sehr unruhigen Lichtbogen, so sollte der Hub (Lichtbogenlänge) erhöht werden. Dadurch werden Tropfenkurzschlüsse verringert.

Bei metallischen Überzügen muss mit einer eventuellen Löslichkeit des Überzuges in der Schmelze gerechnet werden. So kann Kupfer zu Lötrissigkeit; Beschichtungen, die Schwefel enthalten (Öl, Fett) bei vollaustenitischen Werkstoffen zu Heißrissen führen.

Eine Sonderstellung nehmen Zinküberzüge ein. Grundsätzlich entstehen im Lichtbogen wegen der niedrigen Siedetemperatur des Zinks (907 °C) große Mengen Zinkdampf, die zu erheblicher Porosität der Schmelzzone führen. Bei galvanischen Überzügen im Schichtdickenbereich um 5 µm lassen sich aber relativ leicht Einstellwerte finden, die zu guten Ergebnissen führen. Sendzimirverzinkte Bleche (15 bis 25 µm) können mit dem Kurzzeit-Verfahren verarbeitet werden. Bei stückverzinkten Werkstücken schwanken die Schichtdicken oft stark, sie liegen aber meistens oberhalb 70 µm. Erfahrungsgemäß ist Bolzenschweißen mit Keramikring hier unmöglich, weil der Keramikring die erforderliche rasche Abfuhr der erheblichen Dampfmenge verhindert. Mit akzeptablem Erfolg können Bolzen zwischen M 6 und M 8 mit Flansch (Typ PS nach DIN EN ISO 13918) geschweißt werden. Der Flansch gleicht Bindefehler aus; die Entgasung wird nicht durch den Keramikring behindert. Besonders im Metallbau zur Befestigung von Verglasungen an feuerverzinkten Profilen ist diese Technik einsetzbar. Es entsteht allerdings ein schwarzer Hof aus Ruß, der aber leicht entfernt werden kann. Die Umgebung der Schweißstelle muss zur Vermeidung von Korrosion mit einer zinkhaltigen Beschichtung ausgebessert werden.

Bei Bolzen über M 10 oder bei hohen Anforderungen an die Schweißqualität sollte die Beschichtung spanend (mit Bohrer oder Stirnfräser) entfernt werden. Beim Schleifen setzt sich nach kurzer Zeit die Scheibe mit Zink zu, so dass immer ein gewisser Zinkgehalt an der Schweißstelle zurückbleibt.

Der Anwender sollte sich auf jeden Fall informieren, ob beim Schweißen auf Beschichtungen eine Absaugung der Dämpfe erforderlich ist. In geschlossenen Räumen dürfte das fast immer der Fall sein. Besonders Blei, Cadmium, aber auch Zink sind gesundheitsschädlich; im Zweifel sind die berufsgenossenschaftlichen Vorschriften zu Rate zu ziehen.

6.3 Bolzenschweißen mit Kondensatorentladung

6.3.1 Bolzenformen

Im Allgemeinen werden die Bolzen durch Kaltfließpressen hergestellt. Dabei entsteht ein Flansch mit einem gegenüber dem Bolzen um 1 bis 2 mm größeren Durchmesser. Mit diesem Flansch wird die Schweißfläche vergrößert, so dass auch bei Fehlstellen in der Schweißzone, die aufgrund der kurzen Schweißzeit meistens 30 bis 40 % der Gesamtfläche beträgt, die Bolzenfestigkeit erreicht wird. Durch den Flansch wird auch erreicht, dass der Lichtbogen nicht auf den zylindrischen Teil des Bolzens übergreift. Damit werden die Ergebnisse gleichmäßiger. Grundsätzlich sollte man daher nur Bolzen mit Flansch schweißen. Gängige Bolzen für das Verfahren Spitzenzündung sind in DIN EN ISO 13918 genormt. Bei diesen Bolzen sind Abmessungen, besonders der Zündspitze, und Werkstoffe so festgelegt, dass Grundlagen für erfolgreiches Arbeiten gelegt sind.

6.3.2 Bolzenlänge

Durch den Schweißvorgang wird die Länge des Bolzens (ohne Zündspitze und flache Spitze mit Kegelwinkel rund 174°) um etwa 0,5 mm verringert.

6.3.3 Positionierung

Mit Handpistolen wird eine Genauigkeit von ±1 mm (nach Anriss) erreicht. Beim Bolzenschweißen mit Spitzenzündung darf die Bolzenposition auf keinen Fall mit einem Körner markiert werden, weil die Körnertiefe die wirksame Länge der Zündspitze und damit die Schweißzeit verringert! Mit positionsgesteuerten Schweißköpfen (siehe Abschnitt 9.3) sind Genauigkeiten von unter ±0,4 mm möglich. Bei Forderungen unter ±0,2 mm sind besonders spielfreie Schweißköpfe und Sonderbolzenhalter erforderlich.

6.3.4 Kerbwirkung

Grundsätzlich ist auch beim Bolzenschweißen mit Kondensatorentladung die Kraftumlenkung vom Bolzen in das Werkstück mit Kerbspannungen verbunden, wobei allerdings durch den Flansch ein im Vergleich zum Hubzündungs-Bolzenschweißen mit Keramikring ein günstigerer Formfaktor erreicht wird. Auch die beim Erstarren des sehr flachen Schmelzbades entstehenden Eigenspannungen sind auf den oberflächennahen Bereich beschränkt und wirken sich nicht so stark aus, wie beim Hubzündungs-Bolzenschweißen mit Keramikring. Beim Schweißen auf dünnen Blechen kann die Verformungsfähigkeit des Werkstückes Spannungsspitzen abbauen.

6.3.5 Schweißposition

Das Bolzenschweißen mit Spitzenzündung ist in allen Positionen möglich. Dabei ist aber zu beachten, dass der Pistolenkolben an senkrechter Wand und überkopf eine geringere Auftreffgeschwindigkeit (höhere Schweißzeit) erreicht als in Wannenlage.

6.3.6 Oberflächenbeschichtungen

Dünne Bleche, wie sie beim Bolzenschweißen mit Spitzenzündung vorherrschen, sind gerade in der Serien- und Massenfertigung (Haushaltsgeräte, Komponenten für Fahrzeuge) oft beschichtet. Vom Schweißverfahren verlangt man nicht nur hohe Qualität, sondern oft auch, dass die Teile ohne Reinigungsvorgang einbau- oder lackierfertig sind. Dies stellt den Anwender vor verschiedene Aufgaben:
– Die Schweißenergie muss so hoch sein, dass eine einwandfreie Fügequalität erreicht wird, d. h. die Beschichtung muss entweder vorher oder während des Schweißvorganges ausreichend entfernt werden.
– Die Schweißenergie muss so gering sein, dass (bei Sichtflächen) eine Beschädigung der Rückseite vermieden wird.
– Die Spritzer- und Rußbildung in der Nähe der Schweißstelle muss gering sein.

6.3.6.1 Verzinkungen

Der Großteil der beschichteten Bleche, die verarbeitet werden, ist verzinkt. Zink ist als Korrosionsschutz fast konkurrenzlos, allerdings liegt der Verdampfungspunkt mit 906 °C weit unterhalb der Prozesstemperatur, so dass erhebliche Mengen Zinkdampf entstehen. Ist die Schweißzeit zu kurz, erzeugt das verdampfende Zink unzulässig viele Poren in der Schmelzone.

Bei galvanischer Verzinkung (um 5 µm) wird vorzugsweise das Kontaktverfahren angewandt, das dabei gute Ergebnisse liefert. Im Gegensatz zu galvanischer Verzinkung mit relativ konstanter Schichtdicke sind Feuerverzinkungen schwieriger zu beherrschen. Bei dünnen Blechen handelt es sich fast immer um die sogenannte Sendzimirverzinkung mit Schichtdicken von 15 bis 25 µm. Möglich ist auch hier der Einsatz des Spitzenzündungsverfahrens bis M 6, man muss aber mit größeren Schwankungen im Ergebnis rechnen.

Schliffe von Bolzenschweißungen mit Spitzenzündung auf sendzimirverzinktem Blech zeigen Bild 6-5 und Bild 6-6. Dabei ist der Einfluss der Schweißzeit, die sich aufgrund der Federkraft und der Größe des Spaltes ergibt, gut zu erkennen.

Bild 6-5. Spitzenzündung (Kontaktverfahren) auf sendzimirverzinktem Blech und geringer Federkraft ergibt lange Schweißzeit.

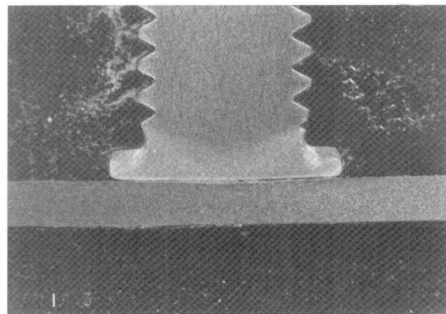

Bild 6-6. Spitzenzündung (Kontaktverfahren) auf sendzimirverzinktem Blech und hoher Federkraft ergibt kurze Schweißzeit.

Kann der Einbrand ohne Beschädigung der Rückseite tiefer sein und ist die Zinkschichtdicke zu hoch für das Spitzenzündungsverfahren, empfiehlt sich das Kurzzeit-Bolzenschweißen mit Hubzündung. Dabei wird die Energie mit der Schweißzeit je nach Anforderung gewählt.

6.3.6.2 Beschichtungen mit anderen metallischen Überzügen

Sie sind für Sonderfälle wichtig, zum Beispiel Blei bei Gaszählergehäusen, Zinn bei HF-dichten Gehäusen für die Elektronik, Aluminium bei Teilen in der (Groß)- Küchentechnik. All diese Metalle lassen sich vorteilhaft gut verarbeiten, da die Verdampfungspunkte relativ hoch liegen. Das Spitzenzündungsschweißen hat sich bei allen diesen Werkstoffen bewährt.

6.3.6.3 Ölbeschichtung

Ölbeschichtete Feinbleche findet man oft in der Automobilzulieferindustrie. Öl dient als leichter Korrosionsschutz während Transport und Lagerung. Bei konstanten Bedingungen kann man die Schweißparameter auf ein Schweißen unter Öl einstellen, ansonsten bleibt nichts anderes übrig, als die Energie so hoch zu wählen, dass die höchste vorkommende Schichtdicke zuverlässig verbrannt wird.

6.3.6.4 Ungeeignete Beschichtungen

Selbstverständlich können hier nicht alle möglichen Oberflächenbeschichtungen behandelt werden. Es gibt jedoch Beschichtungen, bei denen keine ausreichende, konstante Fügequalität zu erwarten ist. Dazu gehören:

– Eloxiertes Aluminium, die Oberfläche ist elektrisch isolierend, so dass keine Zündung zustande kommt. Bei sehr geringer Schichtdicke (etwa 0,1 µm) kann die Zündspitze die Eloxalschicht „durchschlagen". Allerdings wird die Schicht wegen ihrer hohen Schmelztemperatur (etwa 2050 °C) nicht vollständig entfernt. Erhebliche Bindefehler sind die Folge.

– Feste organische Beschichtungen mit Polymeranteilen. In allen Fällen tritt eine starke Verdampfung und Oxidation der Beschichtungsbestandteile ein. Der freiwerdende Wasserstoff geht in Lösung und wird bei der Erstarrung ausgeschieden. Die Folge sind Bindefehler und Poren.

6.3.7 Rückseitenmarkierungen

Auf nichtrostendem Stahl und Aluminium lassen sich Verformungen selbst bei kurzer Schweißzeit und einer Blechdicke von bis zu 4 mm nicht vermeiden. Allerdings ist die Sichtbarkeit von der Struktur der Rückseite abhängig. Auf hochglanzpolierten Flächen bis zu obiger Dicke ist immer eine Markierung zu sehen. Dabei tritt bei Blechen von 0,5 bis 0,6 mm Dicke in der Mitte des Bolzens ein „Einzug" aufgrund der Schrumpfung des Schweißbades auf. Darüber zeigt sich ein „Durchdruck" auf der Rückseite, abhängig von der Schweißzeit und der Federkraft, Bild 6-7.

Thermische Markierungen (zum Beispiel Anlauffarben, Beschädigungen der Zinkschicht) treten bei Spitzenzündung erst bei Blechdicken unter 0,5 mm auf. Eine thermische Markierung tritt immer erst nach einer Verformung auf.

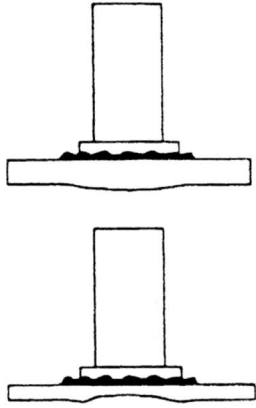

Bild 6-7. Rückseitenmarkierungen beim Bolzenschweißen in Abhängigkeit von der Blechdicke.

6.3.8 Beeinflussung in der Nähe der Schweißstelle

Beim Schweißvorgang wird mehr Werkstoff aufgeschmolzen als für die eigentliche Fügezone benötigt wird. Durch die Eintauchbewegung des Bolzens bildet sich ein Spritzerkranz rings um den Bolzenflansch. Oberflächenverunreinigungen und Beschichtungen im Lichtbogenbereich verbrennen mehr oder weniger vollständig. Rings um den Bolzen entsteht je nach Sauberkeit der Schweißstelle ein Hof aus Oxidationsprodukten.

Beide Erscheinungen werden in der Praxis oft durch Benetzen der Oberfläche mit entspanntem Wasser oder mit leicht flüchtigem Öl unterdrückt. Spritzer und Ruß treten dann zwar immer noch auf; deren Haftung an der Oberfläche wird aber verhindert.

Zu beachten ist allerdings, dass die Energie so hoch gewählt werden muss, dass die Benetzung so gut wie möglich entfernt wird. Auf konstante Bedingungen muss großen Wert gelegt werden. Nach Praxisbeobachtungen ergibt „benetztes Schweißen" oft bessere Ergebnisse als unbenetztes. Eine Erklärung ist die höhere Lichtbogenspannung bei Wasser oder Öl, wodurch die Leistung steigt.

6.4 Berechnungsgrundlagen

6.4.1 Bolzenschweißungen an Bauteilen mit vorwiegend ruhender Belastung

Mit der Norm DIN 18800-1 wurde das σ_{zul}-Konzept verlassen und das semi-probalistische Konzept bei Bemessung mit Teilsicherheitsbeiwerten eingeführt. Sie ist der Vorläufer des nun gültigen Eurocode 3 (Stahlbau) [10] und Eurocode 4 (Verbundbau) [14]. Obwohl die nationale Norm inzwischen zurückgezogen wurde und nun die Eurocodes anzuwenden sind, soll hier das grundsätzliche Bemessungskonzept für Bolzenschweißungen beschrieben werden. Im Eurocode 3 werden Bolzenschweißungen nur im Nationalen Anhang zu Teil 8 [10] (Teil 1-8: Bemessung von Anschlüssen) mit der Festlegung charakteristischer Werte für Kopf- und Gewindebolzen behandelt. In einigen Fachnormen und bauaufsichtlichen Zulassungen wird aber noch auf DIN 18800-1 (bzw. DIN 18800-7 – Ausführung) Bezug genommen, so dass eine Berücksichtigung der nationalen Normen immer noch angeraten ist.

Es wird ein Nachweis der Tragsicherheit geführt und dabei ein nach allgemein anerkannten Regeln ausreichendes Vorhaltemaß gegen Grenzzustände nachgewiesen. Grundsätzlich werden die Ursachen aus Kraft- und Verformungsgrößen unter dem Begriff „Einwirkungen F_k" dem „Widerstand M_k" eines Tragwerkes, seiner Bauteile und Verbindungen gegen Einwirkungen gegenübergestellt.

Im Eurocode werden die Einwirkung mit F, die Beanspruchung mit E und die Beanspruchbarkeit mit R bezeichnet.

Die Einwirkungen werden mit „Teilsicherheitsbeiwerten γ_F" erhöht. zum Beispiel für ständige Einwirkungen G mit dem Faktor $\gamma_F = 1{,}35$; in einigen Fällen auch mit den Kombinationswerten ψ. Auf Seiten des Bauteils wird der Widerstand gegen Einwirkungen mit „Teilsicherheitsbeiwerten γ_M" verringert.

Für die Festigkeit eines Bauteils werden „charakteristische Werte" (Index k) eingesetzt, die statistisch abgesichert sind. Für Bolzen und Schrauben (Index b) sind dies die Streckgrenze $f_{y,b,k}$ und die Zugfestigkeit $f_{u,b,k}$.

Zum Nachweis der Tragfähigkeit wird die aus den Einwirkungen F_K ermittelte Beanspruchung S_d der aus dem Widerstand M_K des Bauteils folgenden Beanspruchbarkeit R_d gegenübergestellt. Dabei gilt:

$S_d = F_K \cdot \gamma_F \cdot \psi \qquad R_d = M_k \cdot 1/\gamma_M$
Beanspruchung $S_d \leq$ Beanspruchbarkeit R_d
$S_d / R_d \qquad \leq 1$

Im Abschnitt 8 der DIN 18800-1 (dort S. 32 ff.) werden Beanspruchungen und Beanspruchbarkeiten der Verbindungen behandelt. Dabei werden für die Tragsicherheitsnachweise der verschiedenen Elemente die Grenzkräfte ermittelt.

Für das Bolzenschweißen werden unter Element 835 (S. 41) für Kopf- und Gewindebolzen, die durch Stumpfschweißen mit Stahlbauteilen verbunden sind, Grenzspannungen angegeben, die sowohl für die Schweißnaht als auch für den Bolzen gelten.

$\sigma_{b,R,d} = f_{y,b,k}/\gamma_M$
$\tau_{b,R,d} = 0{,}7 \cdot f_{y,b,k}/\gamma_M \qquad f_{y,b,k}$ nach Tabelle 4.

Die Bezugsfläche ist bei Kopfbolzen der Schaftquerschnitt A_{sch}, bei Gewindebolzen der Spannungsquerschnitt A_{sp}. Diese Angaben sind bei der Berechnung der verschiedenen Elemente zu berücksichtigen. Dies gilt zum Beispiel für

Element (804) „Abscheren". Die Grenzscherkraft ist zu bestimmen:

$V_{a,R,d} = A \cdot \tau_{a,R,d} = A \cdot 0{,}7\, f_{y,b,k}/\gamma_M;$

A ist je nach Lage der Scherfuge A_{sch} oder A_{sp}. Dabei darf die vorhandene Abscherkraft V_a je Scherfuge und je Schraube die Grenzscherkraft $V_{a,R,d}$ nicht überschreiten: $V_a/V_{a,R,d} \leq 1$.

Element (809) „Zug". Die Grenzzugkraft ist zu ermitteln:

$N_{R,d} = A_{sp} \cdot \sigma_{b,R,d} = A_{sp} \cdot f_{y,b,k}/\gamma_M.$

Auch hier darf die vorhandene Zugkraft N die Grenzzugkraft nicht überschreiten: $N/N_{R,d} \leq 1$;

Element (810) „Zug und Abscheren". Für die Beanspruchung von Schrauben auf Zug und Abscheren ist der Tragsicherheitsnachweis nach Element 809 mit der zusätzlichen Bedingung zu führen:

$(N/N_{R,d})^2 + (V_a/V_{a,R,d})^2 \leq 1.$

Gewindebolzen im Stahlbau

Die Bemessung von Gewindebolzen ist sowohl in DIN 18800-1:2008 [36] (zurückgezogen, aber für Projekte, die vor dem 1.7.2012 begonnen wurden noch anwendbar) als auch im nationalen Anwendungsdokument von DIN EN 1993-1-8/NA:2010-12 [10] geregelt, Tabelle 6-2. Beide Normen verweisen auf DIN EN ISO 13918, die DIN EN 1090-2 (Ausführungsnorm) [37] in Abschnitt 7.5.12 auf DIN EN ISO 14555 als Fachgrundnorm. Die charakteristischen Werte, nach denen bemessen wird, sind 340 N/mm² Streckgrenze und 420 N/mm² Zugfestigkeit bei 14 % Mindestbruchdehnung (siehe nachfolgende Tabelle).

Tabelle 6-2. Charakteristische Werte für Werkstoffe von Kopf- und Gewindebolzen nach DIN EN 1993-1-8/NA.

Bolzen	nach	Streckgrenze $f_{y,b,k}$ [N/mm²]	Zugfestigkeit $f_{u,b,k}$ [N/mm²]
Festigkeitsklasse 4.8	DIN EN ISO 13918	340	420
S235J2 + C450	DIN EN ISO 13918	350	450
S235JR, S235J0, S235J2, S355J0, S355J2	DIN EN 10025-2	Werte nach DIN EN 1993-1-1 (2010-12), Tabelle 3.1	

Es sei hier erwähnt, dass es für höherfeste Gewindebolzen (äquivalent der Festigkeitsklasse 8.8 nach DIN EN ISO 898-1) eine Allgemeine bauaufsichtliche Zulassung Nr. Z-14.4-585 [32] gibt. Die Bemessung erfolgt analog DIN 18800-1:2008-11, die Ausführung nach DIN 18800-7:2008-11. Beide Normen müssen also, obwohl zurückgezogen, weiterhin beachtet werden.

Im Eurocode 3 wird hinsichtlich der Ermüdung von geschweißten Gewindebolzen nichts geregelt. Geschweißte Kopfbolzen sind im Kerbfall 80 eingeordnet (Tabelle 8.4 nach Eurocode 3).

Für den Eisenbahnbrückenbau gilt ab 1.12.2012 der Eurocode 3 (DIN EN 1993-1-9); hier wird der geschweißte Kopfbolzen aber in die Kerbgruppe 71 eingeordnet.

Bei Eisenbahnbrücken ist mit $\Delta\sigma_C = 71$ N/mm² zu rechnen.

Werden Stahlbauten nach Eurocode 3 (DIN EN 1993 [10]) bemessen, muss nach DIN EN 1090-2 [37] gefertigt werden.

Kopfbolzen im Verbundbau

Im Verbundbau werden die Kopfbolzen planmäßig nur auf Schub beansprucht. Die Auswahl der Kopfbolzen wird in Abschnitt 3.4.2 von DIN EN 1994-1-1 [14] geregelt, so dass DIN EN ISO 13918 [38] gilt. Die Bemessung in Vollbetonplatten in Abschnitt 6.6.3 erfolgt auf Stahlversagen und auf Betonversagen. Maßgebend ist der kleinere Wert. Gültig sind die Gleichungen nur dann, wenn ein „automatisches Schweißverfahren nach DIN EN ISO 14555" (Bolzenschweißen) [39] verwendet wird. Kopfbolzen, die regelwidrig mit Kehlnähten verarbeitet werden, liegen damit außerhalb des legalen Rahmens.

$$P_{Rd} = \frac{0{,}8\, f_u\, \pi\, d^2 / 4}{\gamma_V} \qquad P_{Rd} = \frac{0{,}29\, \alpha\, d^2\, \sqrt{f_{ck}\, E_{cm}}}{\gamma_V}$$

Dabei ist

$\alpha = 0{,}2 \left(\dfrac{h_{sc}}{d} + 1 \right)$ für $3 \leq h_{sc}/d \leq 4$

$\alpha = 1$ für $h_{sc}/d > 4$

γ_V = Teilsicherheitsbeiwert,
d = Nenndurchmesser des Dübelschaftes mit 16 mm $\leq d \leq$ 25 mm,
f_u = spezifizierte Zugfestigkeit des Bolzenmaterials, die jedoch höchstens mit 500 N/mm² in Rechnung gestellt werden darf,
f_{ck} = im maßgebenden Alter vorhandener charakteristischer Wert der Zylinderdruckfestigkeit des Betons mit einer Dichte nicht kleiner als 1750 kg/m³,
h_{sc} = Nennwert der Gesamthöhe des Dübels.

Der Teilsicherheitsbeiwert γ_V darf einem Nationalen Anhang entnommen werden. Der empfohlene Wert ist 1,25.

Für die Schweißwülste der Dübel gelten die Anforderungen nach DIN EN ISO 13918.

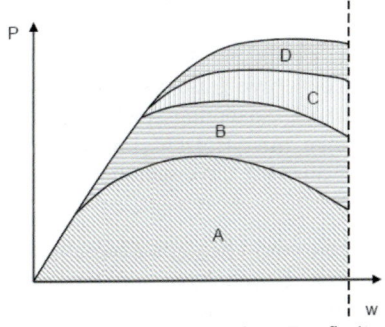 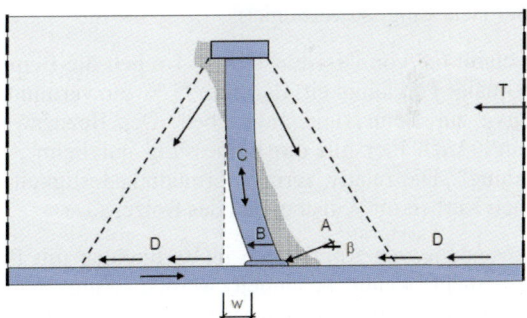

Bild 6-8. Tragverhalten eines Kopfbolzens in einer Vollbetonplatte nach Lungershausen [40];
A: vom Schweißverlust und unmittelbar angrenzenden Bereichen übertragender Lastanteil bei geringem Schlupf,
B: von vom Bolzenfuß weiter entfernten Bolzenbereichen übertragener Lastanteil bei zunehmendem Schlupf,
C: Zugkraft im Bolzenschaft aufgrund behinderter Verformung; sie ist im Gleichgewicht mit Druckkräften im Beton unterhalb des Bolzenkopfes,
D: Reibungskraft zwischen Betonkugel und Oberfläche des Stahlgurtes.

Hinsichtlich der Schweißwülste ist zu sagen, dass DIN EN ISO 13918 keine Anforderungen an die Schweißwülste stellt, sondern dem Konstrukteur durchschnittliche Wulstmaße angibt, die aber durch die Schweißparameter in weiten Grenzen beeinflusst werden können. Im Verbundbau soll wegen der hauptsächlichen Belastung des Bolzenfußes (Anteil A in Bild 6-8) dort eine möglichst große Bolzenfläche vorhanden sein, damit die Betonpressung gering ist. Sinnvoll wäre es hier, wieder die Mindestwulstmaße der früheren Ausgaben zu fordern.

Der Abschnitt 6.6.3.2 von DIN EN 1994-1-1 [14] regelt, dass Kopfbolzen mit maximal 10 % des Bemessungswertes (siehe oben) auf Zug belastet werden dürfen. Darüber hinausgehende Zugkräfte sind nach DIN EN 1994-1-1 nicht geregelt und fallen damit in den Bereich von DIN CEN/TS 1992-4-2 [42].

In Abschnitt 6.6.5.7 von DIN EN 1994-1-1 werden Regeln für die Geometrie der Kopfbolzen und deren Anordnung auf den Trägern festgelegt:

– Dübel mit einer Gesamthöhe kleiner als der 3-fache Schaftdurchmesser d sind in der Regel nicht zulässig.
– Der Kopfdurchmesser des Dübels sollte nicht kleiner als der 1,5-fache und die Höhe des Dübelkopfes nicht kleiner als der 0,4-fache Schaftdurchmesser d sein.
– Bei zugbeanspruchten Blechen und Gurten mit aufgeschweißten Dübeln darf der Schaftdurchmesser des Dübels nicht größer als der 1,5-fache Wert der Blech- oder Flanschdicke sein, wenn für diese Bauteile ein Nachweis der Ermüdung erforderlich ist. Andernfalls ist mit Hilfe von Versuchen nachzuweisen, dass der Dübel eine ausreichende Ermüdungsfestigkeit aufweist. Dies gilt auch, wenn die Dübel direkt über dem Steg angeordnet werden.
– Der Achsabstand der Dübel in Kraftrichtung sollte nicht kleiner als $5\,d$ sein. Senkrecht zur Kraftrichtung sollte der Achsabstand bei Vollbetonplatten $2,5\,d$ und in allen anderen Fällen $4\,d$ nicht unterschreiten.
– Werden die Dübel nicht direkt über dem Steg angeordnet, so darf der Durchmesser des Dübels den 2,5-fachen Wert der Blech- oder Flanschdicke nicht überschreiten. Andernfalls ist in der Regel eine ausreichende Tragfähigkeit des Dübels mit Hilfe von Versuchen nachzuweisen.

Schweißtechnisch ist eine Mindestblechdicke von 25 % des Bolzendurchmessers erforderlich. Bei Ermüdungsbeanspruchung wird hier der Wert auf 67 % erhöht, bei Anordnung außerhalb des Stegbereiches auf 40 %. Dies ist sinnvoll, um ein Ausknöpfen des Bleches, vor allem bei zyklischer Belastung, zu verhindern.

Der Abschnitt 6.8 von DIN EN 1994-1-1 regelt die Bemessung bei Ermüdung. Dabei ist zunächst die maximale Tragfähigkeit P_{Rd} auf 75 % zu vermindern. Für beliebige Lastspielzahlen wird eine Kurve zur Bemessung angegeben. Der Bezugswert bei $2 \cdot 10^6$ Spannungsspielen beträgt 90 N/mm². Auch hier gilt die Bemessung nur beim Aufschweißen mit „Bolzenschweißen mit Hubzündung". Die relativ geringe Ermüdungsfestigkeit resultiert aus den unvermeidlichen geometrischen Kerben im Wulstbereich des Bolzens.

Die Verwendung von Kopfbolzen in Verbindung mit Profilblechen wird ebenfalls geregelt, soll aber hier nicht weiter behandelt werden. Zum Schweißen von Kopfbolzen auf Verbundkonstruktionen mit Profilblechen sei auf Kapitel 4 von DIN EN 1994-1-1 verwiesen.

Für den Brückenbau (DIN EN 1994-2 [43]) gelten für Kopfbolzen grundsätzlich die gleichen Regeln wie für den Hochbau; im Anhang C gibt es aber Zusatzregeln für Kopfbolzen, die Spaltkräfte auf die Betonplatte ausüben können (liegende Kopfbolzen).

6.4.2 Kopfbolzen in der Befestigungstechnik

Kopfbolzen können in der Befestigungstechnik planmäßig Kräfte und Kraftkombinationen in beliebigen Richtungen auf das Betonbauteil übertragen. Daher ist das Bemessungskonzept ein anderes als im Verbundbau. Vor einigen Jahren wurde die Bemessung von firmenspezifischen Zulassungen (national oder europäisch) auf ein Normenkonzept umgestellt [41, 42]. Für Stahlteile mit geschweißten Kopfbolzen sind 6 unterschiedliche Plattenformen geregelt, es können 1, 2, 3, 4, 6 oder 9 Bolzen in Gruppen eingesetzt werden.

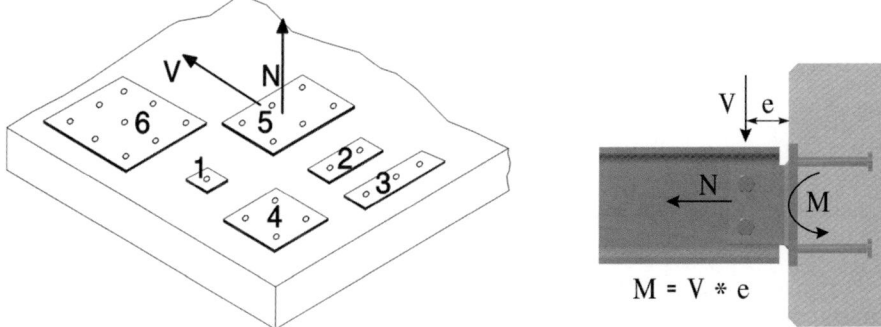

Bild 6-9. Nach [44] geregelte Anzahl von Kopfbolzen auf einem Einbauteil.

Bild 6-10. Mögliche Belastungsarten eines Stahleinbauteils mit Kopfbolzen.

Wegen der vielfältigen Belastungsmöglichkeiten gibt es unterschiedliche Versagensformen (Stahl und Beton), gegen die das Bauteil bemessen werden muss. Die Bemessung nach dieser Spezifikation gilt nur für Verankerungsmittel, denen eine ETA (European Technical Approval = Europäische Technische Zulassung) erteilt worden ist. Dies gilt bis jetzt ausschließlich für die namhaften deutschen Hersteller von Kopfbolzen. In diesen Zulassungen werden die produktspezifischen Eigenschaften wie Werkstoffgüte, Abmessungen und Herstellung, Verwendung und Qualitätssicherung geregelt.

Ausdrücklich wird für das Schweißen der Kopfbolzen auf die Stahlteile das Hubzündungs-Bolzenschweißen mit Keramikring oder Schutzgas verlangt (Abschnitt 4.3.1.3 in [44]). Ein mit einer Kehlnaht befestigter Bolzen erfüllt in diesem Anwendungsbereich daher nicht die Anforderungen der Zulassung.

Stahlplatten mit geschweißten Bolzen, insbesondere Kopfbolzen, die auf Zug belastet werden, üben eine Kraft in Dickenrichtung auf die Stahlplatte aus. Auf die Gefahr von Doppelungen weisen die Zulassungen ausdrücklich hin. Für nicht vorwiegend ruhende Beanspruchungen sind ultraschallgeprüfte Bleche zu verwenden.

7 Werkstoffe zum Bolzenschweißen

7.1 Schweißeignung der Werkstoffe – Übersicht

Mit dem Begriff „Schweißeignung" wird nach DIN 8528-1 (Juni 1973, inzwischen zurückgezogen, ersetzt durch DIN-Fachbericht ISO/TR 581) eine Werkstoffeigenschaft definiert. Sie wird von der Fertigung und in geringem Maß von der Konstruktion beeinflusst. Sie ist eine der Voraussetzungen für ein Bauteil, dass es als „schweißbar" angesehen werden kann.

Die Schweißeignung eines Werkstoffes ist vorhanden, wenn bei der Fertigung aufgrund der werkstoffgegebenen chemischen, metallurgischen und physikalischen Eigenschaften eine den jeweils gestellten Anforderungen entsprechende Schweißung hergestellt werden kann. Die Schweißeignung eines Werkstoffes innerhalb einer Werkstoffgruppe ist umso besser, je weniger die werkstoffbedingten Faktoren beim Festlegen der schweißtechnischen Fertigung für eine bestimmte Konstruktion beachtet werden müssen. Die Schweißeignung wird unter anderem von folgenden Faktoren beeinflusst:

- *chemische Zusammensetzung*, zum Beispiel bestimmend für:
  – Sprödbruchneigung,
  – Alterungsneigung,
  – Härteneigung,
  – Warmrissneigung,
  – Schmelzbadverhalten,

- *metallurgische Eigenschaften* bedingt durch Herstellungsverfahren, zum Beispiel Erschmelzungs- und Desoxidationsart, Warm- und Kaltformgebung sowie Wärmebehandlung, bestimmend für:
  – Seigerungen,
  – Einschlüsse,
  – Anisotropie,
  – Korngröße,
  – Gefügeausbildung,

- physikalische Eigenschaften, zum Beispiel:
  – Ausdehnungsverhalten,
  – Wärmeleitfähigkeit,
  – Schmelzpunkt,
  – Festigkeit und Zähigkeit.

Durch die kurzzeitige örtliche Erwärmung, Erschmelzung und Abkühlung beim Bolzenschweißen liegen im Nahtbereich der Schweißzone bis zur Streckgrenze vor, die bei Belastung zu einem örtlichen Fließen führen. In diesem Fall muss daher der Werkstoff diese Verformung ohne Anrisse ertragen können. Für das Bolzenschweißen gilt daher, wie bei den meisten Schweißverfahren, dass der Werkstoff eine Zähigkeit besitzen muss, damit er auch nach den Gefügeänderungen durch das Schweißen bei mehrachsigen Spannungen und Kerben noch ausreichend verformungsfähig sein kann.

Beim Bolzenschweißen handelt es sich um eine örtliche Beeinflussung des Werkstoffes. Für die Auswirkungen sind keine allgemeingültigen Aussagen möglich. An zwei Beispielen soll dies erläutert werden:

Bei einem flachen Schmelzbad wirkt sich eine Aufhärtung nicht so stark aus. Als extremes Beispiel sei eine Bolzenschweißung mit Spitzenzündung (etwa 2 ms Schweißzeit) auf einem Stahl mit 0,35 % Kohlenstoff gezeigt, Bild 7-1. Die Schmelzzone ist hier nur etwa 0,1 mm dick. Bolzenseitig erkennt man eine schmale, helle Zone mit niedriggekohltem und relativ weichem Martensit. Der Bolzenwerkstoff hat sich nicht vollständig mit dem Grundwerkstoff vermischt. Die Zone mit hochgekohltem, dunklem und sprödem Martensit ist sehr schmal (etwa 0,1 mm). In der Übergangszone zum unbeeinflussten Grundwerkstoff beobachtet man, dass sich Perlitkristallite in Martensit umgewandelt haben. Diese harten Bestandteile sind in der weichen Ferritmasse eingebettet. Die starke Vergrößerung zeigt schließlich einen Perlitkristallit an der Grenze der Wärmeeinflusszone, der nur zur Hälfte in Martensit umgewandelt wurde. Bei dieser Schweißung wird offensichtlich die schmale harte durch die umgebende weiche Zone entlastet.

Bild 7-1. Auf den Stahl C35 geschweißter Stahlbolzen M 6 mit Flansch [56];
a) Makroschliff, Ätzmittel: Ammoniumpersulfat,
b) Mikroschliff der unter a) gezeigten Schweißung, Ätzmittel: Pikrinsäure,
c) Mikroschliff der unter a) gezeigten Schweißung, Ätzmittel: Pikrinsäure.
Härte HV 0,2: helle Martensitzone: 340 (oben), dunkle Martensitzone: 700 (Mitte), Martensitinsel in C35: 839 (unten).

Bei einer Reihe von Anwendungsfällen haben sich solche Bolzenschweißungen durchaus bewährt. Im Zweifel sollte man die Schweißeignung für eine bestimmte Anwendung durch Versuche überprüfen.

Tabelle 7-1. Schweißeignung von gängigen Grundwerkstoff-Bolzen-Kombinationen beim Hubzündungs-Bolzenschweißen mit Keramikring oder Schutzgas und Kurzzeit-Bolzenschweißen mit Hubzündung.

Bolzenwerkstoff	Grundwerkstoff nach DIN CEN ISO/TR 15608			
	Werkstoffgruppen 1 und 2.1	Werkstoffgruppen 2.2, 3 bis 6	Werkstoffgruppen 8 und 10	Werkstoffgruppen 21 und 22
S235 4.8 (schweißgeeignet) 16Mo3	gut geeignet für jede Anwendung[a]	geeignet mit Einschränkungen[b]	geeignet mit Einschränkungen[b], [c]	nicht schweißgeeignet
1.4742/X10CrAl18 1.4762/X10CrAl24	geeignet mit Einschränkungen[d]	geeignet mit Einschränkungen[d]	geeignet mit Einschränkungen[d]	nicht schweißgeeignet
1.4828/X15CrNiSi20 1.4841/X20CrNiSi25-4	geeignet mit Einschränkungen[b]	geeignet mit Einschränkungen[b]	geeignet mit Einschränkungen[b]	nicht schweißgeeignet
1.4301/X5CrNi18-10 1.4303/X5CrNi18-12 1.4401/X5CrNiMo17-12-2 1.4529/X1NiCrMoCuN25-20-7 1.4541/X6CrNiTi18-10 1.4571/X5CrNiMoTi17-12-2	geeignet mit Einschränkungen[b]/ gut geeignet für jede Anwendung[a], [e]	geeignet mit Einschränkungen[b]	gut geeignet für jede Anwendung[a]	nicht schweißgeeignet
EN AW-AlMg3/EN AW-5754 EN AW-AlMg5/EN AW-5019	nicht schweißgeeignet	nicht schweißgeeignet	nicht schweißgeeignet	mit Einschränkungen[b]

[a]) Zum Beispiel für die Kraftübertragung.
[b]) Einschränkungen für Kraftübertragung.
[c]) Geeignet nur beim Kurzzeit-Bolzenschweißen.
[d]) Einschränkung: geeignet nur für Wärmeübertragung.
[e]) Bis 12 mm Durchmesser.

Werkstoffgruppe 1: Stähle mit einer festgelegten Mindeststreckgrenze $R_{eH} \leq 460$ MPa und einer Analyse in %: C $\leq$ 0,25, Si $\leq$ 0,60, Mn $\leq$ 1,8, Mo $\leq$ 0,70, S $\leq$ 0,045, P $\leq$ 0,045, Cu $\leq$ 0,40, Ni $\leq$ 0,5, Cr $\leq$ 0,3 (0,4 für Gusswerkstoffe), Nb $\leq$ 0,06. V $\leq$ 0,1, Ti $\leq$ 0,05
Werkstoffgruppe 2.1: Thermomechanisch gewalzte Feinkornbaustähle und Stahlguss mit einer festgelegten Mindeststreckgrenze 360 MPa < $R_{eH} \leq$ 460 MPa
Werkstoffgruppe 2.2: Thermomechanisch gewalzte Feinkornbaustähle und Stahlguss mit einer festgelegten Mindeststreckgrenze R_{eH} > 460 MPa
Werkstoffgruppe 3: Vergütete und ausscheidungshärtende Feinkornbaustähle, jedoch keine nichtrostenden Stähle, mit einer festgelegten Mindeststreckgrenze R_{eH} > 360 MPa
Werkstoffgruppe 4: Niedrig vanadiumlegierte Cr-Mo-(Ni-)Stähle mit Mo $\leq$ 0,7 % und V $\leq$ 0,1 %
Werkstoffgruppe 5: Vanadiumfreie Cr-Mo-Stähle mit C $\leq$ 0,35 %
Werkstoffgruppe 6: Hoch vanadiumlegierte Cr-Mo-(Ni-)Stähle
Werkstoffgruppe 8: Austenitische nichtrostende Stähle, Ni $\leq$ 31 %
Werkstoffgruppe 10: Austenitische ferritische nichtrostende Stähle (Duplex)
Werkstoffgruppe 21: Reinaluminium mit $\leq$ 1 % Verunreinigungen oder Legierungsbestandteilen
Werkstoffgruppe 22: Nichtaushärtbare Aluminiumlegierungen

Beim Bolzenschweißen können Bolzen aus unlegierten und legierten (nichtrostenden und hitzebeständigen) Stählen, Aluminium und Aluminiumlegierungen sowie Messing auf artgleiche Grundstoffe aufgeschweißt werden. Bei Aluminium und Messing verwendet man überwiegend Spitzenzündung, Kurzzeit-Bolzenschweißen mit Hubzündung unter Schutzgas ist auch möglich. Bei artfremden Grundwerkstoffen darf die Vermischung von Bolzen- und Grundwerkstoff zu keiner spröden Legierung führen. Eine vollständige Vermischung ist im Allgemeinen beim Hubzündungs-Bolzenschweißen mit Keramikring oder Schutzgas bei Bolzen ab 16 mm Durchmesser vorhanden. Die Vermischung nimmt aber beim Kurzzeit-Bolzenschweißen, mehr noch beim Bolzenschweißen mit Spitzenzündung ab. Die dann entstehenden schmalen Schmelzzonen sind je nach Bolzendurchmesser und Beanspruchung auf ihre mechanisch-technologischen Eigenschaften zu untersuchen. Wird bei der Biegeprüfung ein Winkel von 60° erreicht, bestehen im Allgemeinen keine Bedenken. Bei Bedarf und Verzicht auf den Keramikring kann man auch beim Bolzenschweißen mit Hubzündung den Bolzen mit einem Flansch versehen und damit die Schweißzone gegenüber dem Bolzendurchmesser vergrößern. Die Schweißzone wird dadurch entlastet.

In Tabelle 7-1 und Tabelle 7-2 sind die üblichen Werkstoff-Kombinationen für Hub- und Spitzenzündung aufgeführt.

Tabelle 7-2. Schweißeignung von gängigen Grundwerkstoff-Bolzen-Kombinationen beim Kondensatorentladungs-Bolzenschweißen mit Spitzenzündung und Kondensatorentladungs-Bolzenschweißen mit Hubzündung.

Bolzenwerkstoff	Grundwerkstoff				
	DIN CEN ISO/TR 15608 Werkstoffgruppen 1 bis 6, 11.1	DIN CEN ISO/TR 15608 Werkstoffgruppen 1 bis 6, 11.1 und verzinkte und metallbeschichtete Stahlbleche, max. Beschichtungsdicke 25 μm	DIN CEN ISO/TR 15608 Werkstoffgruppe 8	Kupfer und bleifreie Kupferlegierungen, zum Beispiel CuZn37 (CW508L)	DIN CEN ISO/TR 15608 Werkstoffgruppen 21 und 22
S235 4.8 (schweißgeeignet)	gut geeignet für jede Anwendung[a])	geeignet mit Einschränkungen[b])	gut geeignet für jede Anwendung[a])	geeignet mit Einschränkungen[b])	nicht schweißgeeignet
1.4301 1.4303	gut geeignet für jede Anwendung[a])	geeignet mit Einschränkungen[b])	gut geeignet für jede Anwendung[a])	geeignet mit Einschränkungen[b])	nicht schweißgeeignet
CuZn37	geeignet mit Einschränkungen[b])	geeignet mit Einschränkungen[b])	geeignet mit Einschränkungen[b])	gut geeignet für jede Anwendung[a])	nicht schweißgeeignet
EN AW-Al99,5	nicht schweißgeeignet	nicht schweißgeeignet	nicht schweißgeeignet	nicht schweißgeeignet	geeignet mit Einschränkugen[b])
EN AW-AlMg3	nicht schweißgeeignet	nicht schweißgeeignet	nicht schweißgeeignet	nicht schweißgeeignet	gut geeignet für jede Anwendung[a])

[a]) Zum Beispiel für die Kraftübertragung.
[b]) Einschränkungen für Kraftübertragung.
Werkstoffgruppe 1: Stähle mit einer festgelegten Mindeststreckgrenze $R_{eH} \leq 460$ MPa und einer Analyse in %: C $\leq 0,25$, Si $\leq 0,60$, Mn $\leq 1,8$, Mo $\leq 0,70b$, S $\leq 0,045$, P $\leq 0,045$, Cu $\leq 0,40$, Ni $\leq 0,5$, Cr $\leq 0,3$ (0,4 für Gusswerkstoffe), Nb $\leq 0,06$. V $\leq 0,1b$, Ti $\leq 0,05$
Werkstoffgruppe 2: Thermomechanisch gewalzte Feinkornbaustähle und Stahlguss mit einer festgelegten Mindeststreckgrenze $R_{eH} > 360$ MPa
Werkstoffgruppe 3: Vergütete und ausscheidungshärtende Feinkornbaustähle, jedoch keine nichtrostenden Stähle, mit einer festgelegten Mindeststreckgrenze $R_{eH} > 360$ MPa
Werkstoffgruppe 4: Niedrigvanadiumlegierte Cr-Mo-(Ni-)Stähle mit Mo $\leq 0,7$ % und V $\leq 0,1$ %
Werkstoffgruppe 5: Vanadiumfreie Cr-Mo-Stähle mit C $\leq 0,35$ %
Werkstoffgruppe 6: Hochvanadiumlegierte Cr-Mo-(Ni-)Stähle
Werkstoffgruppe 8: Austenitische nichtrostende Stähle, Ni ≤ 31 %
Werkstoffgruppe 11.1: Stähle der Gruppe 1 (höherer Wert wird akzeptiert, vorausgesetzt dass Cr + Mo + Ni + Cu + V ≤ 1 %) mit Ausnahme 0,25 % < C $\leq 0,83$ %
Werkstoffgruppe 21: Reinaluminium mit ≤ 1 % Verunreinigungen oder Legierungsbestandteilen
Werkstoffgruppe 22: Nichtaushärtbare Aluminiumlegierungen

Bolzen aus unlegiertem Stahl (Festigkeitsklasse 4.8, schweißgeeignet), aus nichtrostendem Stahl (X5CrNi18-10, W.-Nr. 1.4301), bei Spitzenzündung aus AlMg3, Al99,5 und CuZn37 (Messing bleifrei) sind in verschiedenen Abmessungen genormt und daher leicht erhältlich. Darüber hinaus sind Schweißungen mit Bolzen aus Kupfer und Titan ausgeführt worden. Sie sind jedoch nur in Ausnahmefällen (große Stückzahlen) zu beschaffen, da Bolzen für Spitzenzündung generell kalt gepresst werden und eine Fertigung geringer Losgrößen nicht wirtschaftlich ist.

Aus Praxiserfahrungen sind immer wieder geringfügig andere Beurteilungen der Eignung von Werkstoffkombinationen bekannt geworden. Der Anwender sollte sich daher nicht blind auf Tabellen verlassen, sondern sich im Zweifelsfalle durch eigene Versuche Klarheit verschaffen.

7.2 Bolzenschweißen von unlegiertem Stahl

Bei der Beurteilung der Schweißeignung von unlegierten Stählen ist beim Bolzenschweißen besonders die Versprödung des Schweißgutes und der Wärmeeinflusszone mit geringer Verformungsfähigkeit und Kaltrissgefahr durch Aufhärtung und Alterung zu beachten.

7.2.1 Aufhärtung

Kühlt man eine Schmelze aus unlegiertem Stahl sehr schnell ab, so bildet sich ein Härtegefüge (Martensit). Wie stark ein Stahl aufhärten kann, ist nur von seinem Kohlenstoffgehalt abhängig. Die dabei auftretenden maximalen Härten sind im Bild 7-2 wiedergegeben. Bei etwas langsamerer Abkühlung werden diese Härtewerte nicht erreicht, ein Gefügeanteil wird in Zwischenstufengefüge umgewandelt.

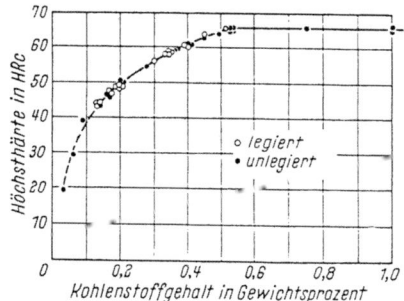

Bild 7-2. Maximale Härte in Abhängigkeit vom Kohlenstoffgehalt (nach Burns, Moore und Archer).

Ist die Abkühlzeit zwischen 800°C und 500°C bekannt, so kann man aus dem Zeit-Temperatur-Umwandlungsschaubild (ZTU) des gewählten Stahles die Aufhärtung abschätzen, Bilder 7-3 und 7-4. Beim Bolzenschweißen mit Keramikring, verschiedenen Durchmessern und Werkstückdicken wurden die $T_{8/5}$-Zeiten ermittelt und im Bild 7-5 [6] dargestellt. Beim Kurzzeit-Bolzenschweißen und beim Kondensatorentladungs-Bolzenschweißen liegen die $t_{8/5}$-Zeiten durchweg deutlich unter 1 s und erreichen damit reine Martensitbildung und maximale Härtewerte. In der Schweißtechnik soll im Allgemeinen eine Aufhärtung von 380 HV 5 im Schweißgut und der Wärmeeinflusszone (WEZ) nicht überschritten werden. Beim Bolzenschweißen mit seinen hohen Abkühlgeschwindigkeiten sind darüber hinausgehende Härtespitzen in schmalen Zonen zulässig, wenn das Ergebnis der mechanisch-technologischer Prüfungen (zum Beispiel Biegeprüfung) den Anforderungen genügt. Wegen der stärkeren Wärmeabfuhr in das Werkstück treten in dieser WEZ – unmittelbar neben der Schmelze – höhere Werte auf als in der Übergangszone zum Bolzen. Die

Härteverlaufe von Bolzenschweißungen mit Keramikring mit den Bolzen-Blechkombinationen S235/S235 und S235/S355 sind in Bild 7-6 [6] wiedergegeben.

Die hier dargestellten Zusammenhänge haben dazu geführt, den Kohlenstoffgehalt der Schmelzenanalyse des Bolzenwerkstoffes von unlegiertem Stahl auf 0,2 % zu begrenzen.

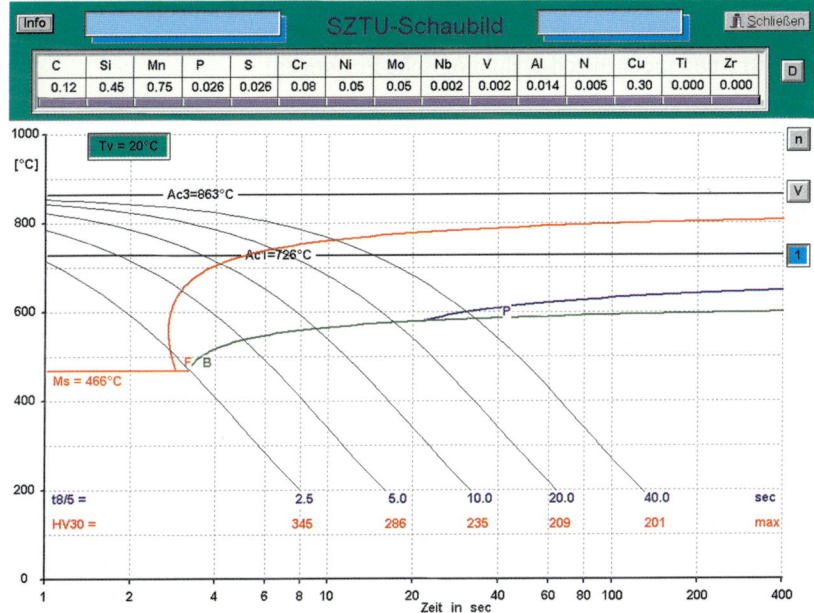

Bild 7-3. SZTU-Schaubild, St 37-2 (S235J2G3) [57].

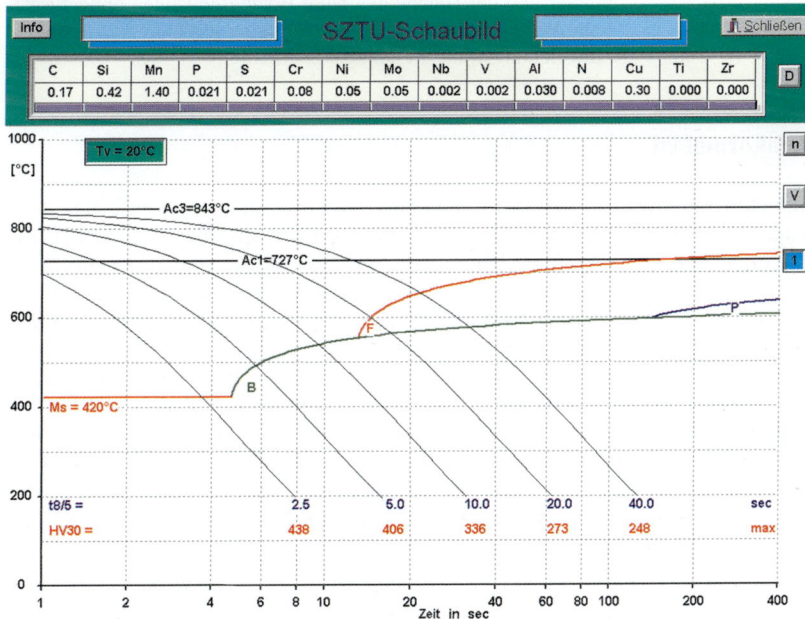

Bild 7-4. SZTU-Schaubild, St 52-3 (S355J2G3) [57].

49

Auch die Grundwerkstoffe wurden im bauaufsichtlichen Bereich – für Stahlkonstruktionen mit Kraftübertragung im Bolzen – auf die Stahlsorten S235 bis S460 nach DIN EN 10025 beschränkt. Andere Stähle dürfen nur verwendet werden, wenn ihre mechanisch-technologischen Eigenschaften, chemische Zusammensetzung und Schweißeignung einer der vorgenannten Stahlsorten entsprechen. Ist in anderen Anwendungsbereichen (zum Beispiel Kessel-, Maschinen-, Reaktor-, Schiffbau) diese Zuordnung nicht möglich, ist nachzuweisen, dass keine unzulässige Beeinträchtigung der Grundwerkstoffeigenschaften erfolgt (zum Beispiel durch Härteverlaufskurve HV 5 nach DIN EN ISO 9015 und mechanisch-technologische Prüfungen).

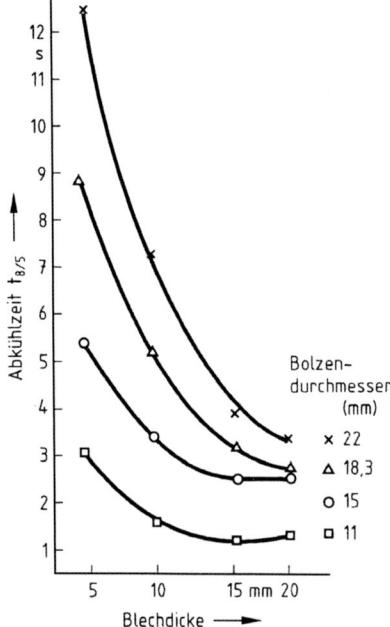

Bild 7-5. Abkühlzeit $t_{8/5}$ in Abhängigkeit vom Bolzendurchmesser und der Blechdicke beim Bolzenschweißen ohne zusätzliche Wärmeeinbringung. Das Diagramm gilt ohne nennenswerte Abweichungen für die unlegierten Stähle [6].

7.2.2 Alterung und Feinkörnigkeit

Unter Alterung versteht man eine Veränderung mechanischer Eigenschaften im Laufe der Zeit, zum Beispiel eine Versprödung unlegierter Baustähle nach Kaltverformung durch Stickstoff, die im Laufe von Wochen oder Monaten erfolgen kann. Bei der Kaltverformung entstehen Versetzungen im Gefüge, die durch das Eindiffundieren von Stickstoff blockiert werden und die Verformungsfähigkeit vermindern. Durch die erhöhte Temperatur beim Schweißen wird die Diffusionsgeschwindigkeit des Stickstoffs beträchtlich erhöht.

Mit der Herstellung von Bolzen ist meist eine Kaltverformung verbunden. Um die Alterung zu verhindern, muss der Stickstoff schon bei der Stahlherstellung durch Aluminium abgebunden werden. Bei Stählen, die mit Silizium (> 0,1%) und Aluminium (> 0,02%) desoxidiert werden, spricht man von vollberuhigten Stählen (FF). Mit der Zugabe von Aluminium kommt es zur Aluminium-Nitridbildung, die über eine zusätzliche Keimbildung eine Feinkörnigkeit des Gefüges herbeiführt.

In DIN EN ISO 13918 wird ein solcher Stahl (Al ≥ 0,02%) als Bolzenwerkstoff für Kopfbolzen vorgeschrieben. Eine Alterung und Grobkornbildung ist damit ausgeschlossen.

Grundsätzlich kann der Stickstoff auch mit Titan, Vanadium oder Zirkon abgebunden werden. Auch bei sehr geringem Stickstoffgehalt (N < 0,01%) ist nur eine geringe Versprödung zu erwarten. Die Frage, wie weit ausländische Hersteller diese Zusammenhänge erkennen und berücksichtigen, kann hier nicht beantwortet werden. Vorsicht ist für den Verarbeiter oder Schweißbetrieb sicher geboten.

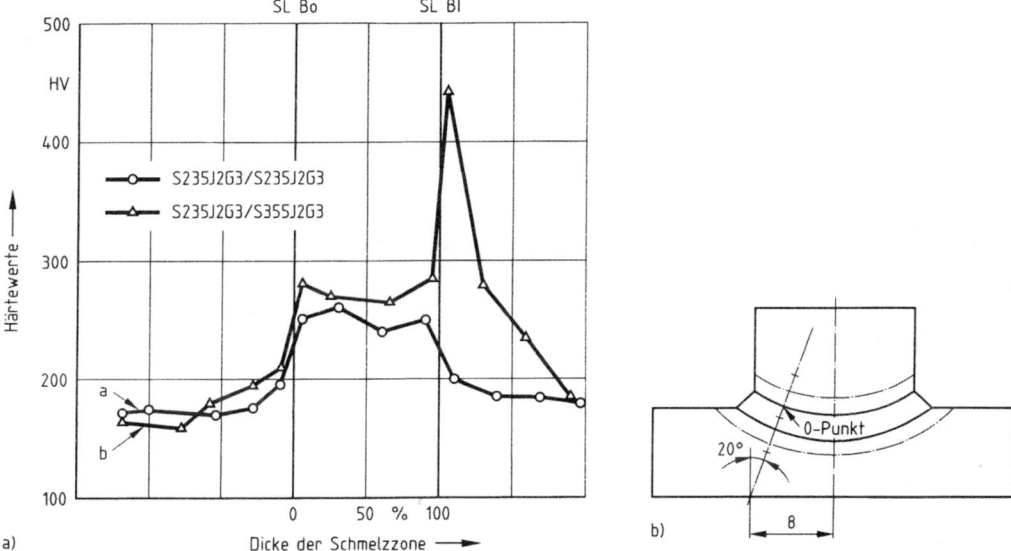

Bild 7-6. Härteverläufe ausgewählter Werkstoffkombinationen. Der Bolzenschweißvorgang mit den unten angegebenen Daten ist ohne Wärmebehandlung ausgeführt [6].
SL Bo: Schmelzlinie zum Bolzen
SL Bl: Schmelzlinie zum Blech

Kurve	Bolzenwerkstoff	Bolzendurchmesser [mm]	Blechwerkstoff	Blechdicke [mm]
a	S235J2G3	18,3	S235J2G3	20
b	S235J2G3	18,3	S355J2G3	10

7.2.3 Verformungsfähigkeit

Um Bolzen höherer Festigkeit als etwa 400 MPa zu erhalten, wären ein höherer C-Gehalt oder zusätzliche Legierungselemente nötig. Damit ist aber eine erhöhte Aufhärtungsgefahr und geringere Verformungsfähigkeit verbunden. Durch eine geeignete Kaltverformung kann der Stahl S235 auch auf Zugfestigkeiten um 500 MPa (eventuell auch höher) gebracht werden. Mit der höheren Zugfestigkeit nimmt aber die Bruchdehnung ab. Eine ausreichende Verformungsfähigkeit ist im Allgemeinen noch bei A5 des Bolzens über etwa 14% gegeben.

Seit einiger Zeit werden Gewindebolzen aus MnSi-Stahl angeboten, die durch hohe Kaltverfestigung beim Fertigungsprozess eine Zugfestigkeit von 800 MPa und darüber erreichen. Aufgrund des geringen C-Gehaltes haben sie gute Schweiß- und Verformungseigenschaften [32].

7.3 Bolzenschweißen von legiertem Stahl

Für das Bolzenschweißen sind unter den legierten Stählen die nichtrostenden austenitischen und die hitze- und zunderbeständigen Stähle von Bedeutung. Die umwandlungsfreien Stähle können nicht aufhärten. Die hohe Abkühlgeschwindigkeit beim Bolzenschweißen ist daher kein Nachteil, sondern verhindert sogar Ausscheidungsvorgänge, die bei langsamer Abkühlung oder einer Glühbehandlung zu sprödem Gefüge führen können. Nach dem Gefüge der Stähle unterscheidet man umwandlungsfreie

– austenitische Stähle (DIN EN 10088),
– ferritische Stähle (DIN EN 10088, SEW 470, DIN EN 10095).

Bei den austenitischen Cr-Ni-Stählen wird zwischen vollaustenitischen und austenitisch-ferritischen Stählen (bis 10% Deltaferrit) unterschieden. Die vollaustenitischen Stähle sind heißrissempfindlich. Die austenitisch-ferritischen Stähle sind gut schweißgeeignet; die hier besprochenen austenitischen Stähle sind gut verformbar. Die möglichen Gefüge der Cr-Ni-Stähle bei unterschiedlicher Zusammensetzung unter Berücksichtigung von Legierungselementen werden im Schaeffler-Diagramm dargestellt. Mit diesem Schaubild können auch die beim Schweißen zu erwartenden Gefüge bei der Vermischung mehrerer Werkstoffe bestimmt werden. Der Ferritgehalt lässt sich aus dem Schaeffler-Diagramm meist nur angenähert abschätzen, Bild 7-7.

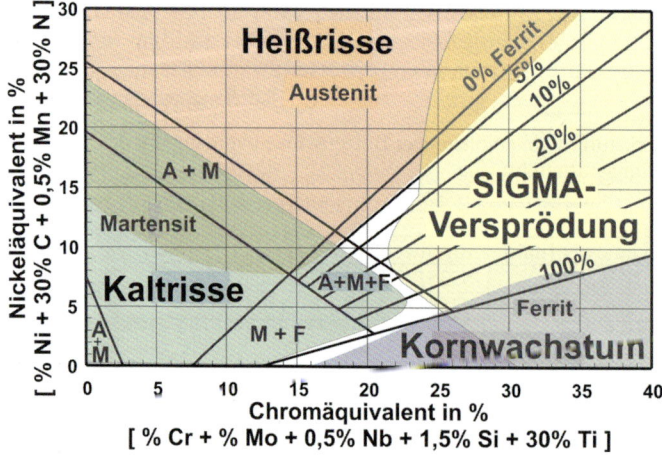

Bild 7-7. Schaeffler-Diagramm mit Darstellung der gefährdeten Bereiche.

Für das Bolzenschweißen im bauaufsichtlichen Bereich gilt für Verankerungs- und Verbindungsmittel bei vorwiegend ruhender Beanspruchung (Allgemeine bauaufsichtliche Zulassung Nr. Z-30.3-6 des Deutschen Instituts für Bautechnik, Berlin [13]) Folgendes:

Es gilt DIN EN ISO 13918:2008-10, sofern im Folgenden keine anderen Festlegungen getroffen werden. Die Bolzen müssen aus nichtrostendem Stahl nach DIN EN ISO 13918:2008-10 gefertigt sein. Das Bolzenschweißen ist auf die Stahlsorten mit den W.-Nrn. 1.4062, 1.4162, 1.4301, 1.4307, 1.4401, 1.4404, 1.4541, 1.4571, 1.4362, 1.4462, 1.4439, 1.4662 sowie die schweißgeeigneten Baustahlsorten nach DIN EN 1993-1-1:2010-12 oder nach DIN EN 1090-2:2011-10 begrenzt. Für Bolzenform und -werkstoffe gilt zusätzlich DIN EN ISO 13918:2008-10. Einzelheiten hierzu, siehe Abschnitt 15.1.6.

Bei Verbindungselementen (also auch Bolzen) werden die Legierungstypen A 2 und A 4 nach DIN EN ISO 3506 zugelassen. Zur Verankerung in Stahlbetonbauteilen ist allerdings nur A 4 zu verwenden. Für die Verankerung von Stahlteilen mit angeschweißtem Kopfbolzen in Beton gibt es spezielle bauaufsichtliche Zulassungen, zum Beispiel ETA-03/0039, in denen neben X5CrNi18-10 (W.-Nr. 1.4301) auch der Werkstoff X4CrNi18-12 (W.-Nr. 1.4303) als Bolzenwerkstoff und damit zur Verankerung in Beton zugelassen wird. Näheres siehe Abschnitt 15.1.2.

Bei den Grundwerkstoffen sind auch andere Werkstoffe (zum Beispiel die in der DIN CEN ISO/TR 15608 Gruppe 10 aufgeführt sind) geeignet. Bei der Verwendung von vollaustenitischen Werkstoffen muss die Eignung zum Bolzenschweißen besonders unter dem Gesichtspunkt der Heißrissanfälligkeit geprüft werden.

Die Schweißbedingungen sind bei legierten Stählen sorgfältiger abzustimmen (der Toleranzbereich der Schweißparameter ist enger) als bei unlegierten Stählen. Auch die verstärkte Anfälligkeit gegenüber Blaswirkung ist zu beachten.

Eine Sonderstellung nimmt der sogenannte Manganhartstahl (X120Mn12, Werkstoff-Nummer 1.3401) ein. Dieser Stahl ist wegen seines hohen Mangangehaltes austenitisch (aber nicht rostfrei) und wird bei schlagender Verschleißbeanspruchung eingesetzt, weil er sich durch Kaltverformung enorm verfestigt. Befestigungen an diesem Werkstoff wurden erfolgreich mit Bolzen aus X5CrNi18-10 (W.-Nr. 1.4301) durchgeführt. Bolzen aus S235 dagegen brechen bei der Biegeprüfung spröde in der Schweißung.

Die umwandlungsfreien ferritischen Stähle haben einen Kohlenstoffgehalt unter 0,1%; sie sind mit zunehmendem Cr-Gehalt (Cr 13 bis 24%) weniger verformungsfähig und neigen zur Grobkornbildung. Da sie beim Bolzenschweißen vorwiegend zur Kessel- und Feuerraumbestiftung an unlegierten warmfesten Stählen (zum Beispiel 16Mo3, 13CrMo4-4) verwendet werden, werden sie im nachfolgenden Abschnitt behandelt.

7.4 Bolzenschweißen von unlegiertem mit legiertem Stahl

7.4.1 Schweißungen von austenitisch-ferritischen Werkstoffen

Bolzenschweißungen von unlegierten mit legierten CrNi-Stählen (Schwarz-Weiß-Verbindungen) führen durch die Vermischung von ferritischen mit austenitischen Werkstoffen zu einem spröden Martensitgefüge im Schweißgut. Sind die Anteile von Bolzen- und Grundwerkstoff bekannt, kann im Schaeffler-Diagramm das zu erwartende Gefüge ermittelt werden, siehe Bild 7-8. Im Allgemeinen liegt der Bolzenanteil in der Schmelze bei 55 bis 60 %. Er ist abhängig vom Bolzendurchmesser, der Blechdicke und den Schweißbedingungen. Beim Kurzzeit-Bolzenschweißen mit Schutzgas liegt er bei 65 %. Durch Variation der Arbeitsbedingungen allein kann der Martensitbereich der Schmelze nicht verlassen werden. Nur durch ein starkes Auflegieren der Bolzenspitze wäre dies möglich. Dazu kommt bei artfremden Schweißverbindungen eine Kohlenstoffdiffusion im Übergang vom kohlenstoffreichen (unlegierten) zum kohlenstoffarmen (legierten) Werkstoff bzw. Schmelzbad. Dabei entsteht immer eine sehr dünne (etwa 0,05 mm) kohlenstoffreiche Zone mit starker Aufhärtung. Die Verbindung von unlegierten Bolzen mit legiertem Werkstück ist dabei besonders ungünstig. Sie führt außerdem tiefer in den Martensitbereich als bei legiertem Bolzen auf unlegiertem Werkstück.

Beim Hubzündungs-Bolzenschweißen mit Keramikring und Schweißzeiten über 100 ms können bei Bolzendurchmessern über etwa 12 mm meist keine Schweißungen ausreichender Festigkeit und Verformungsfähigkeit erzielt werden. Man kann dann auf reibgeschweißte Verbundbolzen ausweichen, die an der Bolzenspitze ein dem Werkstück entsprechendes Zwischenstück haben.

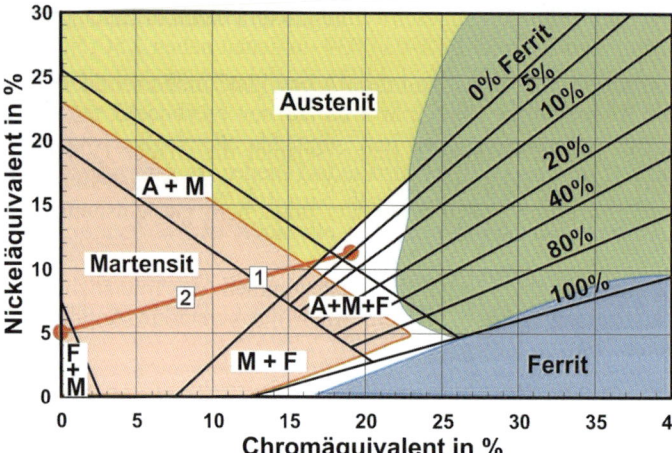

Bild 7-8. Schaeffler-Diagramm mit zu erwartendem Gefüge.

Es ist allerdings möglich, die Schmelzzone schmal zu halten, um so die Rissbildung zu vermindern. Dies erreicht man durch Vergrößern des Überstandes (tiefes Eintauchen) oder beim Kurzzeit-Bolzenschweißen (Schweißzeit unter 100 ms) mit Schutzgas. Der Flansch des üblicherweise verwendeten Bolzens trägt durch seine Stützwirkung zum besseren Tragverhalten bei.

Kritisch ist bei dieser Werkstoffkombination nicht nur das zwangsläufige Auftreten von Martensit, sondern ein möglicher Wasserstoffeinfluss. Feuchtigkeit, Walzhaut, Farbbeschichtungen, Öl oder Fett setzen im Lichtbogen Wasserstoff frei, der zu Rissen führen kann. Einzelheiten zum Mechanismus, siehe Abschnitt 5.6.1. Früher wurde der poröse Keramikring als eine mögliche Wasserstoffquelle betrachtet und im bauaufsichtlichen Bereich bei dieser Werkstoffkombination nicht zugelassen, sondern Schutzgas als Schweißbadschutz gefordert.

Untersuchungen der SLV München [27] haben ein positives Ergebnis des Keramikringschweißens für alle Durchmesser bei Verwendung trockener Keramikringe aufgezeigt. Die bauaufsichtliche Vorgabe der Schweißausführung unter Schutzgas konnte daher zugunsten des Keramikringbolzenschweißens aufgehoben werden. Damit wird ein entscheidender Beitrag für eine erweiterte Verwendung dieser Werkstoffkombinationen geleistet. Ein Ergebnis der Untersuchungen ist die Erkenntnis, dass sowohl Bolzen als auch Bleche (austenitisch und ferritisch) bereits im Anlieferzustand erheblich mit Wasserstoff beladen sein können. Im austenitischen Gefüge hat Wasserstoff keine nachteiligen Auswirkungen und fällt daher nicht auf. Im Zweifel sollte daher eine Prüfung der Kombination mit Bolzen der zu verwendenden Charge erfolgen.

Beim Bolzenschweißen mit Kondensatorentladung sind durch die größere Schweißfläche mit Flansch und die sehr schmale Schmelzzone (etwa 0,1 mm) Bedingungen gegeben, die zu brauchbaren Schwarz-Weiß-Verbindungen führen.

Die Regelungen für Schwarz-Weiß-Verbindungen im Bauwesen werden im Abschnitt 15.1.6 beschrieben.

7.4.2 Schweißungen von delta-ferritischen mit alpha-ferritischen Werkstoffen

Beim Bestiften von Kesseln und Feuerräumen werden hitzebeständige Stifte aus zum Beispiel X10CrAl18 mit 10 mm Durchmesser auf warmfeste Rohre geschweißt (Einzelheiten siehe Abschnitt 15.4). Die Anforderungen an Festigkeit und Verformungsfähigkeit sind dabei gering.

Die hohe Temperatur und die unterschiedliche Wärmeausdehnung zwischen Rohr, Schweißung und Stift beansprucht die Verbindung.

Beim Schweißvorgang bildet sich durch die Vermischung der Werkstoffe ein Schweißgefüge aus Ferrit und Martensit. Im Übergang Bolzen-Schweißgut und in der WEZ entstehen Karbidausscheidungen, bevorzugt entlang der Korngrenzen. Nach einer Glühbehandlung (475°C, 120 h) vermehren sich diese Karbidausscheidungen. In der WEZ des Bolzens zeigt der Deltaferrit Grobkornbildung. Auf der anderen Seite der Schmelzzone diffundiert Kohlenstoff vom Rohr in das Schweißgut und bildet im Übergang eine sehr harte Schicht. Ohne Keramikring oder Schutzgas sind meist keine gleichmäßigen Schweißergebnisse zu erzielen. Die Einbrandformen mit Keramikring oder Schutzgas sind verschieden und führen auch zu unterschiedlichen Ergebnissen. Allerdings herrscht in der Praxis die Verwendung des Keramikringes vor, weil oft in Zwangslagen geschweißt wird und sich bei enger Bestiftung keine Schutzgasglocke verwenden lässt.

Mit dem Kurzzeit-Bolzenschweißen und der nur etwa halb so großen Wärmeeinbringung bilden sich im Vergleich zum Bolzenschweißen mit Keramikring weniger Karbidausscheidungen am Übergang Bolzen-Schweißgut. Das Ergebnis wird verbessert. Allerdings ist dabei zu beachten, dass das Kurzzeit-Bolzenschweißen wegen der im Verhältnis zum Bolzendurchmesser geringen Rohrdurchmesser nicht angewendet werden kann, da dann an den Kanten keine Verschweißung stattfinden würde.

Zur Prüfung der Schweißung wird ein Drehmomentschlüssel mit einem Einsatz verwendet, der ein Biegemoment auf die Schweißstelle überträgt. Bei verschiedenen Versuchen konnten vor und nach der Glühung (475°C, 120 h) folgende maximale Biegemomente erreicht werden:

– Hubzündungs-Bolzenschweißen mit Keramikring 120/80 Nm,
– Hubzündungs-Bolzenschweißen mit Schutzgas 140/120 Nm,
– Kurzzeit-Bolzenschweißen mit Schutzgas 160/140 Nm,

Bruchlage bei allen Versuchen am Übergang Bolzen/Schweißzone.

7.5 Bolzenschweißen von Aluminium

Aluminium wird wegen seiner geringen Dichte bei relativer hoher Festigkeit, guter Korrosionsbeständigkeit und günstigen Verformungseigenschaften in vielen Bereichen eingesetzt. Dabei stellt sich auch die Aufgabe, Bolzen aufzuschweißen. Aluminium und eine Reihe von Aluminiumlegierungen besitzen eine gute Schweißeignung. Die physikalischen und chemischen Eigenschaften erschweren aber den Schweißvorgang. Dazu gehören:

a) Hohe Affinität zu Sauerstoff (Aluminium gehört zu den unedlen Metallen) lässt innerhalb kurzer Zeit auch an blanken Flächen eine hochschmelzende Oxidhaut (Schmelztemperatur etwa 2050 °C) entstehen, die die Bindefehlergefahr erhöht.

b) An dieser Oxidschicht kann bei Lagerung Feuchtigkeit gebunden werden, die im Lichtbogen Wasserstoff freisetzt. Er geht in der Schmelze in Lösung. Beim Erstarren nimmt die Löslichkeit sprunghaft ab, der Wasserstoff wird ausgeschieden, es entstehen Poren.

c) Die hohe Wärmeleitfähigkeit (viermal höher als bei Stahl) macht trotz niedrigen Schmelzpunktes (660°C) eine sehr konzentrierte Wärmeeinbringung erforderlich.

d) Die hohe Wärmeleitfähigkeit fördert den Einschluss von Poren durch schnelle Erstarrung und ungenügende Ausgasung.

e) Das Schmelzbad muss gegenüber der Atmosphäre sehr sorgfältig abgeschirmt werden. Nur bei extrem kurzen Schweißzeiten (< 1,5 ms) kann die Metalldampfbildung im Lichtbogen diese Aufgabe übernehmen. Bei längeren Schweißzeiten wird eine perfekte Abschirmung durch ein Schutzgas gefordert. Beim Bolzenschweißen ist es schwierig, die Schutzgaskammer oben am Bolzenhalter einwandfrei abzudichten und den Gasstrom vollkommen störungsfrei zu führen. Durch das ständige Auf- und Absetzen der Pistole und das Einführen des Bolzens dringt Luft in die Kammer und wird meist vor dem Schweißen durch das Vorströmen des Gases nicht vollständig entfernt.

f) Die beim WIG- und MIG-Schweißen übliche Oxidentfernung an der Blechoberfläche durch den Argon-Ionenbeschuss ist bei Plus-Polung des Bolzens möglich, erfasst aber dann nur das Werkstück, nicht die Oxide am Bolzen. In der Automobilindustrie sind Bolzenschweißanlagen mit Wechselstromtechnik erfolgreich im Einsatz. Sie erreichen eine Reinigungswirkung sowohl auf der Stirnfläche des Bolzens als auch auf dem Werkstück (siehe Abschnitt 15.2).

g) Die geringe Viskosität der Schmelze führt zu einem dünnflüssigen Schmelzbad. Beim Eintauchen des Bolzens wird es nach außen gedrängt und fließt bei Schrägstellung des Werkstückes leicht einseitig ab.

Wegen aller vorliegenden Probleme gelingt es bei Aluminium nicht, eine porenfreie oder wenigstens porenarme Bolzenschweißung zu erzielen. Mit einem Keramikring kann zwar ein größeres Schmelzbad um den Bolzen gehalten werden, meist geht aber über die Lichtbogenreaktion mit dem Keramikring zusätzlich Wasserstoff in der Schmelze in Lösung.

7.5.1 Bolzenschweißen von Aluminium mit Spitzenzündung

Für Bolzen bis M 6 hat sich seit vielen Jahren das Bolzenschweißen mit Spitzenzündung bewährt. Die kurze Schweißzeit von etwa 1 ms verhindert größtenteils eine Reaktion der Schmelze mit der Atmosphäre; die hohe Stromdichte zerstört die Oxidhaut und schützt das Schweißbad durch Metalldampfbildung. Bereits für die Abmessung M 8 wird die Anwendbarkeit jedoch als unsicher beurteilt.

Durch den angestauchten Flansch erhält man eine größere Schweißfläche, durch die Poren und Bindefehler toleriert werden können, so lange bei der Zug- oder Biegeprüfung der Bruch im Bolzen und nicht in der Schweißzone auftritt. Die geringe Festigkeit von Bolzen aus Al99,5 entlastet die Schweißzone. Die Ergebnisse sind daher meist besser als bei AlMg3. Die geringere Festigkeit von Al99,5 wird durch eine höhere Bolzenzahl ausgeglichen. Dabei belasten Bolzen aus Al99,5 die Schweißung weniger. Es kommt eher zu einer plastischen Verformung des Bolzens als bei Bolzen aus AlMg3. Bei Al99,5 kann die trotz Kaltverformung noch relativ weiche Zündspitze beim Auftreffen auf das Werkstück verformt werden und dadurch den Zünd- und Schweißvorgang stören.

Die Voraussetzung für eine brauchbare Schweißung ist eine saubere Werkstückoberfläche ohne Rauhigkeit, saubere Bolzenstirnflächen und einwandfreie Kontaktbedingungen an Werkstück und Bolzenhalter. Blaswirkung muss vermieden werden.

7.5.2 Bolzenschweißen von Aluminium mit Hubzündung

Das Bolzenschweißen von Aluminium mit Schutzgas und/oder Keramikring wird mit Bolzen bis 12 mm Durchmesser mit den Bolzenwerkstoffen Al99,5, AlMg3 und auch AlMg5 durchgeführt.

Das Auftreten von Poren und Bindefehlern wird dabei in Kauf genommen. Es werden Bolzen mit angestauchtem Flansch zur Querschnittsvergrößerung verwendet. Das Verhältnis von Bolzendurchmesser zu Blechdicke von 2:1 sollte nicht überschritten werden.

Um eine ausreichende Fügequalität zu erzielen (die Anforderungen können natürlich verschieden sein), muss wesentlich mehr Aufwand getrieben werden als bei Stahl. Einige Punkte, die besondere Aufmerksamkeit erfordern, werden im Folgenden behandelt:

Schutzgas
Wegen der genannten Reaktionsfreudigkeit von Aluminium müssen unbedingt inerte Gase wie Argon und Helium (oder Gemische beider Gase) zur Abschirmung benutzt werden. Die üblichen Vorrichtungen für das Schutzgasbolzenschweißen haben sich dabei als nicht ausreichend erwiesen. Bereits geringe Mengen Sauerstoff, die entweder durch Spalte mit eingesaugt werden oder die in nicht gespülten Hohlräumen zurückbleiben, verschlechtern die Festigkeit der Fügezone erheblich. Gleichmäßige turbulenzfreie Gasströmungen und ausreichende Spülung sind anzustreben.

Als Schutzgas wird häufig Reinargon verwendet. Teilweise wird von einem besseren Ergebnis mit einem Gemisch aus 75 % Ar und 25 % He berichtet. Ein zu hoher Heliumanteil führt zu einem instabilen Lichtbogen. Mischungen mit einem geringen Anteil an aktiven Komponenten, zum Beispiel CO_2 oder O_2, führen zu verstärkter Porenbildung und sind nicht zu empfehlen. Allerdings hat sich Schutzgas mit Spuren (im ppm-Bereich) von Sauerstoff als geeignet gezeigt.

Gerätetechnik, Polung und Stromart
In einer Untersuchung der SLV München [23] wurden thyristorgeregelte und Inverterstromquellen bei Blechdicken von 1 bis 3 mm und Bolzendurchmessern von 6 bis 10 mm untersucht. Inverterstromquellen sind vorteilhaft, vor allem bei kurzen Schweißzeiten, die zu geringerem Einbrand und geringerer Gasaufnahme aus der Atmosphäre führen. An die Bewegungsvorrichtung werden höhere Anforderungen als beim Stahlschweißen gestellt. Mit abnehmender Blechdicke besteht die Gefahr des Durchschweißens durch das Blech. Dies bewirkt unkontrollierte Tropfenbildung auf der Blechrückseite in Verbindung mit entsprechendem Werkstoffverlust. Die Schweißungen weisen häufig weitere Fehler wie Poren, Bindefehler und Unterschneidungen auf und sind als schlecht zu bewerten. Mit Hilfe einer Abstützung des Bleches auf der Blechrückseite zum Beispiel durch eine Kupferunterlage lassen sich Durchschweißungen sicher vermeiden. Eine ballig ausgeführte Bolzenspitze entsprechend einem Kegel von etwa 170° hat sich für Schweißzeiten zwischen 20 und 120 ms bewährt. Die Bolzen sollten an der Schweißstelle zum Beispiel durch Alkohol entfettet sein. Eine vorhandene dünne Oxidschicht am Bolzen fördert die Lichtbogenbewegung. Eine spanabhebende Bearbeitung des Bolzens verbessert daher nur selten das Schweißergebnis.

Beim Bolzenschweißen von Aluminium werden häufig die besseren Ergebnisse mit positiv gepoltem Bolzen erreicht; die reinigende Wirkung des Lichtbogens ist auf das Blech gerichtet. Bei gutem Gasschutz beobachtet man um den Schweißwulst am Blech eine weiße gereinigte Zone. Bei Blechdicken unter etwa 2 mm, zum Beispiel in der Autoindustrie, wird aber auch mit negativ gepoltem Bolzen (oder mit Wechselstrom) geschweißt.

Blaswirkung
Es wurde bereits erwähnt, dass die magnetische Ablenkung des Lichtbogens bei nicht ferromagnetischen Werkstoffen größer ist als bei Stahl, verursacht durch den höheren magnetischen Widerstand von Aluminium gegenüber Stahl. Dadurch verlaufen die Feldlinien verstärkt außerhalb des Werkstückes und stabilisieren nicht den Lichtbogen.

Oberflächenvorbehandlung
Verunreinigungen der Oberfläche verringern in hohem Maße die Fügequalität. Öl und Fett setzen im Lichtbogen Wasserstoff frei, der Poren bildet. Eine unsaubere Oberfläche ist immer an einem schwarzen Hof rings um den Bolzen zu erkennen. Aluminium bildet außerdem innerhalb kürzester Zeit eine Oxidhaut, die mit der Zeit wächst. Im Allgemeinen ist ein eventuell mehrfaches Reinigen mit Alkohol ausreichend.

Besser als ein Schleifen mit großer Rautiefe ist das Belassen der Oxidschicht. Riefen in der Oberfläche erschweren die Entfernung von Verunreinigungen und vergrößern die oxidbehaftete Oberfläche.

Werkstoffe und Blechdicke
Bei Versuchen hat sich gezeigt, dass bei Reinaluminium mehr Poren als zum Beispiel bei AlMg3 und AlMg5 auftreten. Legierungen haben im Gegensatz zu einem reinen Metall einen Erstarrungsbereich, der die Entgasung begünstigt.

Die hohe Wärmeleitfähigkeit erfordert eine im Verhältnis zum Bolzen große Blechdicke. So ist ein Blech von etwa 50 % des Bolzendurchmessers erforderlich, wenn ohne Beeinträchtigung der Rückseite ein Bolzen aufgeschweißt werden muss.

8 Gerätetechnische Einflussgrößen und Schweißparameter

8.1 Einstellrichtwerte

Will man möglichst schnell zu guten Schweißergebnissen kommen, empfiehlt es sich, von bewährten Richtwerten auszugehen. Diese Richtwertdiagramme oder -tabellen gehen im Allgemeinen vom Bolzendurchmesser aus und geben Werte an, bei denen unter mittleren Arbeitsbedingungen gute Ergebnisse erzielt wurden. Sie berücksichtigen meist nicht die Blechdicke des Werkstückes, die Schweißposition, den Oberflächenzustand oder besondere Anforderungen, zum Beispiel eine möglichst geringe Erwärmung der Blechrückseite oder einen möglichst kleinen Schweißwulst. Auch bei Geräten können zum Teil erhebliche Differenzen vorliegen. Bei Geräten ohne Stromregelung ergeben sich durch den Spannungsabfall an den Schweißkabeln geringere Stromstärken als an der Skala eingestellt. Bei Schutzgas können je nach Stromquellenkennlinie durch die geringere Lichtbogenspannung höhere Ströme auftreten.

Ähnliches gilt für die Schweißzeit. Sie wird in den Geräten meist vom Einschalten des Hauptstromes bis zum Abschalten des Hubmagneten gemessen. Die wahre Schweißzeit (Lichtbogenbrennzeit) dauert aber bis zum Kurzschluss beim Eintauchen. Beim Kurzzeit-Bolzenschweißen ergeben sich dadurch nicht zu vernachlässigende Unterschiede. Es empfiehlt sich daher, die für eine bestimmte Anwendung gefundenen Einstellwerte zu notieren. Nachfolgend sind für die verschiedenen Verfahren einige dieser Richtwerte aufgeführt.

8.2 Richtwerte für das Hubzündungs-Bolzenschweißen mit Keramikring oder Schutzgas

8.2.1 Stromstärke und Schweißzeit

Die im Lichtbogen geleistete elektrische Arbeit ($W = U \times I \times t$) wird zum Anschmelzen von Bolzen und Blech verwendet. Ein Teil der Energie wird aber durch Wärmeleitung in das Blech und in den Bolzen abgeführt. Ein Teil geht durch Verdampfung, durch Strahlung und durch Spritzer verloren.

Beim Hubzündungs-Bolzenschweißen mit Keramikring und/oder Schutzgas lässt sich die im Lichtbogen umgesetzte Energie aus den Oszillogrammen gut ermitteln. Dabei zeigt sich, dass die Spannung ziemlich konstant ist. Beim Schweißen mit Keramikring liegt sie meist bei 30 V, beim Schweißen unter Schutzgas (Ar + 18 % CO_2) liegt sie etwa 3 V niedriger. Die beim Hubzündungs-Bolzenschweißen erprobten Richtwerte der Energie zeigen in einem logarithmischen Diagramm eine leicht gekrümmte Kurve, Bild 8-1. Löst man die elektrische Arbeit in die Einstellwerte Stromstärke und Schweißzeit auf und berücksichtigt man dabei die Porenanfälligkeit, so erkennt man, dass bei einem gegebenen Durchmesser eine bestimmte Mindeststromstärke nicht unterschritten werden darf. Die Metalldampfbildung im Lichtbogen hält dann die Atmosphäre genügend ab, damit innerhalb des Keramikringes keine Reaktionen mit dem Stickstoff und Sauerstoff der Luft erfolgen können. Daraus ergibt sich wiederum eine Zuordnung von Schweißstrom zu Schweißzeit, Bild 8-2. Beim Schweißen mit Schutzgas muss man wegen der um 10 % geringeren Spannung bei gleicher Lichtbogenleistung eine höhere Stromstärke und die dazugehörige Schweißzeit wählen. Umgekehrt kann man beim Keramikringbolzenschweißen von legierten

Stählen wegen der geringeren Wärmeableitung eine um 10% geringere elektrische Arbeit und die daraus resultierende Stromstärke und Schweißzeit als Richtwerte annehmen. Bei der festen Zuordnung von Stromstärke zu Schweißzeit geht man von einer mittleren Schweißzeit aus und erhöht oder verringert die Stromstärke um 10 % (siehe Bild 8-2). Beim Schutzgasbolzenschweißen hat man einen größeren Spielraum der Einstellwerte. Bei gleicher elektrischer Arbeit zeigt das Bild 8-3 die möglichen Änderungen von Stromstärke und Schweißzeit. Dabei ist aber die 10 %ige Erhöhung der Stromstärke beim Schutzgasbolzenschweißen nicht berücksichtigt.

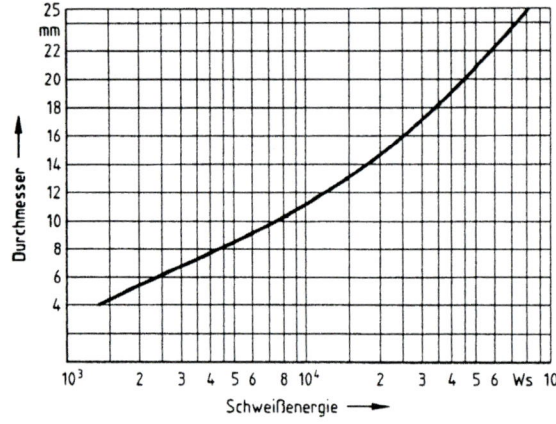

Bild 8-1. Schweißenergie als Funktion des Bolzendurchmessers beim Bolzenschweißen mit Hubzündung und Keramikring.

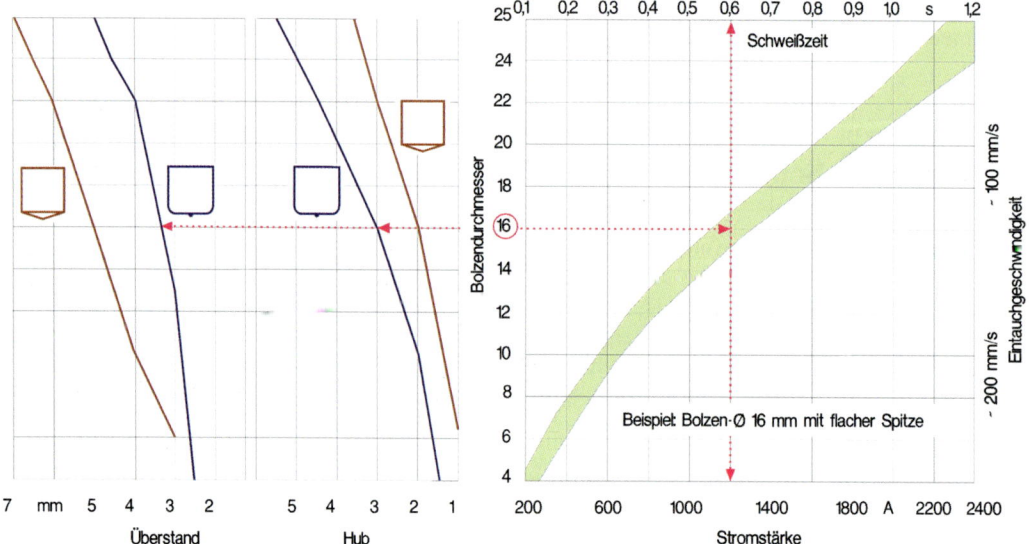

Bild 8-2. Zuordnung von Bolzendurchmesser – Stromstärke – Schweißzeit mit Hub und Überstand; Beispiel: Durchmesser 16 mm, 1200 A, 0,6 s, mit Keramikring.

Hinweise für die Praxis

Der Schweißstrom bestimmt unter anderem die Temperatur in der Brennkammer (Metalldampfbildung) und ist auch für die „Dünnflüssigkeit" des Bades verantwortlich. Beim Bolzenschweißen mit Keramikring rechnet man mit 70 bis 90 A/mm Bolzendurchmesser, beim Schutzgasbolzenschweißen wird der Strom eher an der oberen Grenze gewählt.

Bei Richtwertangaben ist zu berücksichtigen, dass sie für saubere (metallisch blanke) Oberflächen gelten. Werkstücke mit Walzhaut und anderen leicht beherrschbaren Beschichtungen sollten zwecks besserer Entgasung mit etwa 10 % niedrigerem Strom und längerer Zeit geschweißt werden. Dabei ist die Wärmeleitung im Bolzen und vor allem im Werkstück zu berücksichtigen. Die Zeit muss daher überproportional erhöht werden.

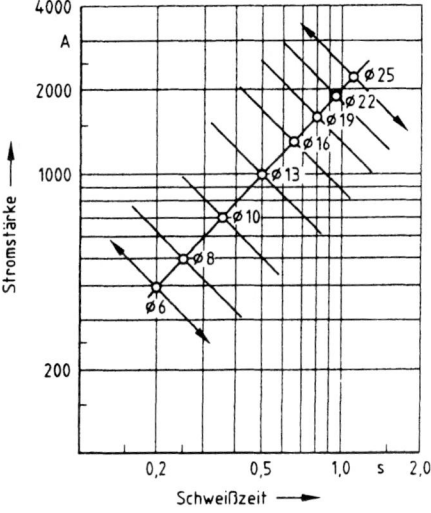

Bild 8-3. Wie ändern sich bei konstanter Energie Stromstärke und Schweißzeit?

Es hat sich außerdem gezeigt, dass der optimale Strom auch vom Keramikring abhängt. Eine exakte Angabe von Schweißstrom und Schweißzeit (bei einer bestimmten Gerätekonfiguration) kann daher nur bei Verwendung eines bestimmten Keramikringes sinnvoll sein. Bei engen Ringen mit wenig Spiel zwischen Bolzen und Keramikring oder kleinem Wulstraumdurchmesser muss der Strom niedriger gewählt werden als bei weiten Ringen. Bei engen Ringen und relativ hohem Strom spritzt das Schweißbad leicht hoch und verhindert das Eintauchen des Bolzens. Bei weiten Ringen (großes Spiel und großer Wulstraumdurchmesser) und relativ niedrigem Strom dagegen findet man oft einen nicht ganz geschlossenen Schweißwulst. Normalerweise passen Bolzen und Ringe eines Herstellers gut zusammen; in der Praxis werden leider manchmal Bolzen und Keramikringe verschiedener Typen und Lieferanten vermischt.

Bei Stromquellen älterer Bauart stellt man oft einen leichten Abfall des Stromes über der Zeit fest. Dafür ist der Widerstandsanstieg im Schweißkreis aufgrund der Erwärmung verantwortlich. Bei stromgeregelten Geräten dagegen wird der Strom durch Erhöhen der Klemmenspannung konstant gehalten.

Schweißen in Position PC (Querposition) verlangt etwas höhere Ströme bei kürzerer Zeit; andernfalls besteht die Gefahr, dass das Schweißbad nach unten wegläuft.

Die Schweißzeit ist wesentlich für den Einbrand und das aufgeschmolzene Volumen zuständig. Zusammen mit dem Strom bestimmt sie die Größe des Schmelzbades. Die empfohlenen Werte liegen für das Bolzenschweißen mit Keramikring bei 20 bis 40 ms/mm Bolzendurchmesser, in Sonderfällen (zum Beispiel Durchschweißtechnik) auch darüber. In Wannenlage können die Werte bei Beschichtungen zur besseren Entgasung ohne weiteres erhöht werden; aus der Praxis sind beim Schweißen auf Primern 65 ms/mm Bolzendurchmesser bei um etwa 20 % reduziertem Strom bekannt.

Im Allgemeinen ist die Schweißzeit nur vom Bolzendurchmesser abhängig; bei einer im Verhältnis zum Bolzendurchmesser geringen Blechdicke muss aber eventuell die Schweißzeit zur Vermeidung eines Durchbrennens reduziert werden.

8.2.2 Hub- und Eintauchbewegung

Die Bewegungsvorgänge beim Bolzenschweißen müssen auf die Strom- und Zeitsteuerung abgestimmt sein. Zum Schweißen wird der am Werkstück aufgesetzte Bolzen meist mit einem Elektromagneten gegen Federkraft abgehoben und beim Ausschalten des Magneten zum Werkstück bewegt. Der Hub wird dabei je nach Bolzendurchmesser und Form der Bolzenspitze eingestellt, damit Bolzen und Werkstück in der richtigen Form angeschmolzen werden. Er soll von Schwankungen der Bolzenlänge und Unregelmäßigkeiten der Auflagebedingungen der Schweißpistole unabhängig sein. Hubvorrichtungen mit einem Längenausgleich (floating lift) sind gegenüber Hubvorrichtungen mit festem, einstellbarem Hub vorzuziehen. Voraussetzung ist aber, dass die Kupplungseinrichtung des Längenausgleichs nicht aufgrund von Verschleiß zu Hubdifferenzen führt.

Die auf Bolzendurchmesser und Bolzenspitze abgestimmten Hübe sind dem Bild 8-2 zu entnehmen. Nur am Anfang der Lichtbogenphase entspricht der Hub der Lichtbogenlänge. Er ändert sich mit dem Erschmelzungsvorgang. Bei zu kurzem Hub schmilzt der Lichtbogen das Zentrum des Bolzens stärker an. Fehler in Bolzenmitte sind die Folge (siehe auch Abschnitt 5.4).

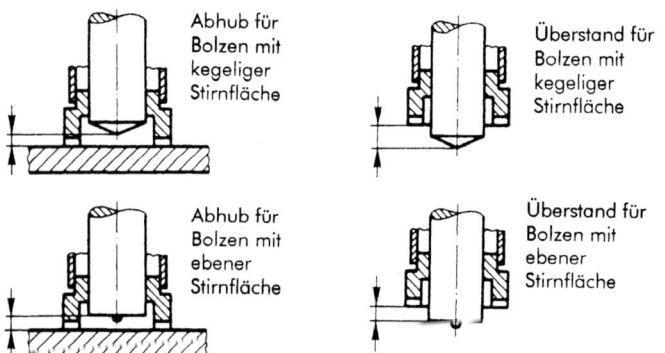

Bild 8-4. Hub (links) und Überstand (rechts) bei verschiedenen Ausführungsformen der Bolzenspitze (an der Pistole einzustellen).

Die Eintauchbewegung und damit das Zusammenführen der erschmolzenen Zonen an Bolzen und Werkstück sind für das Schweißergebnis von großer Bedeutung. Dabei soll die Eintauchgeschwindigkeit nicht zu hoch sein, um das Wegschleudern der Schmelze zu vermeiden. Gute Ergebnisse erzielt man bei Bolzen bis 14 mm Durchmesser mit etwa 200 mm/s, bei größeren Bolzen mit etwa 100 mm/s Eintauchgeschwindigkeit. Bei Bolzen bis 14 mm Durchmesser taucht man bis zum Widerstand durch das Werkstück ein. Der Bolzen muss dann vor dem Aufsetzen auf das Werkstück mit einem gewissen Mindestüberstand eingerichtet werden, Bild 8-4. Im Allgemeinen haben handelsübliche Schweißpistolen eine konstante Eintauchgeschwindigkeit. Für das Ergebnis spielt aber nur die Geschwindigkeit vom Kontakt der Schmelzbäder bis zum Stillstand eine Rolle. Verschiedene Ansätze sind bekannt geworden, bei denen der Pistolenkolben die Lichtbogenstrecke zunächst schnell durchfährt, kurz vor dem Kontakt dann aber auf die gewünschte Eintauchgeschwindigkeit abgebremst wird, Bild 8-5. Eine günstige Wulstform ohne scharfe Übergänge soll dadurch gefördert werden.

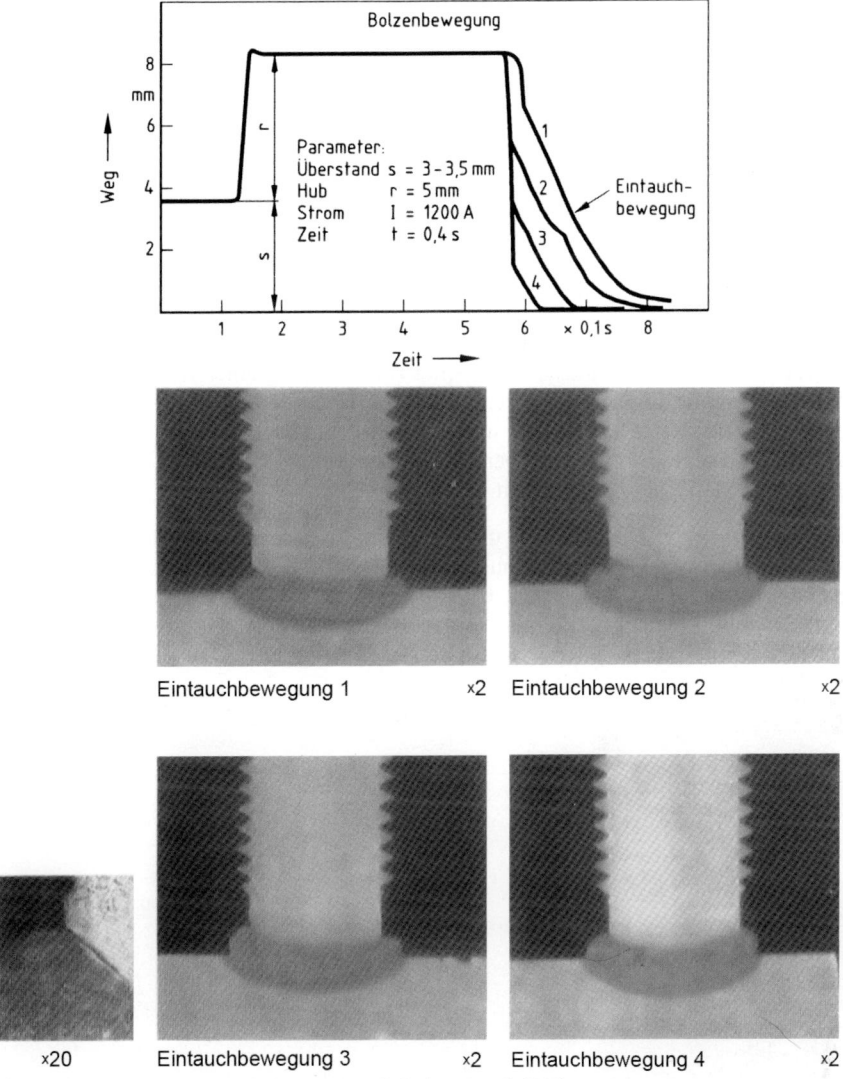

Bild 8-5. Einfluss der Eintauchgeschwindigkeiten (nach [59]).

Bei größeren Bolzendurchmessern (> 14 mm) soll zwischen Bolzenende und Werkstück eine Schmelzzone von 2 bis 4 mm bleiben, damit Unregelmäßigkeiten der Anschmelzung nicht zu Fehlern führen. Man taucht dann nur einen begrenzten Weg ein. Die empfohlenen Werte für den Überstand des Bolzens gegenüber der Pistolenauflage sind daher zu beachten (siehe Bild 8-2).

Hinweise für die Praxis

Je nach Form der Bolzenspitze schmilzt diese mehr oder weniger schnell ab und verlängert dadurch den Lichtbogen. Dies wird durch unterschiedliche empfohlene Hübe für Bolzen mit Kegelspitze und Bolzen mit ebener Stirnfläche in Bild 8-2 deutlich. Am längeren Lichtbogen fällt eine höhere Spannung ab; bei stromgeregelten Maschinen erhöht sich daher die Schweißenergie. Außerdem ist ein längerer Lichtbogen blaswirkungsempfindlicher. Dies zeigt sich in der Praxis besonders, wenn zum Beispiel Bolzen vom Typ PT nach DIN EN ISO 13918 (mit Zündspitze) mit dem Kurzzeit-Bolzenschweißen verarbeitet werden. Im Vergleich zu den dafür vorgesehenen Bolzen des Typs PS nach DIN EN ISO 13918 (ohne Zündspitze) ist bei gegebenem Hub (Pistole mit Hubausgleich) die Lichtbogenlänge um die Zündspitzenlänge größer und der Lichtbogen entsprechend anfälliger.

Bei extrem kurzem Lichtbogen steigt die Zahl der Tropfenkurzschlüsse, so dass wegen zu geringer Lichtbogenenergie und starker Badunruhe eher ein ungleichmäßiger, zum Teil nicht geschlossener Wulst und innere Fehler auftreten. Oberflächenverunreinigungen wie Rost, Zunder oder Primer fördern Tropfenkurzschlüsse; daher muss unter solchen Bedingungen der Hub oft erheblich erhöht werden. Ein gutes Indiz ist das Lichtbogengeräusch, das während des Schweißens im Idealfall gleichmäßig und ohne Unterbrechungen ist.

Ein Schweißen mit sehr kleinem Überstand, zum Beispiel zur Erzielung eines flachen Wulstes, ist immer dann gefährlich, wenn mit Längentoleranzen der Bolzen und/oder leichten Schiefstellungen der Pistole zu rechnen ist. In solchen Fällen sind unweigerlich Unterschneidungen am Wulst oder Lunker im Schweißbad die Folge. Ein großer Überstand erhöht naturgemäß (ohne Dämpfung) die Federkraft und damit die Eintauchgeschwindigkeit.

Eine Verringerung der Eintauchgeschwindigkeit unter die empfohlenen Werte erfordert eine genaue Kenntnis der Stromsteuerung. Der Bolzen muss auf jeden Fall vor Erlöschen des Lichtbogens eintauchen, andernfalls treten Bindefehler ein. Charakteristisch dafür sind Brüche fast ohne Biegewinkel und im Bruchbild blanke Stellen am Außenrand des Bolzens, Bild 8-6. Die Ursache ist die zunächst an den Rändern stattfindende Oxidation nach Wegfall des schützenden Metalldampfes.

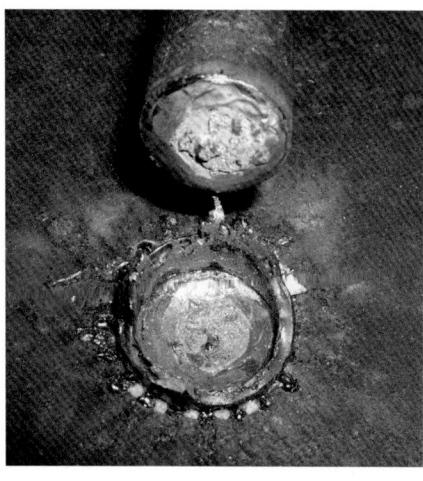

Bild 8-6. Bruchbild mit Bindefehlern.

Bei handelsüblichen Pistolen für größere Bolzen kann man die Eintauchgeschwindigkeit nur relativ ungenau durch einen hydraulischen oder pneumatischen Dämpfer beeinflussen. Durch Versuchsschweißungen muss die passende Dämpfungskraft ermittelt werden. Bei Bewegungsvorrichtungen mit Schrittmotor oder gesteuerten Hubmagneten kann die Eintauchgeschwindigkeit wie andere Parameter auch vor Schweißbeginn gewählt werden. Sie wird dann während des Prozesses geregelt.

8.3 Richtwerte für das Kurzzeit-Bolzenschweißen

8.3.1 Stromstärke, Schweißzeit und Hub

Beim Kurzzeit-Bolzenschweißen wird ein flacher Einbrand im Werkstück erzielt. Man verwendet daher diese Technik besonders zum Schweißen von Bolzen auf dünne Bleche. Die Bolzenspitze wird zur Anpassung der Form der angeschmolzenen Flächen mit einem Kegelwinkel von 166° ausgeführt. (siehe Typ PS nach DIN EN ISO 13918). Ist die zylinderförmige Ringfläche im Blech um den aufgeschweißten Bolzen ($F_{bl} = s \times d_{Fl} \times \pi$) gleich oder kleiner als die Bolzenfläche ($F_{Bo} = d^2_{Bo} \times \pi : 4$) knöpft der Bolzen im Zugversuch aus dem Blech. Man kann dann ohne Festigkeitsverlust einen gewissen Porenanteil in Kauf nehmen. In der Massenfertigung wird daher meist ohne Schutzgas geschweißt.

Sollen die Qualität der Schweißung und das Aussehen des Wulstes verbessert werden (zum Beispiel beim Schweißen an Blechen > 2 mm), empfiehlt sich das Schweißen mit Schutzgas. Durch die dabei deutlich geringere Spannung (meist um mehr als 10 %) muss die Stromstärke und/oder die Schweißzeit angehoben werden. Die bei Schweißzeiten über 50 ms veränderte Anschmelzform sollte durch einen Kegelwinkel am Bolzen von etwa 150° ausgeglichen werden. Bei dickeren Blechen wird durch die verstärkte Wärmeabfuhr in das Werkstück eine höhere Energie benötigt.

Beim Kurzzeit-Bolzenschweißen ändert sich mit der Stromstärke auch die Spannung bei gleichbleibendem Hub: bei 2 mm Hub ohne Schutzgas von 26 V bei 500 A bis 37 V bei 2000 A; mit Schutzgas von 25 V bei 500 A bis 31 V bei 2000 A. Einige Anhaltspunkte zur Wahl von Stromstärke und Schweißzeit können dem Bild 8-7 entnommen werden.

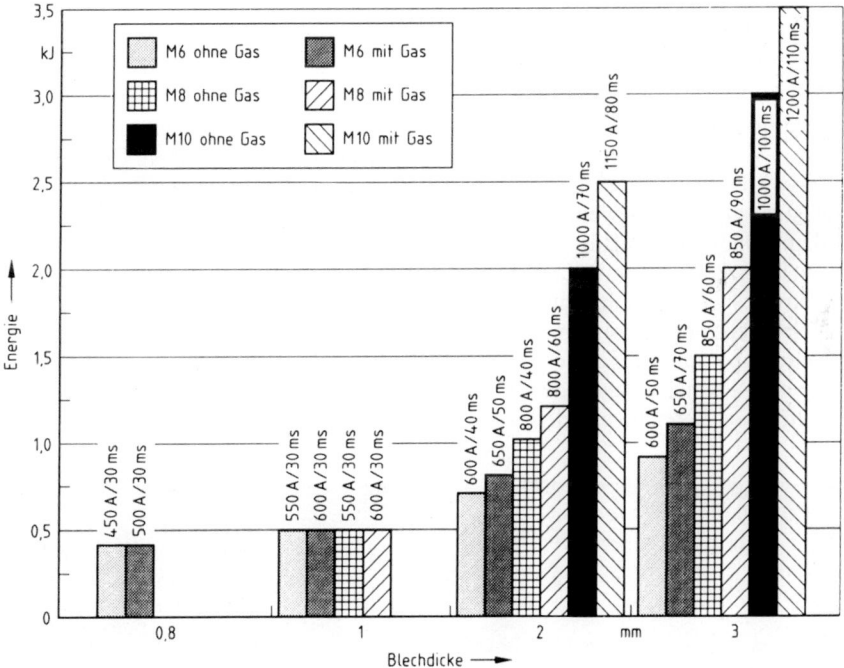

Bild 8-7. Richtwerte für die Wahl von Stromstärke und Schweißzeit bei verschiedenen Bolzendurchmessern und Blechdicke s mit und ohne Schutzgase (nach Werten der SLV München).

Den Hub wählt man zwischen 1,5 und 2,5 mm, im Mittel mit 2 mm. Die Eintauchgeschwindigkeit sollte etwa 300 mm/s betragen. Man taucht den Bolzen bis zum Widerstand am Werkstück ein. In jedem Fall wird man sich vor dem Einsatz des Verfahrens in einer Fertigung von der Qualität der Schweißung durch Sichtprüfung (Aussehen von Wulst und Blechrückseite) und Festigkeitsprüfung (Biege- und Zugprüfung) überzeugen.

Hinweise für die Praxis

Das Kurzzeit-Bolzenschweißen verlangt grundsätzlich einen möglichst hohen Strom bei möglichst kurzer Zeit. Nach Praxiserfahrungen sollte der Strom bei mindestens 100 A/mm Bolzendurchmesser liegen, vor allem dann, wenn ohne Schweißbadschutz gearbeitet wird. Dies ist dann von Bedeutung, wenn eine Bolzenschweißmaschine für den Einsatz beim Kurzzeit-Bolzenschweißen beurteilt werden soll. Für einen bestimmten zu schweißenden Bolzendurchmesser muss die Maschine beim Kurzzeit-Bolzenschweißen erheblich mehr Strom liefern als für das Schweißen des gleichen Durchmessers mit Keramikring. Technische Unterlagen der Hersteller geben nicht in allen Fällen Auskunft über den maximalen Durchmesser beim Kurzzeit-Bolzenschweißen. Steht Schutzgas zur Verfügung, kann der Strom zugunsten der Schweißzeit etwas verringert werden. Je kürzer die Schweißzeit, umso mehr muss auf die Sauberkeit der Blechoberfläche geachtet werden. Das Kurzzeit-Bolzenschweißen ist an feuerverzinkten Blechen mit Schichtdicken bis 40 μm schweißzeitabhängig (bei Blechdicke über 3 mm auch bis 80 μm) möglich. Gefüge-, REM- und EMA-Untersuchungen der Schweiß- und Wärmeeinflusszonen zeigen keine Besonderheiten, die auf einen Einfluss von Zink oder anderer Beschichtungselemente bei optimierten Schweißungen hinweisen [26].

8.4 Bolzenschweißen mit Spitzenzündung

Für das Bolzenschweißen mit Spitzenzündung wird die Schweißenergie einer Kondensatorbatterie entnommen. Die darin gespeicherte Energie hängt von der Kapazität der Kondensatoren und der Ladespannung ab: $W = \frac{1}{2} CU^2$. Der Entladevorgang dauert nur einige Millisekunden. Der zeitliche Verlauf des Stromes wird vom Widerstand und der Induktivität des Stromkreises bestimmt. Die Schweißzeit ergibt sich aus dem Bewegungsablauf des Bolzens in Verbindung mit der Zündspitzenlänge und dem Zündvorgang, Bild 8-8. Nur während der Brennzeit des Lichtbogens, also nach dem Berühren und Zünden der Bolzenspitze bis zum Auftreffen des Bolzens und Kurzschließen des Stromkreises werden Bolzen und Werkstück angeschmolzen und mit dem Fortführen der Bewegung die Schmelzzonen vereinigt. Mit der Bewegung des Bolzens und der gegebenen Zündspitzenlänge wird daher nur ein Fenster aus dem Entladevorgang zum eigentlichen Schweißvorgang herangezogen. Dies macht auch deutlich, dass sowohl die Ladespannung als auch die Kapazität in einem größeren Bereich verändert werden können, ohne das Schweißergebnis wesentlich zu beeinflussen.

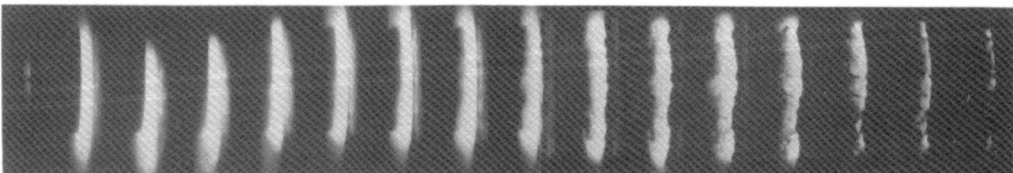

Bild 8-8. Bolzenschweißen mit Spitzenzündung (Hochgeschwindigkeitsaufnahme); Bildfolge: 1/1000 s (links) bis 20/1000 s (rechts).

Beim Schweißen mit Spalt wird der meist unter Federkraft stehende Bolzen aus einem bestimmten einstellbaren Abstand zum Werkstück beschleunigt und erreicht bis zur Berührung der Bolzenspitze eine bestimmte Auftreffgeschwindigkeit. Sie ist dabei abhängig von Federkraft und Spalt, aber auch von der Schweißposition, da zum Beispiel in Überkopfposition die Schwerkraft der bewegten Pistolenmasse der Federkraft entgegenwirkt. Je nach Arbeitsweise der Pistole wird die Spaltposition durch Anheben und Halten mit einem Haftmagneten oder durch einen Hubmagneten erreicht und durch Abschalten der Magnete der eigentliche Schweißvorgang ausgelöst. Die Auftreffgeschwindigkeit in Verbindung mit der Zündspitzenlänge bestimmt die Schweißzeit. Sie beträgt beispielsweise bei 400 mm/s und Zündspitzenlänge $l_3 = 0{,}80$ mm: $t = l/v = 0{,}8/400 = 0{,}002 = 2$ [ms]. Abzuziehen ist bei „korrekter Zündung" die Zeit der Widerstandserwärmung der Zündspitze vom Berühren bis zur Zündung des Lichtbogens, etwa 0,2 bis 0,4 ms. Bei der „Frühzündung" entfällt diese Verzögerung. Beim Schweißen mit Spalt ist meist die Federkraft vorgegeben, die Geschwindigkeit (und Schweißzeit) wird nur über den Spalt gesteuert.

Beim Schweißen „mit Kontakt" wird der Bolzen mit einer stärker vorgespannten Feder auf das Werkstück aufgesetzt. Mit dem Schließen des Stromkreises (meist durch einen Thyristor) erhitzt sich die Bolzenspitze schlagartig, verdampft teilweise und gibt die Bolzenbewegung frei. Der Bolzen wird aus dem Ruhezustand zum Werkstück beschleunigt; die Schmelzbäder vereinigen sich beim Auftreffen auf das Werkstück. Undefinierte Reibungsvorgänge in der Pistole dürfen dabei den Ablauf nicht beeinträchtigen. Hier wird im Allgemeinen mit dem Einstellen der Federkraft die Schweißzeit gesteuert.

Beim Auftreffen des Bolzens auf das Werkstück und dem Abstoppen der Bewegung werden Massekräfte frei, die das Werkstück und den Pistolenkolben in Schwingung versetzen und den Erstarrungsvorgang und die Qualität der Schweißung beeinträchtigen können. Für kurze Schweißzeiten (etwa 1 ms) bei Aluminium wird meist das Schweißen mit Spalt bevorzugt, ebenso bei sehr dünnen Blechen. Das Schweißen mit Kontakt ergibt längere Schweißzeiten und eignet sich daher für beschichtete (verzinkte) Bleche und leicht verschmutzte Oberflächen. In jedem Fall muss darauf geachtet werden, dass die Kondensatorbatterie nicht vor dem Zusammentreffen von Bolzen und Werkstück entladen ist (kaltes Eintauchen).

Ganz allgemein sind für das Bolzenschweißen mit Spitzenzündung hohe Anforderungen an die Sauberkeit der Bleche, die Toleranzen der Bolzenspitze und die Mechanik der Pistolen und Schweißköpfe zu stellen. Der sehr kurzzeitige Schweißvorgang kann sonst zu einem Porenanteil > 30% führen. Nur durch die größere Schweißfläche des angestauchten Flansches ist beim Zugversuch der Bruch im Bolzenquerschnitt außerhalb der Schweißfläche zu erzielen. Einige Anhaltspunkte zur Kapazitäts- und Spannungswahl sind dem Bild 8-9 zu entnehmen.

Das Spitzenzündungsbolzenschweißen wird entweder mit Schweißpistolen oder Schweißköpfen ausgeführt. Bei beiden Vorrichtungen sind folgende mechanischen Parameter von Bedeutung und gegebenenfalls an die Schweißvariante anzupassen:

– Federvorspannkraft,
– Federkonstante,
– Luftspalt (nur beim Spaltschweißen),
– bewegte Masse (Kolbenmasse),
– Reibung der Kolbenlagerung.

Alle Parameter haben Einfluss auf die Auftreffgeschwindigkeit des Bolzens auf dem Blech beim Eintauchen und Verbinden der Schmelzbäder.

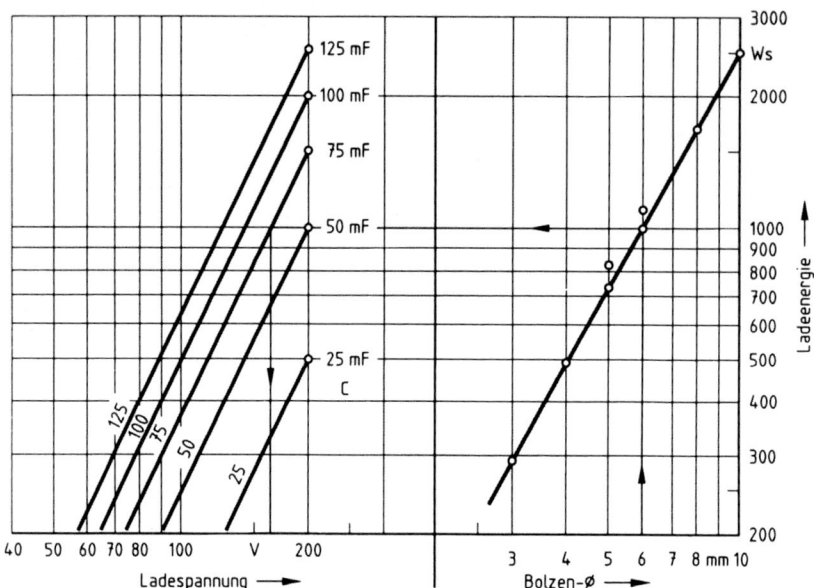

Bild 8-9. Anhaltspunkte für die Ladeenergie bei gegebenem Bolzendurchmesser zum Bolzenschweißen mit Spitzenzündung und die bei vorgegebener Kapazität einzustellende Ladespannung; Beispiel: Bolzendurchmesser 6 mm ~ 1000 Ws bei C 75 mF – 165 V Ladespannung.

Auftreffgeschwindigkeit des Bolzens

Der Einfluss der Auftreffgeschwindigkeit auf das Schweißergebnis ist bei beiden Prozessvarianten erheblich. Beim Spaltschweißen sind folgende Abhängigkeiten zu beachten (nach einer Untersuchung der SLV München [24]):

– Bei Auftreffgeschwindigkeiten zwischen 500 und 700 mm/s erstarrt die Schmelze in der Abwärtsbewegung des Bolzens (Idealfall).
– Auftreffgeschwindigkeiten kleiner als etwa 450 mm/s führen häufig zu Bindefehlern.
– Auftreffgeschwindigkeiten größer als 700 mm/s verringern den Energieeintrag und damit die Erstarrungszeit meist erheblich. Bei geeigneter Energie kann die Erstarrung in der Rückprellphase erfolgen.
– Das Kontaktschweißen ist mit Auftreffgeschwindigkeiten größer als 400 mm/s auszuführen.
– Beim Spaltschweißen variiert die Lichtbogenbrennzeit zwischen 0,6 ms bei hohen Auftreffgeschwindigkeiten größer als 800 mm/s und 2,8 ms bei niedrigen Auftreffgeschwindigkeiten kleiner als 450 mm/s. Diese Abhängigkeit ist nicht linear, sondern weist im Geschwindigkeitsbereich zwischen 450 und 600 mm/s einen steilen Abfall auf. Für die Praxis bedeutet dies, dass sich die Lichtbogenbrennzeiten beim Spaltschweißen bereits bei geringen Änderungen der Einstellung oder der Pistolenreibung deutlich ändern.
– Beim Kontaktschweißen ist diese Abhängigkeit deutlich geringer. Die ermittelten Schweißzeiten beim Kontaktverfahren betragen üblicherweise zwischen 3,5 und 4,5 ms. Es ergibt sich eine angenähert lineare Abhängigkeit der Lichtbogenbrennzeit von der Federkraft.

Die Messungen von Stromstärke und Lichtbogenspannung zeigen für einen definierten Schweißstromkreis weitgehend konstante Stromverläufe in Abhängigkeit von der Ladespannung auf. Die Bolzen- und Blechwerkstoffe beeinflussen den Stromverlauf kaum. Der wesentliche Einflussfaktor auf die Schweißenergie ist die Schweißzeit. Beim Spitzenzündungsverfahren werden mit der Kontaktvariante an beschichteten Blechen bis etwa 15 µm Schichtdicke sehr gute Schweißergebnisse erzielt [26].

Schweißstromkreis

Nicht zu vernachlässigen ist die richtige Auslegung des Schweißstromkreises. Schweißkabellänge und -querschnitt sowie die geometrische Anordnung der Kabel bestimmen den elektrischen Widerstand und die Induktivität des Schweißkreises. Veränderungen des Widerstandes – bedingt durch eine Längen- oder Querschnittsänderung der Schweißkabel und der Induktivität des Schweißkreises (Spulenwirkung) – können ein Schweißergebnis positiv als auch negativ beeinflussen. Besonders bemerkbar macht sich der Einfluss beim Schweißen von Aluminium. Dies ist bei der Auslegung von Schweißanlagen (zum Beispiel CNC oder Roboter) mit großen Verfahrwegen und entsprechend langen Schweißkabeln zu beachten.

9 Gerätetechnik zum Bolzenschweißen

Eine Bolzenschweißanlage besteht aus einer Gleichstromquelle und einer Bewegungsvorrichtung. Wechselstrom hat sich bisher nur in der Automobilindustrie bei Aluminium bewährt. Ein grundsätzlicher Unterschied besteht zwischen Stromquellen mit direkter Energieentnahme aus dem Netz und Stromquellen mit Energiespeicherung in einem Kondensator.

Die Synchronisierung zwischen Strom- und Bewegungsablauf ist entscheidend für eine reproduzierbare Qualität des Schweißergebnisses. Beide Elemente können daher nicht isoliert betrachtet werden. Wurden in der Anfangszeit Umformer oder Gleichrichter und separate Steuergeräte verwendet, so sind heute „Kompaktanlagen", in denen Stromerzeugung und Bewegungssteuerung vereint sind, der Stand der Technik.

Bei der Bewegungsvorrichtung überwiegen bei weitem die magnetisch angetriebenen Schweißpistolen. Laboreinrichtungen und einzelne Ausführungen mit motorischen, pneumatischen und federkraftbetriebenen Mechaniken werden aber auch gelegentlich eingesetzt.

9.1 Stromquellen und ihre Entwicklung

Bereits bei Beginn der Entwicklung des Bolzenschweißens mit Hubzündung stellte man fest, dass die benötigten Schweißströme im Vergleich zum Lichtbogenhandschweißen erheblich höher lagen. Damals standen zum Gleichstromschweißen nur Umformer und Selen-Gleichrichter zur Verfügung.

Die Grundkonzeption eines Schweißgleichrichters ist allerdings bis heute unverändert. Der Drehstrom wird zunächst von Netzspannung auf etwa 60 V transformiert und dann gleichgerichtet. Die Größe dieses Netztransformators bestimmt im Wesentlichen die Baugröße der Stromquelle, die für das Bolzenschweißen für die kurzzeitige, hohe Belastung ausgelegt sein müssen. Die Einschaltdauer wird meistens auf unter 10 % ausgelegt.

Beim Inverter wird zunächst die Netzspannung gleichgerichtet (Zwischenkreis), höherfrequent getaktet, dann transformiert, gleichgerichtet und geglättet. Diese Geräte zeichnen sich durch geringere Masse und bessere Dynamik aus. Details siehe Abschnitt 9.1.2.2.

9.1.1 Ungeregelte Schweißgleichrichter

Um den Schweißstrom an den Bolzendurchmesser anzupassen, wurden zunächst Transformatoranzapfungen oder verstellbare Ohmsche oder induktive Widerstände benutzt. Der Skalenwert des Schweißstromes gibt bei diesen Geräten eigentlich immer eine Kennlinie an, das heißt, die Stromstärke hängt von der Spannung ab.

Abweichungen können durch unterschiedliche Kabellängen, aber auch wegen Ausfall oder Alterung von Gleichrichterzellen und Übergangswiderständen im Geräteinneren eintreten. Auch Netzspannungsänderungen können bei flachen Kennlinien zu erheblichen Abweichungen führen. Daher empfiehlt es sich, gerade Stromquellen ohne Regelung regelmäßig zu überprüfen.

Von Stromquellen mit mechanisch einstellbaren Kennlinien nicht zu trennen waren die sogenannten Steuergeräte. Sie schalten den Schweißstrom und steuern den Bewegungsablauf des Pistolenkolbens. Die Schaltung des Schweißstromes verlangt ein mehr oder weniger großes Schütz.

Oft wurden große Drehstromschütze mit einzeln auswechselbaren und hier parallel geschalteten Kontakten verwendet. Der Verschleiß ist gerade bei Strömen über 1000 A erheblich und erfordert eine ständige Wartung. Die Reproduzierbarkeit der Schweißzeit ist bei kurzen Schweißzeiten (unter 100 ms) schlecht, so dass solche Lösungen für das Kurzzeit-Bolzenschweißen ausscheiden.

Für die Steuerung der Pistole stand eine separate kleine Stromquelle zur Verfügung; in einer anderen Ausführung wurde die Spannung für den Hubmagneten der Leerlaufspannung der Stromquelle entnommen. Die Synchronisierung von Schweißstrom und Kolbenbewegung wurde meist durch Kurvenscheiben und Schleppkontakte bewerkstelligt.

Die Aufgabe des mechanischen Schalters übernehmen in der weiteren Entwicklung elektronische Elemente zum Beispiel zwei Triacs auf der Primärseite des Transformators. Sekundärseitig befindet sich ein ungesteuerter Drehstromgleichrichter und eine Vorstromdrossel, die beim Schweißen durch einen Thyristor überbrückt wird. Der Wartungsaufwand für mechanische Kontakte entfällt damit, Bild 9-1.

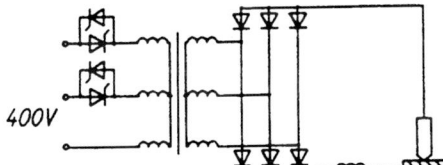

Bild 9-1. Stromquelle einfacher Bauart.

Meistens wird dieses Prinzip bei Stromquellen bis etwa 800 A Schweißstrom angewandt, wobei zum Teil selbst auf eine Grobeinstellung des Stromes verzichtet wird. Die Anpassung an unterschiedliche Schweißaufgaben erfolgt nur über die Schweißzeit. Für das Kurzzeit-Bolzenschweißen auf sauberen Oberflächen ist das unproblematisch, bei schwierigen Oberflächen (Walzhaut, veröıt, Flugrost, Schweißprimer) ist bei kleinen Bolzendurchmessern aber oft eine Verlängerung der Schweißzeit bei Verringerung des Stromes unabdingbar. Bei festem Strom von zum Beispiel 800 A und für eine ausreichende Entgasung längeren Zeit brennt die Bolzenspitze aber zu stark ab oder das Werkstück wird durchschmolzen. Der Schweißstrom hängt von der Eingangsspannung und vom Widerstand des Schweißkreises ab. Eine Stromregelung findet nicht statt.

In einer weitergehenden Entwicklung der Stromquellen gibt es primärseitig mehrere Anzapfungen, die durch einen Walzenschalter gestellt werden. Dabei können durch unsymmetrische Schaltung der Drehstromwicklungen bei geringem mechanischem Aufwand relativ viele Schaltstufen erreicht werden.

Allen bisher behandelten Stromquellen ist jedoch die fehlende Anpassung des Schweißstromes an die veränderlichen Bedingungen des Schweißkreises gemeinsam. Die relativ hohen Ströme führen aber bei den in der Praxis verwendeten Kabelquerschnitten bereits zu nicht mehr vernachlässigbaren Spannungsabfällen. Dazu wirken sich Netzspannungsschwankungen, Spannungsabfälle durch den hohen Primärstrom und Erwärmung von Bauelementen mit Widerstandsveränderungen oft negativ aus.

Bild 9-2 zeigt beispielhaft den Einfluss von unterschiedlichen Kabellängen, Kabelerwärmung und Netzspannungsabfall auf den Schweißstrom. Der Betreiber muss sich darüber im Klaren sein, dass ein Strom von 1000 A in einem Kupferkabel von 70 mm² bereits einen Spannungsabfall von 0,25 V/m verursacht. Ein Schweißkreis von 20 m Länge braucht allein zur Deckung des Spannungsabfalles in den Kabeln 5 V. Je nach Neigung der Kennlinie weicht daher der reale Strom vom eingestellten Wert mehr oder weniger ab. Ein Diagramm zur Ermittlung des Spannungsabfalls zeigt Bild 9-3.

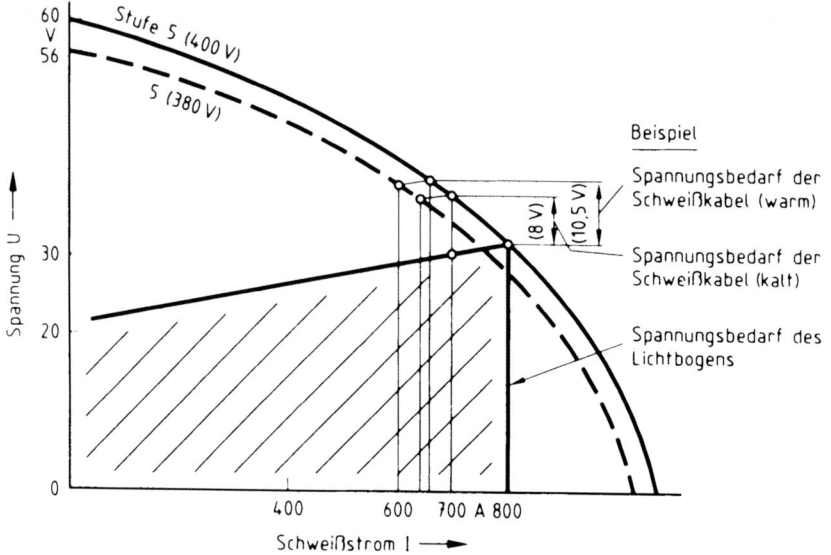

Bild 9-2. Arbeitspunkte bei einer Stromquelle mit Stufenschalter.

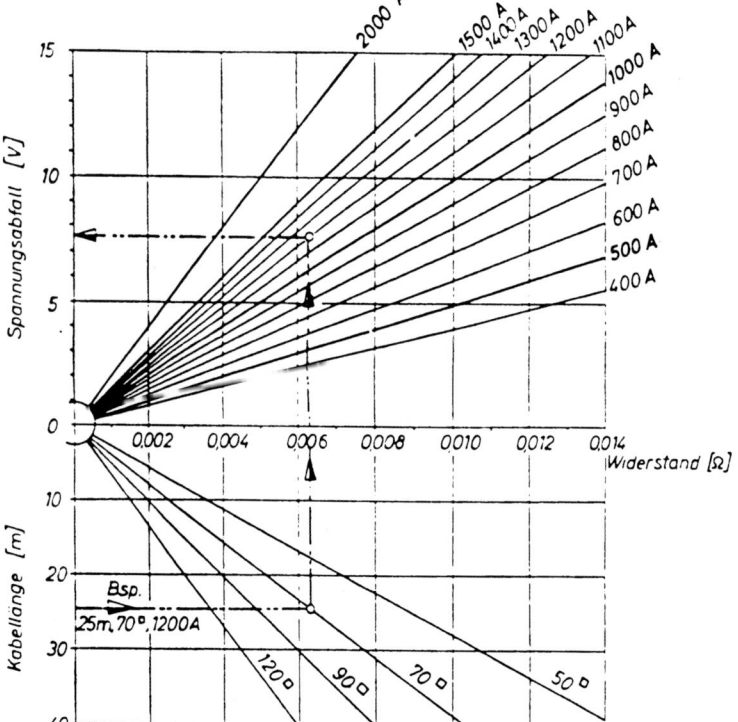

Bild 9-3. Diagramm zur Ermittlung des Spannungsabfalles im Schweißkabel.

9.1.2 Geregelte Schweißgleichrichter

9.1.2.1 Stromquellen mit Thyristorregelung

Anfang der achtziger Jahre kamen die ersten Bolzenschweiß-Kompaktanlagen auf den Markt. Sie vereinten Steuergerät (mechanische Schweißstromschaltung) und Stromquelle, gleichzeitig verfügten sie über einen thyristorisierten (steuerbaren) Gleichrichter, Bild 9-4.

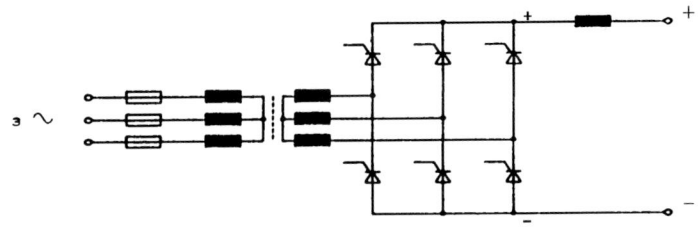

Bild 9-4. Prinzipschaltung einer Thyristorstromquelle.

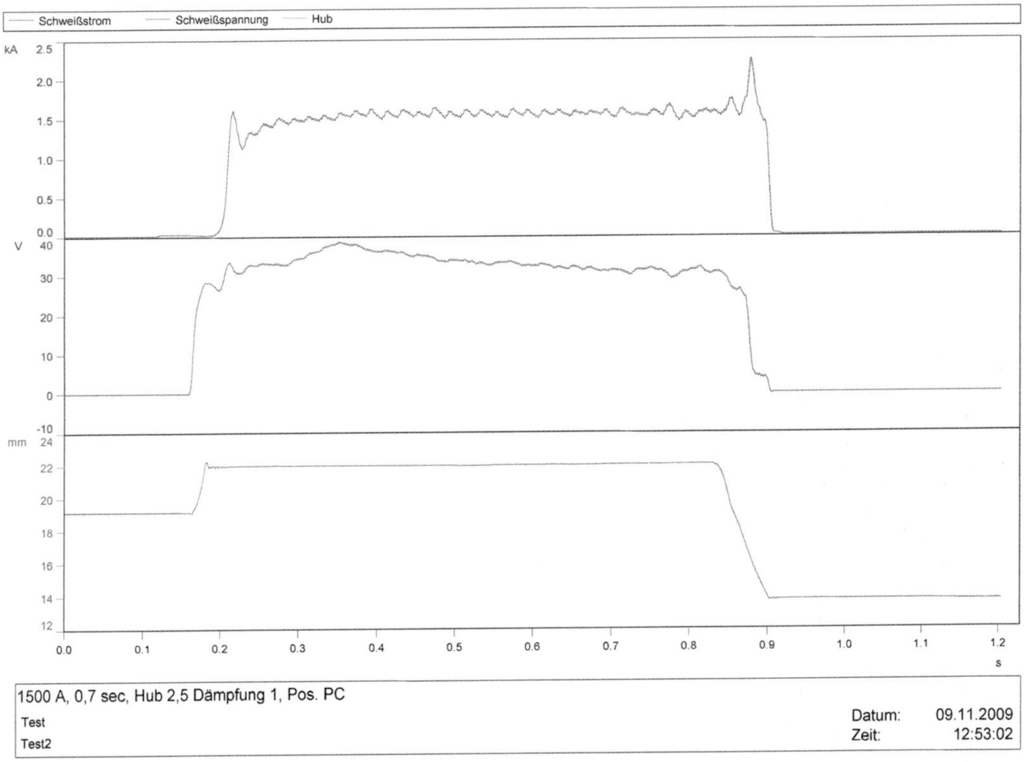

Bild 9-5. Oszillogramm einer Schweißung mit Thyristorstromquelle.

Damit war die Möglichkeit gegeben, den Schweißstrom stufenlos vorzuwählen, während des Ablaufes zu messen, mit dem Sollwert zu vergleichen und eine Steuergröße auf die Gleichrichterbrücke zu geben. Die Thyristoren können zu beliebigen Zeiten der gerade anliegenden Phase gezündet werden; eine frühere Zündung hat eine höhere mittlere Spannung zur Folge und umgekehrt. Den Zündzeitpunkt kann man auch als Winkel (von 0 bis 180° des sinusförmigen Stromverlaufes) ausdrücken. Der Thyristor bleibt so lange leitend, bis der Haltestrom unterschritten ist, das heißt, normalerweise sperrt er nach jedem Nulldurchgang des Stromes. Ist nun der aktuelle Strom, der vom Messwiderstand an die Regelelektronik gemeldet wird, kleiner als der Sollwert, wird der Zündwinkel der Thyristoren vorverlegt; der Stromfluss beginnt früher, die Klemmenspannung steigt und treibt einen höheren Strom durch den Schweißkreis. Umgekehrt verläuft die Regelung, wenn der Schweißstrom zu hoch ist. Im Oszillogramm einer Schweißung mit Thyristorstromquelle sind die charakteristischen Nadeln im Takt der Netzfrequenz zu sehen, Bild 9-5.

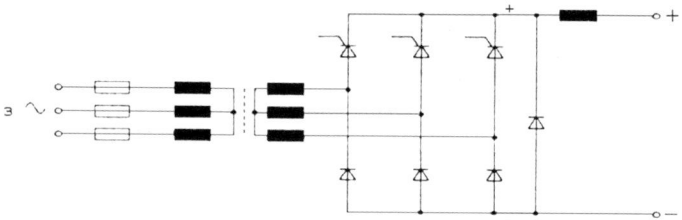

Bild 9-6. Halbgesteuerte Gleichrichterbrücke.

In den ersten Jahren dieser Entwicklung wurden sogenannte halbgesteuerte Gleichrichterbrücken gebaut. Dabei werden in der Brücke drei Thyristoren, drei Dioden und eine weitere Diode als Freilauf eingesetzt, Bild 9-6.

Anfangs waren nämlich Dioden preisgünstiger als Thyristoren gleicher Leistung, außerdem ist die Steuerschaltung etwas einfacher. Beim Abschalten des Schweißstromes muss die Freilaufdiode die noch im Schweißkreis befindliche Energie übernehmen. Dabei muss ihr Widerstand so gering sein, dass der Reststrom über die Freilaufdiode und nicht über einen Brückenzweig läuft. In einem solchen Fall bliebe ein Thyristor leitend; die Brücke „klebt", da der Haltestrom des Thyristors nicht unterschritten wird.

Diese Bauart ist bis heute auf kleine Stromquellen beschränkt geblieben. Bei extrem langen Schweißkabeln besteht aber grundsätzlich die Gefahr des Klebens wegen der hohen Induktivität des Schweißkreises. Im Allgemeinen werden die Freilaufdioden auf besonders niedrige Durchlassspannung selektiert. Bei den vorher beschriebenen vollgesteuerten Thyristorbrücken (6 Thyristoren) gibt es prinzipiell kein „Kleben", weil die induktiv gespeicherte Energie nach dem Abschalten des Stromes ins Netz zurück gespeist wird (Brücke arbeitet dann als Wechselrichter).

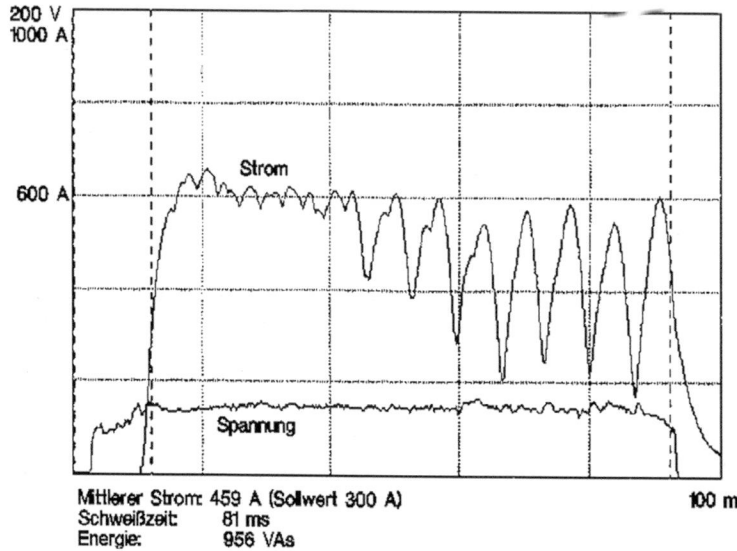

Bild 9-7. Oszillogramm einer Kurzzeit-Bolzenschweißung mit 50-Hz-Stromquelle.

Die Grenzen der Thyristorbrücken mit Netzfrequenz zeigen sich bei der Anwendung des Kurzzeit-Bolzenschweißens. Bild 9-7 zeigt zwei Problembereiche. Eine Schweißzeit von etwa 120 ms wurde mit einem Strom von etwa 500 A (Sollwert 300 A) eingestellt. Aufgrund der Totzeit des Reglers vergehen etwa 80 ms bis zum Erreichen des Sollwertes, das heißt, der Mittelwert des Schweißstromes ist wesentlich geringer als vorgewählt. Zweitens ist der Strom sehr wellig, eine zum Schweißen unerwünschte Eigenschaft.

Deutlich erkennbar sind sechs Halbwellen je 20 ms (Netzfrequenz 50 Hz, Drehstrom); die Welligkeit ist umso stärker, je geringer der Schweißstrom ist. Kurzzeitschweißungen sind daher vorteilhaft nur mit voll aufgesteuerter Brücke durchzuführen. Erfahrungsgemäß sind auch Stromspitzen zu Beginn des Prozesses nachteilig, Bild 9-8; sie können zum sofortigen Abschmelzen der Bolzenspitze und zur Kraterbildung im Werkstück führen.

Als Abhilfe kann man entweder durch einen, allerdings verlustbringenden, Widerstand den Strom begrenzen oder die Größe der Stromquelle so an den Bolzendurchmesser anpassen, dass die Quelle im oberen Bereich des Einstellbereiches arbeitet. Allgemein lässt sich der Schweißstrom auch durch Drosseln glätten, die aber einerseits verhältnismäßig teuer und schwer, andererseits beim Schalten des Stromes mit Halbleitern zu unerwünschten Induktionsspannungen beim Abschalten führen, die die Halbleiter zerstören können. Bei der „halbgesteuerten Brücke" kann der von den Drosseln gelieferte Strom über dem Haltestrom der Thyristoren liegen, so dass sie nicht löschen (siehe oben „Kleben" der Brücke).

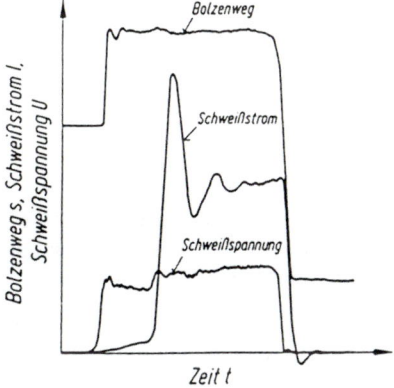

Bild 9-8. Unerwünschte Stromspitzen zu Beginn des Schweißprozesses.

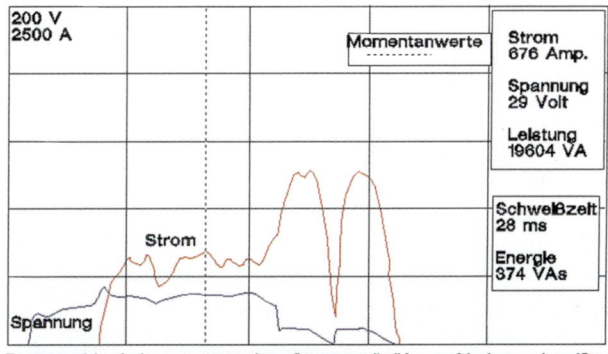

Bild 9-9. Prozessablauf einer ungeregelten Stromquelle (Kurzzeit-Bolzenschweißen), 2 Stromspitzen nach Eintauchen des Bolzens.

Genau genommen können thyristorgeschaltete Anlagen nur mit Schweißzeiten arbeiten, die ein Vielfaches der Periodendauer der Netzfrequenz sind. Da die Stromquelle aber nicht unterscheiden kann, ob bei fließendem Strom auch ein Lichtbogen steht, oder ob Bolzen und Werkstück Kontakt haben (Kurzschluss), kann man den Schweißvorgang durch Abschalten des Pistolenkolbens und Erzeugung eines Kurzschlusses beenden. Der dann noch fließende Kurzschlussstrom ist zwar meistens wesentlich höher als der Schweißstrom, bringt aber wegen der geringen Kurzschlussspannung wenig Energie ins Schmelzbad. Dieses Verfahren wird angewendet bei Schweißzeiten, gegenüber denen die Periodendauer der Netzfrequenz nicht vernachlässigbar ist. Allerdings kann bei im Vergleich zum Schweißstrom hohem und genügend langem Kurzschlussstrom das Schweißbad durch den Stromstoß verspritzen, Bild 9-9. Eine Prozesskontrolle wird durch das zufällige Auftreten von einer oder zwei Kurzschlussspitzen stark erschwert.

9.1.2.2 Inverterstromquellen

Seit den neunziger Jahren gibt es leistungsfähige IGBT-Module (**I**nsulated **G**ate **B**ipolar **T**ransistor), die einerseits, wie bipolare Transistoren große Ströme sowohl ein- als auch abschalten können, andererseits wie die bekannten MOSFETs nur eine kleine Steuerleistung brauchen. Der Zwang, wie bei Thyristoren, die Steuerimpulse mit der Netzfrequenz synchronisieren zu müssen, fällt damit weg.

Solche Stromquellen waren in der Lichtbogenschweißtechnik bereits länger bekannt und werden als Inverter bezeichnet. Die Netzspannung wird zunächst gleichgerichtet und dann mit einer Frequenz über 20 kHz über die oben genannten Transistoren einem Transformator zugeführt (primär getaktet). Auf der Sekundärseite wird die entstandene Wechselspannung durch Dioden gleichgerichtet, Bild 9-10. Ein Regler zum Schutz der Schaltmodule ist unerlässlich.

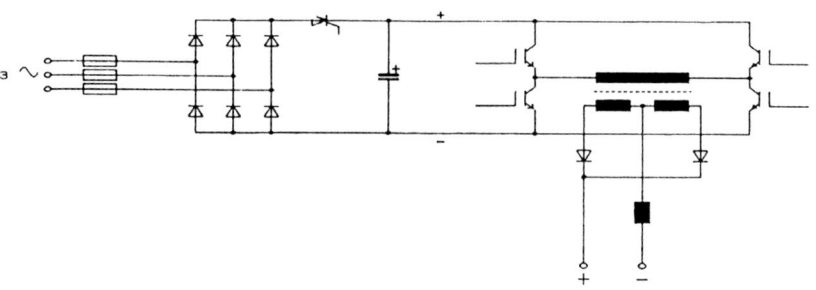

Bild 9-10. Prinzipschaltung einer Inverterstromquelle.

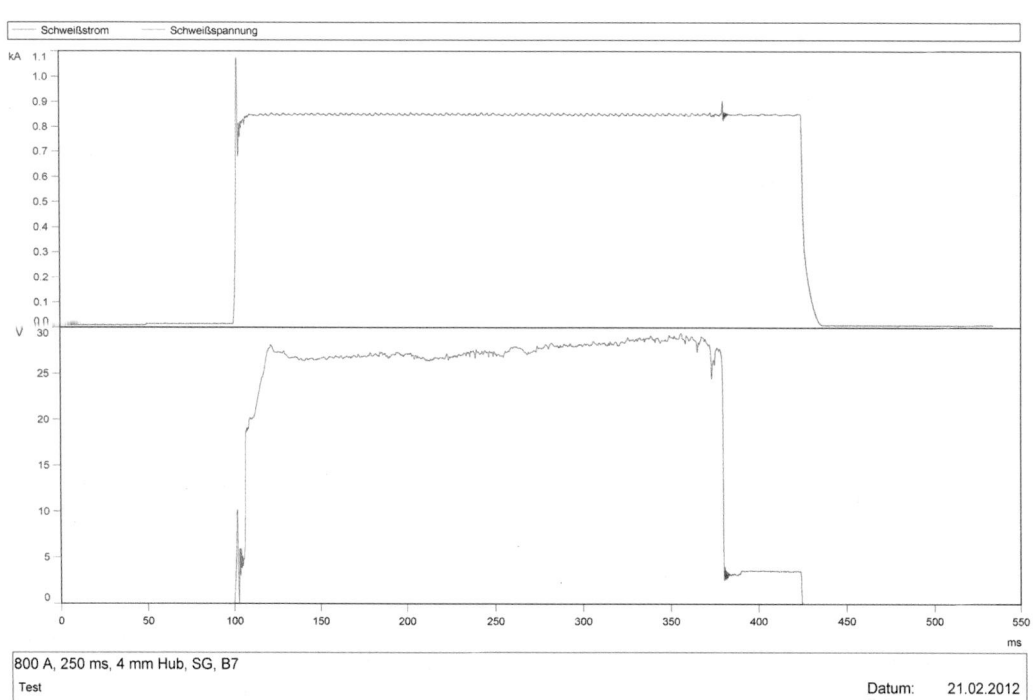

Bild 9-11. Oszillogramm einer Bolzenschweißung mit Inverterstromquelle.

Die Vorteile dieser Bauweise liegen in der erheblich verkürzten Reaktionszeit der Stromquelle. Die Totzeit der Regelstrecke und der Einschwingvorgang sind vernachlässigbar klein. Zwar tritt beim Eintauchen des Bolzens in das Schmelzbad ebenso eine Kurzschlussspitze auf, die aber infolge der hohen Regelgeschwindigkeit nur geringen Energieinhalt besitzt, Bild 9-11.

Grundsätzlich ist die Transformatorleistung bei sonst konstanten Größen der Arbeitsfrequenz proportional, so dass als angenehmer Nebeneffekt der Leistungstransformator im Vergleich zu einem netzgeführten Transformator gleicher Leistung von etwa 20 kg auf weniger als 2 kg Masse zusammenschrumpft. Die Kupferverluste sinken daher ebenfalls stark ab, der Wirkungsgrad steigt im Vergleich zu konventionellen Maschinen gleicher Leistung um etwa 50 %.

Im Vergleich zu Maschinen, die im Phasenanschnitt, zum Beispiel bei 50 % des Maximalstromes arbeiten, ist der Strom immer noch ideal glatt. Es tritt kein Pulsieren des Lichtbogens oder sogar Erlöschen und Wiederzünden ein.

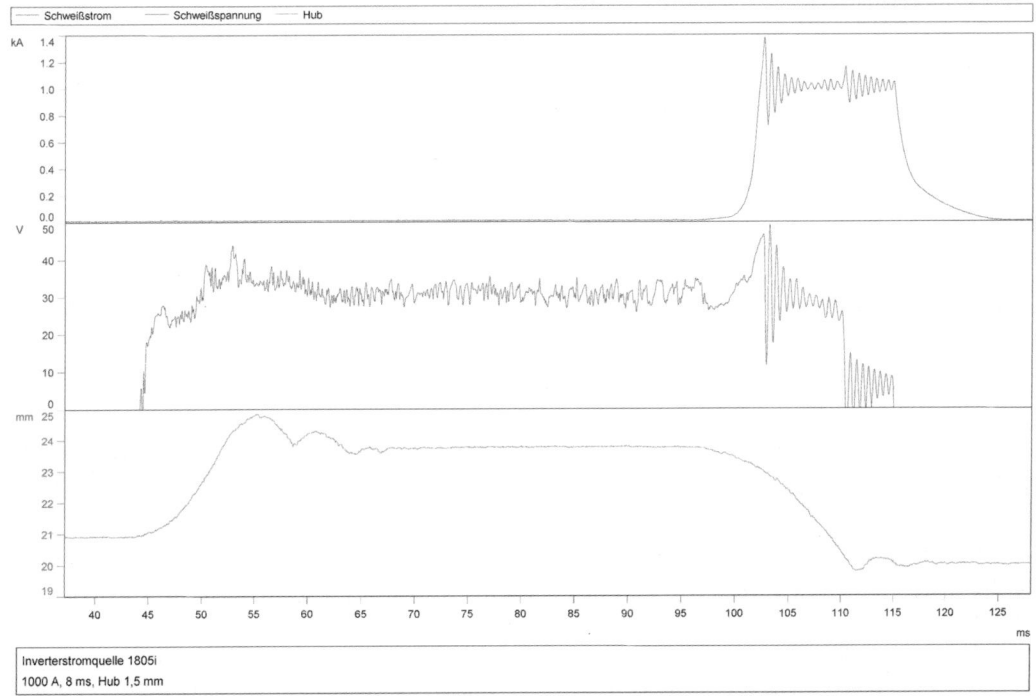

Bild 9-12. Oszillogramm einer Kurzzeit-Bolzenschweißung mit Inverterstromquelle.

Das Problem von Schweißzeiten, die vergleichbar mit der Periodendauer der Netzfrequenz sind, wird mit dieser Technik gelöst. Die erheblich gesteigerte Reaktionsgeschwindigkeit, vernachlässigbar kleiner Totzeit und des Überschwingens beim Einschalten, dem fast rechteckförmigem Stromverlauf. Inverterstromquellen bieten nun den Vorteil eines fast rechteckförmigen Stromverlaufes. Die Stromquelle kann damit fast beliebig kurze Schweißzeiten realisieren. Die o. e. Notwendigkeit, den Bewegungsablauf mit dem Stromverlauf zu synchronisieren, begrenzt bei üblicher Steuerung aber die Schweißzeit auf etwa 20 ms minimal. Die Auf- und Abwärtsbewegung des Pistolenkolbens ist auch mit Kolben kleiner Masse nicht mehr wesentlich zu verkürzen; beides muss, wie bereits weiter oben festgestellt, unter Stromfluss erfolgen (Zünden des Lichtbogens und heißes Eintauchen). Würde man das normale Schweißprogramm ablaufen lassen, beträgt die Lichtbogenbrennzeit 20 ms, da ja während der Zeit, in welcher der Kolben keinen Kontakt zum Werkstück hat, Strom fließen muss.

Die Lösung für Schweißzeiten unter etwa 20 ms besteht nun darin, der Hubbewegung (nur Pilotstrom) unmittelbar die Abwärtsbewegung folgen zu lassen und zu einem beliebigen Zeitpunkt der Bewegung den Hauptstrom zu zünden. Wird der Hauptstrom beim Auftreffen des Bolzens auf das Werkstück gezündet, ist die Schweißzeit 0 ms. Durch Vorverlegen des Zündzeitpunktes können so Schweißzeiten unter 5 ms erzielt werden. Natürlich setzt das eine genaue Kenntnis der Pistolenmechanik und deren äußerst exaktes Arbeiten voraus, da sich die Schweißzeit direkt aus der Zeit vom Zündzeitpunkt bis zum Eintauchen ergibt. Die Verwendung eines Pistolentyps mit anderer Mechanik kann daher völlig andere Schweißzeiten ergeben. Der Ablauf eines solchen Schweißvorgangs ist schematisch in Bild 9-12 dargestellt.

9.1.2.3 Kondensatoren als Stromquelle

Für das Bolzenschweißen mit Spitzenzündung sind nur Kondensatoren als Stromquelle geeignet. Üblich sind Gerätegrößen bis etwa 8 mm Bolzendurchmesser und Kapazitäten bis etwa 150 mF bei etwa 200 V Ladespannung. Die Gesamtkapazität besteht aus mehreren Einzelkondensatoren in Parallelschaltung. Vorteilhaft ist die Unabhängigkeit von der Netzbelastbarkeit, meist wird die Ladeschaltung mit Einphasenstrom betrieben, der fast überall zur Verfügung steht. Da die Kondensatoren im entladenen Zustand einen sehr geringen Innenwiderstand haben, der dadurch beim Aufladen einen sehr hohen Strom zur Folge hätte, muss der Ladestrom begrenzt werden. In der einfachsten Ausführung übernimmt der Ladetransformator aufgrund seiner „weichen" Charakteristik diese Aufgabe. Eine andere Möglichkeit mit gleicher Wirkung ist ein ohmscher Widerstand im Ladekreis. Beide Ausführungen haben den Nachteil des ungleichmäßigen Ladestromes, das heißt, mit fortschreitender Aufladung des Kondensators wird der Ladestrom immer geringer. Die Ladezeit wird jedoch optimiert durch Schaltungen mit Konstantstromladung. Moderne Schaltnetzteile, die in neueren Geräten zu finden sind, verringern außerdem den Energieverlust. Ladezeiten von wenigen Sekunden sind heute die Regel. Bei Handbetrieb und den meisten mechanisierten Anlagen ist eine weitere Verkürzung nicht mehr sinnvoll, da die Förder- und Verfahrzeiten in gleicher Größenordnung liegen.

Beim Bolzenschweißen mit Spitzenzündung kann die Schweißzeit nicht direkt vorgewählt werden, sondern ergibt sich, wie bereits erläutert, aus Zündspitzenlänge und Auftreffgeschwindigkeit des Bolzens. Sie liegt bei maximal 3 ms. Der Spitzenstrom beträgt bis 10000 A.

Bei Geräten für Hubzündung kann die Schweißzeit durch Verschieben des Zündzeitpunktes des Hauptstromes und Erhöhung des induktiven Schweißkreiswiderstandes bis etwa 10 ms bei einem Spitzenstrom von etwa 3000 A betragen. Eine bekannte Ausführung arbeitet mit einem Kondensator von 10 mF für den Vorstrom bei fester Ladespannung und 50 mF für den Hauptstrom bei einstellbarer Spannung. Es ist immer eine Überlappung von Vorstrom und Hauptstrom erforderlich, damit der Lichtbogen nicht erlischt. Diese Geräte wurden früher überwiegend in der Automobilindustrie zum Schweißen der sogenannte T-Bolzen verwendet. T-Bolzen haben fertigungsbedingt keine Zündspitze und können daher nicht mit Spitzenzündung verarbeitet werden. Durch das Aufkommen der Variante „Kurzzeit-Bolzenschweißen" sind Kondensatorgeräte mit Hubzündung in der beschriebenen Bauart in Deutschland nur noch selten anzutreffen. Im anglo-amerikanischen Bereich werden sie aber noch häufiger eingesetzt.

In einer neueren Entwicklung (Kaskadenentladung) werden nach Hubzündung des Lichtbogens drei Kondensatoren nacheinander entladen. Der Schweißstrom wird durch induktive Widerstände auf 400 bis 800 A begrenzt, die Schweißzeit kann von 8 bis 30 ms ausgedehnt werden, Bild 9-13.

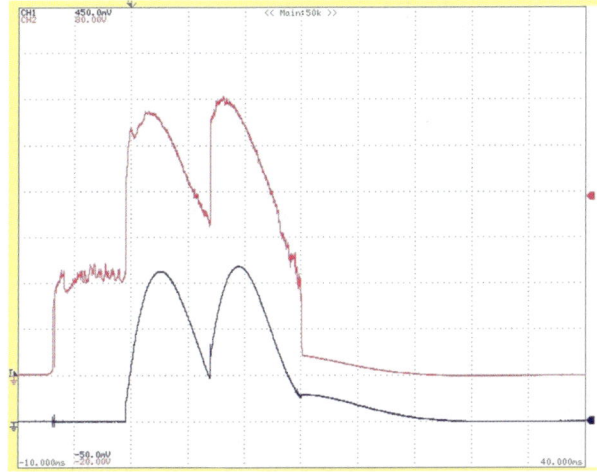

Bild 9-13. Oszillogramm einer Bolzenschweißung mit Kaskadenentladung; ISO-Stift ⌀ 6 x 100 – 16Mo3, Schweißzeit: 15 ms, Leistungseinheit: SCD 3201 (2 Thyristoren – Kaskadenentladung), Ladespannung: 150 V, Schweißpistole: AI06.

Vorteilhaft sind geringe Netzbelastung, kein Bedarf für Drehstrom und die Möglichkeit, Stifte bis etwa 6 mm Durchmesser ohne besonders geformte Spitze verarbeiten zu können. Allerdings sind auf der Sekundärseite keine besonders langen Kabel möglich, so dass bei vom Stromanschluss weit entfernten Schweißplätzen primärseitige Verlängerungen erforderlich werden. Beim Schweißen unter erhöhter elektrischer Gefährdung (Schiffswerften, Anlagenbau) gibt es dabei oft Sicherheitsbedenken.

9.1.3 Überlegungen zur Anschlussleistung von Schweißgleichrichtern

Der Schweißstrom liegt beim Bolzenschweißen mit Hubzündung (Bolzendurchmesser 3 bis 25 mm) zwischen 300 und 2300 A Das Drehstromnetz muss bei 400 V Spannung während des Schweißvorganges (0,1 bis 1,3 s) etwa 12 % des Schweißstromes liefern. Es hat sich gezeigt, dass im Allgemeinen Netzsicherungen zwischen 25 A und 100 A (träge) ausreichen.

Die Anschlussleistung, nach der vor Anschaffung eines Bolzenschweißgerätes oft gefragt wird, ist nicht leicht anzugeben. Entweder gibt der Hersteller die mittlere Leistung an, die sich einstellt, wenn das Gerät mit einem Strom betrieben wird, der (theoretisch) dauernd entnommen werden kann (100 % ED = Einschaltdauer). Gibt der Hersteller dagegen die Leistung an, die das Gerät bei einem Schweißvorgang aus dem Netz zieht, kommt der potentielle Anwender vielleicht zu dem Schluss, die Stromquelle ließe sich in seinem Betrieb nicht anschließen. Einige einfache Überlegungen sollen hier Klarheit schaffen. Es soll eine Maschine für Bolzendurchmesser 16 mm angeschlossen werden. Der Hersteller gibt einen maximalen Schweißstrom von 1200 A. an. Die sekundäre Klemmenspannung beträgt bei üblichem Hub etwa 35 V.

Auf der Sekundärseite wird dann eine Leistung von 1200 x 35 = 42 kVA umgesetzt. Die Anlage hat einen Wirkungsgrad von etwa 55%, daher fließt auf der Primärseite eine Leistung von 42 / 0,55 = 76 kVA. Die Wirkleistung des Drehstromtransformators wird nach der Formel $P = \sqrt{3} \times U \times I \times \cos \varphi$ berechnet. Mit $\cos \varphi$ von etwa 0,8 folgt daraus: $I = P / (\sqrt{3} \times U \times \cos \varphi)$. In diesem Beispiel ergibt sich ein Primärstrom von etwa 137 A/Phase. Für Überschlagsrechnungen kann man daher den Primärstrom mit etwa 12 % des Schweißstromes ansetzen. Mit diesem Strom und der bekannten Schweißzeit lässt sich leicht eine passende Sicherung ermitteln, Bild 9-14. Zu berücksichtigen ist allerdings die Schweißleistung (Bolzen/min), da die Sicherung bei Erwärmung früher auslöst.

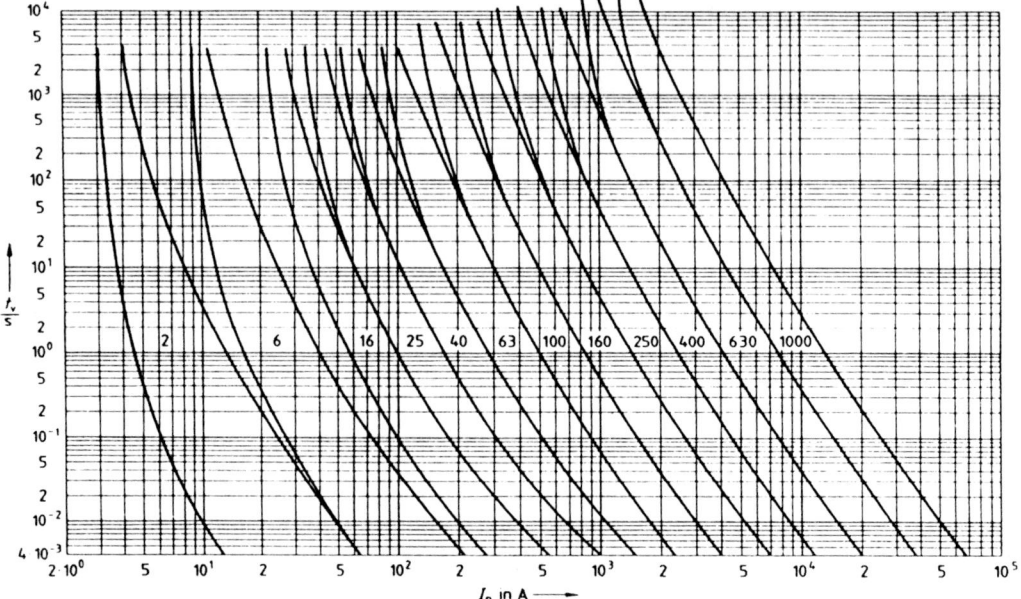

Bild 9-14. Zeit-Strom-Bereiche für NH-Sicherungseinsätze der Betriebsklasse gL.

Aus Bild 9-14 geht hervor, dass der Auslösestrom mit kürzer werdender Belastung immer größer wird. So werden beispielsweise Geräte der oben genannten. Leistung üblicherweise mit 63 A, bei geringer Schweißleistung auch mit 50 A (träge) abgesichert. Auf der Basis dieser Sicherungen ergibt sich eine wesentlich geringere Anschlussleistung als auf der Basis des Schweißstromes. Den Bolzenschweißgeräten dürfen aus diesem Grund keine flink auslösenden Sicherungselemente vorgeschaltet sein. Wichtig sind ausreichende Querschnitte bis zum Schweißgerät, andernfalls tritt beim Schweißen ein zu starker Spannungsabfall ein, der entweder einen geringeren Schweißstrom als vorgewählt zur Folge hat oder der zum Abschalten der Steuerung wegen Unterspannung führt. Eine Messung der Leerlaufspannung sagt in solchen Fällen nichts aus.

Moderne Bolzenschweißgeräte arbeiten auch noch bei etwa 15 % Unterspannung, das heißt bei einem 400-V-Netz bei 340 V. Ein Spannungsabfall von 60 V wird bei 100 A Strom und einem Kabelquerschnitt von 10 mm² bei einer Länge von 335 m erreicht. In der Praxis findet man aber zum Beispiel 22-mm-Bolzen (200 A Netzstrom) bei 6 mm² Kabelquerschnitt. Dann ist die Grenzlänge nur noch 101 m (ohne Berücksichtigung der meist zahlreichen Kupplungsstellen), die auf Baustellen oft überschritten wird. Die Maschine liefert dann nicht mehr den maximalen Strom. Wird mit einem Generator gearbeitet, so muss er für die Spitzenleistung (primär) bemessen sein. Erfahrungswerte sind zum Beispiel bei 19 mm Durchmesser mindestens 125 kVA; für 22 mm Durchmesser werden 160 bis 200 kVA empfohlen. Diese Angaben gelten für Generatoren mit großer träger Masse, die die kurzzeitige Belastung zu einem beträchtlichen Teil auffängt. Moderne Generatoren mit kleinvolumigen aufgeladenen Motoren sind dazu nur in geringem Maß in der Lage. Aus Erfahrung wird hier für 22 mm Durchmesser eine Nennleistung von 300 kVA empfohlen.

9.2 Bewegungsvorrichtungen

Die Bewegungsvorrichtung ist entweder eine Handpistole oder ein Schweißkopf. Schweißköpfe sind fest mit einem Gestell verbunden und oft für automatische Bolzenzuführung vorgesehen. Der innere mechanische Aufbau ist bei Handpistolen und Schweißköpfen meistens identisch. Die Bewegungsvorrichtung hat folgende Aufgaben:

- den Bolzen zum Zünden des Lichtbogens um einen definierten Betrag vom Werkstück abzuheben,
- den Lichtbogen auf konstanter Länge zu halten,
- nach Ablauf der Schweißzeit den Bolzen in die Schmelze einzutauchen und bis zum Erkalten der Schmelze ruhig zu halten,
- falls erforderlich, die Eintauchbewegung zu begrenzen und/oder die Eintauchgeschwindigkeit zu beeinflussen,
- den Schweißstrom von der Stromquelle auf den Bolzen zu übertragen.

9.2.1 Mechanisch gesteuerte Vorrichtungen

Mechanik mit starrem Kolben

In seiner einfachsten Form ist am vorderen Ende des Kolbens der Bolzenhalter angebracht, am hinteren Ende ein Elektromagnet, der beim Zünden den Bolzen gegen die Kraft einer Druckfeder vom Werkstück abhebt. Nach Ablauf der Schweißzeit wird der Magnet abgeschaltet und die Druckfeder drückt den Kolben mit Bolzen in das Schmelzbad. Damit der Lichtbogen auf konstanter Länge brennt, muss entweder am Pistolenkörper eine Abstützvorrichtung vorhanden sein (meistens ein Stützrohr an zwei Säulen) oder die Pistole muss, wie es bei Schweißköpfen immer der Fall ist, fest an einem Gestell angebracht sein.

Der Arbeitsweg des Kolbens ist naturgemäß begrenzt, meistens liegt er bei 5 bis 15 mm. Durch den Lichtbogen werden Werkstück und Bolzen angeschmolzen; der Bolzen muss daher beim Eintauchen einen größeren Weg als nur die Lichtbogenlänge zurücklegen. Dies wird durch den Überstand erreicht, das heißt die Bolzenlänge, die vor dem Aufsetzen aus der Abstützvorrichtung heraussteht und beim Aufsetzen die Feder vorspannt. Beim Eintauchen wird dadurch die Schmelze verdrängt; es bildet sich der typische Schweißwulst. Bei dieser einfachen Ausführung hängen Arbeitsweg des Kolbens s, Hub h und Überstand ü von einander ab:

$$s = h + ü.$$

Diese Pistolen werden meist nur für einen bestimmten Anwendungsfall konzipiert (zum Beispiel Bestiftung) und tauchen den Bolzen grundsätzlich bis zum Widerstand am Werkstück ein. Bei sehr geringem Überstand wird der Kolben durch den Anschlag in der Pistole gestoppt.

Eine vorteilhafte Weiterentwicklung weist im Bereich des Magnetankers einen verstellbaren Anschlag auf. Damit kann auch bei kleinem Überstand (zum Beispiel bei möglichst kleinem Wulst) ein kleiner Hub eingehalten werden.

Bei Längentoleranzen von Bolzen und Keramikring, bei Unebenheiten des Werkstückes und bei schiefem Aufsetzen der Pistole verändert sich jedoch der Überstand und damit auch die Lichtbogenlänge. Für Anwendungen, bei denen dies nicht zu vermeiden ist und die dadurch erzeugten Schwankungen im Schweißergebnis unerwünscht sind, haben sich daher Pistolen mit Längenausgleich durchgesetzt.

Mechanik mit Längenausgleich

Bei dieser Ausführung ist der Kolben zweigeteilt. Der bolzenseitige Teil ist mit dem magnetseitigen durch eine Kupplung verbunden, die erst nach dem Aufsetzen und Erregen des Hubmagneten eine Verbindung zwischen beiden Teilen herstellt. Der Hub ist damit unabhängig vom Überstand und wird vor dem Schweißen durch Verstellen eines festen Anschlages für den magnetseitigen Kolbenteil vorgewählt. In der Praxis findet man hauptsächlich das Heberingsystem. Dabei wird durch das Anziehen des Hubmagneten ein Ring, der mit etwas Spiel auf dem bolzenseitigen Kolbenteil sitzt, verkantet und klemmt dadurch beide Teile. Damit führen sie die Hubbewegung gemeinsam aus. Nachdem der Magnet stromlos geworden ist, trennt eine kleine Feder beide Teile wieder, Bild 9-15.

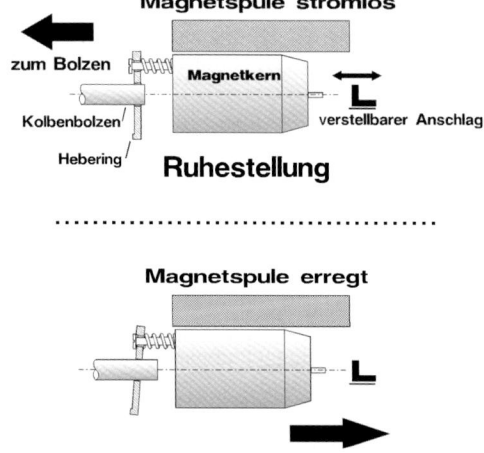

Bild 9-15. Bolzenschweißen mit Hubzündung – Antrieb einer Pistole mit Hebering zum Längenausgleich.

Eine andere Ausführung verwendet einen kegeligen Stift oder Ring, der beim Anziehen des Magneten drei oder mehr Kugeln radial an die Innenseite eines Rohres oder die Außenseite eines Stiftes drückt. Dieses Gegenstück ist mit dem bolzenseitigen Teil verbunden. Beiden Ausführungen gemeinsam sind leider, dass der Hub mit dem Kupplungsvorgang verbunden ist und daher die Reproduzierbarkeit des Hubes mit zunehmender Spielzahl nachlässt. Ursache ist Verschleiß an den Kontaktflächen; er führt zum teilweisen Durchrutschen der Kupplung; die Schwankungsbreite des wahren Hubes steigt an. Eine zunehmende Anzahl zu kleiner Hübe verschlechtert die Schweißergebnisse (siehe Abschnitt 8.2.2). Eine Untersuchung [7] zeigt, dass davon besonders kleine eingestellte Hübe betroffen sind, Tabelle 9-1.

Tabelle 9-1. Hubabweichung an einer handelsüblichen Schweißpistole.

Bolzendurchmesser [mm]	angestrebter Hub [mm]	Anzahl exakt ausgeführter Hübe [%]	Hub im Toleranzbereich von ±10 % des angestrebten Wertes	maximaler Streubereich der ausgeführten Hübe
22	4,5	22	96	von 4,3 bis 5,0
19	2,9	14	43	von 0,3 bis 3,3
15,5	2,3	13	50	von 0,5 bis 3,2

Besonders bei Schweißköpfen mit hoher Schweißleistung oder bei langen Hubzeiten erwärmt sich der Magnet beträchtlich. Bei Schweißköpfen weist das Gehäuse oft Kühlrippen auf; bei Handpistolen kann man eine Spannungsminderungsschaltung einsetzen, welche die Spannung am Magneten nach dem Anziehen auf etwa 50 % der Anzugsspannung herabsetzt.

Die für Bolzendurchmesser über 14 mm empfohlene Dämpfung der Eintauchgeschwindigkeit wird meistens über hydraulische Elemente, die vom Kolben in der Eintauchbewegung betätigt werden, bewirkt. Seltener findet man heute noch pneumatische Dämpfer, da sie mit der Außenluft in Verbindung stehen und die Dichtungen daher durch Staub verschleißen. Allerdings haben sie den Vorteil der progressiven Kennlinie. Vorteilhaft wird beurteilt, wenn die Eintauchbewegung zunächst schnell, beim Berühren beider Schmelzen dann aber langsamer erfolgt. Außerordentlich wichtig ist ein schwingungsfreies Eintauchen, da sonst Anrisse im erkaltenden Schweißgut unvermeidlich sind.

Die Stromzuführung auf den Bolzen erfolgt vorteilhaft zentral durch den Pistolenkolben. Eine seitliche Zuführung erzeugt durch das das Kabel umgebende Magnetfeld eine Kraft auf den Lichtbogen (siehe Abschnitt 5.3). Bei Handpistolen erfolgt jedoch nur bei Kabeln bis etwa 50 mm² die Zuführung im Handgriff; darüber muss das Kabel wegen notwendiger Flexibilität und ausreichenden Querschnitts zwischen Kolben und Bolzenhalter befestigt werden. Eine gewisse Blaswirkung ist dann vor allem bei kurzen Bolzen (größere Nähe des Kabelbogens zum Lichtbogen) nicht vermeidbar.

Eine zentrale Stromführung durch den gesamten Kolben verursacht Probleme, da sich das Magnetfeld, verursacht vom Schweißstrom, mit dem Feld des Hubmagneten überlagert. Das starke Feld des Schweißstromes kann außerdem Teile des Bewegungsmechanismus magnetisieren und ihre Funktion beeinträchtigen.

9.2.2 Elektronisch gesteuerte Vorrichtungen

Die oben beschriebenen Nachteile von Pistolen mit mechanischem Längenausgleich haben bereits in den siebziger Jahren zu Einrichtungen mit computergesteuerten Schrittmotoren für Laboruntersuchungen geführt. Wegen des Bauaufwandes fanden sie keine weite Verbreitung in der Praxis. Seit einigen Jahren sind jedoch praxisgerechte Pistolen und Schweißköpfe auf dem Markt, bei denen sowohl die Lichtbogenlänge als auch die Eintauchgeschwindigkeit elektronisch geregelt werden. Reibungs- und Verschleißvorgänge in üblicher Größe haben keinen Einfluss mehr auf den Prozessverlauf.

Einerseits kann die Pistole damit im mechanischen Aufbau so einfach wie beim System mit starrem Kolben gestaltet werden, andererseits erlaubt die elektronische Vorwahl der mechanischen Einstellwerte auch eine Speicherung, Überwachung (Vergleich mit Grenzwerten) und damit Dokumentation. Das Prinzip der elektronisch geregelten Hub- und Eintauchbewegung zeigt Bild 9-16.

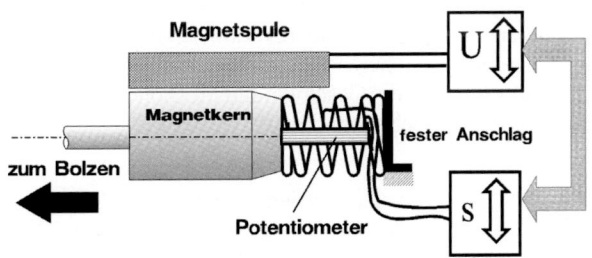

Bild 9-16. Bolzenschweißen mit Hubzündung – Antrieb einer Pistole mit elektronischem Längenausgleich mit geregelter Eintauchgeschwindigkeit.

Die aktuelle Bolzenposition wird von einem Wegaufnehmer erfasst und dem Regler zugeführt. Magnetanker und Druckfeder wirken dabei gegenläufig. Beispielweise ergibt ein vollständiges Abschalten der Spule nach Ablauf der Schweißzeit eine maximale Eintauchgeschwindigkeit. Eine Dämpfung wird einfach durch einen größeren oder geringeren Spulenstrom beim Eintauchen erzeugt (Bremswirkung).

Eine andere Möglichkeit besteht darin, den Bolzen zunächst in Richtung des Werkstückes zu bewegen, den Kontakt festzustellen (Nullpunkt), dann den gewünschten Hub auszuführen und schließlich nach Ablauf der Schweißzeit den Bolzen um ein bestimmtes Maß unter Werkstückoberfläche einzutauchen (Eintauchmaß). Alle diese Bewegungen werden zum Beispiel mit einem Schrittmotor ausgeführt.

Praktischer Systemvergleich

Die fünf Parameter, die vom Bediener an der Schweißeinrichtung vorgewählt werden, sind im Abschnitt 8.2 näher erläutert. Schweißstrom und Schweißzeit sind an der Stromquelle, Hub, Eintauchgeschwindigkeit und Eintauchmaß sind bisher an der Pistole durch Verändern von Anschlägen vorgewählt worden. Schweißstrom und -zeit lassen sich aufgrund der schon lange eingeführten elektronischen Abläufe recht genau reproduzieren. Anders sieht es dagegen zum Beispiel mit dem Hub aus. Eine leichte Veränderung im Reibwert auf der Kupplungsfläche oder ein geringer Verschleiß der Kuppelteile kann der Hub um ein beträchtliches Maß verändern. Meistens sinkt der Hub bei zunehmendem Verschleiß, weil die Kupplung vor dem Greifen etwas rutscht. Die Auswirkungen sind leider visuell schlecht feststellbar, denn typisch ist ein Schrumpfriss in der Bolzenmitte (Bild 5-5). Ein Vergleich von ausgeführten Bolzenschweißsystemen ist in Tabelle 9-2 dargestellt.

Tabelle 9-2. Vergleich ausgeführter Systeme beim Bolzenschweißen.

Parameter	marktgängige Systeme	geregeltes System
Schweißstrom	mechanisch, elektronisch	elektronisch
Schweißzeit	elektronisch	elektronisch
Hub (Lichtbogenlänge)	mechanisch	elektronisch
Eintauchgeschwindigkeit	hydraulisch, pneumatisch	elektronisch
Überstand	mechanisch	mechanisch
Hubausgleich	mechanisch	mechanisch

Die mechanische Einstellung des Eintauchmaßes wurde bisher bei allen Systemen beibehalten. Beim geregelten System wäre eine Vorwahl des Eintauchweges möglich. Er ist jedoch wesentlich von der Tiefe des Schmelzbades abhängig, die der Anwender vor dem Schweißen nicht kennt. Bei zu groß gewähltem Eintauchmaß würde der Bolzen auf dem nicht aufgeschmolzenen Grundwerkstoff aufsetzen. Dies ist bei Bolzendurchmessern < 14 mm erwünscht und kann einfacher durch einen ausreichenden Überstand erreicht werden. Bei größeren Bolzendurchmessern ist zwar eine Pufferschicht vorteilhaft, so dass sich die Vorgabe eines bestimmten Eintauchmaßes anbietet. Problematisch ist jedoch das Stoppen des Bolzens im Schmelzbad bis zum Erkalten, bei dem keinerlei Schwingungen auftreten dürfen (Rissgefahr). Sicherer ist damit das Eintauchen des Bolzens bis zum Widerstand in der Schmelze mit einstellbarer Geschwindigkeit (hohe Geschwindigkeit = tiefes Eintauchen mit Spritzergefahr, geringe Geschwindigkeit = flaches Eintauchen und wenige Spritzer bei großen Schmelzbädern).

Auf den ersten Blick scheint der elektronisch geregelte Hubantrieb außer Verschleiß- und Reibungsfreiheit keine anderen Vorteile aufzuweisen. Gerade der Praktiker wird feststellen, dass noch andere Unterschiede gegenüber dem rein mechanischen System vorliegen. Tabelle 9-3 nennt die typischen Eigenschaften beider Systeme.

Tabelle 9-3. Antriebssysteme beim Bolzenschweißen mit Hubzündung.

mechanischer Hubausgleich	geregelter Antrieb
verschleißbehaftet	verschleißfrei
reibungsabhängig	reibungsunabhängig
ungenaue Reproduzierbarkeit	genaue Reproduzierbarkeit
schlecht einstellbar (Kontrolle nötig)	leicht einstellbar
schlecht kontrollierbar	gut kontrollierbar
Verstellen dauert lange	Verstellen durch einige Tastendrücke
Einstellen der Parameter an zwei Geräten	Einstellen der Parameter nur an einem Gerät
kein Ausgleich von Reibung beim Eintauchen	Ausgleich von Reibung beim Eintauchen

Die verhältnismäßig starke Feder des geregelten Systems kann unvorhergesehene Reibung beim Eintauchen einfach durch Verringerung der Bremskraft des Magneten ausregeln und damit die typischen „Aufhänger" infolge dezentrierter Fußplatte vermeiden. Für die Praxis ist ebenfalls die Lageunabhängigkeit der Eintauchbewegung wichtig. Bisher musste zum Beispiel in Überkopfposition eine wesentlich geringere Dämpfung als in Wannenlage eingestellt werden, da die Schwerkraft in beiden Fällen unterschiedlich wirkt.

Bild 9-17 und Bild 9-18 zeigen für einen relativ schweren Bolzen das Bewegungsdiagramm in Wannenlage, Quer- und Überkopfposition. Bei ungeregelten Systemen wäre die Eintauchbewegung in Überkopfposition langsamer; die Gefahr von kaltem Eintauchen (nach Abschalten des Schweißstromes) erhöht.

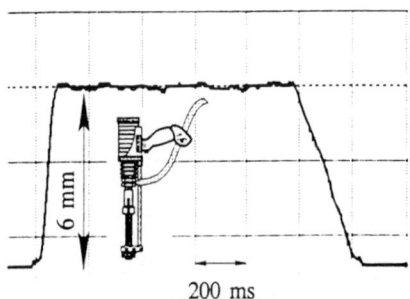
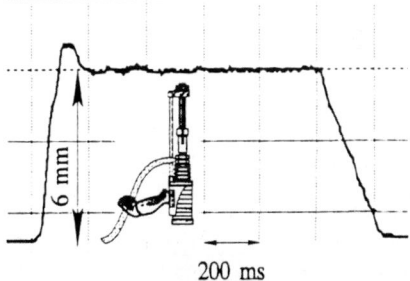

Bild 9-17. Bolzenschweißpistole mit geregelter Kolbenbewegung, Wannenlage, Hub 6 mm, Schweißzeit 1 s, Dämpfung maximal.

Bild 9-18. Bolzenschweißpistole mit geregelter Kolbenbewegung, Überkopfposition, Hub 6 mm, Schweißzeit 1 s. Dämpfung maximal.

9.2.3 Bolzenbewegung durch Roboter

In Sonderfällen kann, besonders bei automatischer Bolzenzufuhr mit Greifersystemen, die ohnehin notwendige Z-Achse so gesteuert werden, dass sie den Hub- und Eintauchvorgang mit erledigt. Damit entfällt die Hintereinanderschaltung zweier Achsen; die Präzision der Bewegung steigt bei einfacherem Aufbau.

9.3 Automation von Bolzenschweißanlagen

Der Wunsch des Anwenders nach Erhöhung des Produktionsleistung bei gleichzeitiger Reduzierung der Stückkosten und Steigerung der Qualität hat bereits vor Jahrzehnten zur Entwicklung von mechanisierten Bolzenschweißsystemen geführt, die das Einführen des Bolzens in den Bolzenhalter und auch das Positionieren der Bewegungsvorrichtung übernehmen.

Neben der Frage der Produktionsleistung bestimmen Auswahlkriterien wie beispielsweise Taktzeiten, Gesamtstückzahl der jeweiligen Anwendung, Anzahl der unterschiedlichen Bolzen je Bauteil, Positioniergenauigkeit, Verfahrgeschwindigkeiten sowie erzielbare Prozessfähigkeiten eine entscheidende Rolle bei der Auswahl des Investitionsvolumens für das zu verwendende Automatiksystem, Tabelle 9-4.

Tabelle 9-4. Vergleich von Schweißpistole mit stationärer Anlage.

Kriterium	handgeführte Schweißpistole	stationäre Anlage
Wiederholgenauigkeit (u. a. Winkelstellung)	stark abhängig vom Bediener – Schiefstellen, Wackeln – Fixierung, Masseanklemmung – Kabelführung	konstante Bedingungen durch den technischen Aufbau und Wegfall des Bedienereinflusses
Toleranz	bei Schablonen min. ±0,5 mm	normal ±0,25 mm, bei höherem Aufwand bis ±0,1 mm
regelmäßiges Produktionsvolumen/Tag	bis etwa 2000 Stück sinnvoll	ab etwa 5000 Stück sinnvoll
geforderte Bolzen / min	bis etwa 10	bis etwa 30

Einen wachsenden Einfluss bei der Wahl der geeigneten Automationslösung nehmen Fragen ein, wie Maschinensicherheit und Einhausung, Lärm- und Umweltschutz, Arbeitsplatzanforderungen und Bedienkomfort, Tabelle 9-5.

Tabelle 9-5. Vergleich der Möglichkeiten bei der Automatisierung.

	Schweißpistole mit automatischer Bolzenzuführung	Kleinformat Tischschweißanlage mit stationärem Schweißkopf	Kleinformat Tischschweißanlage mit 1 Schweißkopf und x-y-Verfahrweg	Großformat modulare CNC-Bolzenschweißanlage
Investitionskosten	gering	gering – mittel	mittel	mittel – hoch
Positioniergenauigkeit	gering	mittel	hoch	hoch
Programmiermöglichkeit	keine	mittel	mittel – hoch	hoch
Aufrüstbarkeit durch Zusatzkomponenten	keine	keine	gering	mittel – hoch

9.3.1 Zuführung der Bolzen

Grundsätzlich kann der Bolzen durch Handeinwurf oder automatisch in den Schweißkopf oder die Schweißpistole eingeführt werden. Schon der Handeinwurf erspart das Einführen des Bolzens von unten in den Bolzenhalter. Praxiserfahrungen zeigen, dass die Spannkraft des Bolzenhalters durch Aufbiegen aufgrund von falscher Handhabung herabgesetzt wird. Das führt zu verringerter Standzeit, weil der Übergangswiderstand ansteigt, Manuelle Handhabung der Bolzen kann zur Verschmutzung der Schweißfläche führen.

Zur automatischen Zuführung werden die Bolzen in einem Rüttler gefördert, durch an die Bolzenform angepasste Sortiereinrichtungen in eine bestimmte Lage gebracht und dann aus einem sogenannten Vereinzelner durch einen Schlauch mit Druckluft in den Schweißkopf gefördert. Von dort schiebt eine, in der Regel pneumatisch angetriebene, Kolbenstange den Bolzen in den federnden Bolzenhalter. Dieser besitzt im Gegensatz zu „manuellen" Bolzenhaltern eine Innenbohrung entsprechend dem Außendurchmesser des Bolzens oder Flansches. Unterschiedliche Bolzengeometrien erfordern eine Vielzahl verschiedener Automatik-Bolzenhalter. Selbst Sonderschweißelemente, zum Beispiel Großflanschbolzen, die vor allem in der Automobilindustrie eingesetzt werden, können mit speziellen Zuführsystemen automatisch zugeführt und geschweißt werden.

Der Vorschub des Schweißelementes in den Bolzenhalter erfolgt in der Regel durch eine axial bewegliche Kolbenstange. Um eine ausreichende mechanische Führung zu ermöglichen, sollte das Schweißelement so lang wie möglich im Bolzenhalter geführt werden. Die Ausführung der Spannlamellen sowie das Material des Bolzenhalters sind für die Stromübertragung von entscheidender Bedeutung.

Standardlösungen sind modulare Systeme, die aus Rüttler mit Sortierer und Vereinzelner, dem Zuführschlauch und dem Schweißkopf oder der Schweißpistole bestehen. Bei Umrüstung müssen am Schweißkopf nur wenige Teile, nämlich Einwurfrohr und Bolzenhalter (mit Führungshülse als Längenbegrenzung der Kolbenstange) gewechselt werden. Am Sortierer sind es der Schieber zur Bolzenvereinzelung und der Schlauch zur Bolzenförderung. Solche Anlagen lassen sich zum Beispiel von M 3 x 6 bis M 12 x 70 umrüsten. Zuführschläuche sind meist 3 bis 4 m lang, in Ausnahmefällen bis 10 m. Dann steigt aber nicht nur die Förderzeit (Produktionsleistung sinkt), sondern auch die Störanfälligkeit wegen möglicher Beschädigungen des Schlauches. Das Zuführen von flanschlosen Bolzen ist deutlich aufwändiger. Bolzen, bei denen die Länge dem Durchmesser entspricht oder diesen unterschreitet, können wegen einer möglichen Verkantung im Schlauch in der Regel nicht gefördert werden.

Anforderungen an immer schnelle Umrüstbarkeit auf unterschiedliche Bolzenabmessungen führte zu Sonderlösungen mit motorisch oder pneumatisch gesteuerten Kolbenstangen. Damit können Bolzen eines Durchmessers aber unterschiedlicher Längen ohne Umrüsten zugeführt werden. Grundsätzlich wird unterschieden zwischen Systemen mit Handpistole oder Schweißkopf. Die Handpistole wird dort verwendet, wo man die Werkstücke wegen ihrer Form oder Größe schlecht bewegen kann. Der Automatik-Schweißkopf wird bei kleinen, mittleren und großflächigen Werkstücken eingesetzt, die auf X-Y-Koordinatentischen aufgespannt werden können, siehe Tabelle 9-5. Die Zustellbewegung des/der Schweißkopfes/Schweißköpfe kann durch motorische Z-Achse und/oder pneumatisch erfolgen. Hub bzw. Spalt und Überstand werden am Schweißkopf eingestellt und können dort analog oder digital abgelesen werden.

9.3.2 Leistung der Anlagen und Positionierung

In der Grundversion besteht ein derartiges System aus Schweißpistole oder -kopf, wobei die Bolzen per Hand eingeworfen werden. Das Werkstück wird manuell zugeführt. Dabei sind bis zu 10 Bolzen/min möglich. In der zweiten Stufe werden die Bolzen automatisch zugeführt; dann können bis zu 20 Bolzen/min verarbeitet werden. Müssen auf das Werkstück mehrere Bolzen geschweißt werden, kommt entweder eine mechanisch geführte Schweißschablone (federbelastete Stifte rasten in entsprechende Bohrungen ein, Bild 9-19, oder CNC-Koordinatentische in Betracht, Bild 9-20. Dann braucht das Werkstück nur noch eingelegt und entnommen zu werden. Bis zu 30 Bolzen/min sind in der höchsten Ausbaustufe kein Problem. In diesem Zusammenhang darf nicht unerwähnt bleiben, dass Handpistolen und Schweißköpfe bei kurzen Schweißzeiten (unter etwa 100 ms) unterschiedliche Eintauchgeschwindigkeiten besitzen. Zur endgültigen Beurteilung der Schweißergebnisse müssen die Bewegungsvorrichtungen und Konfigurationen benutzt werden, mit denen auch in der Serie gearbeitet wird.

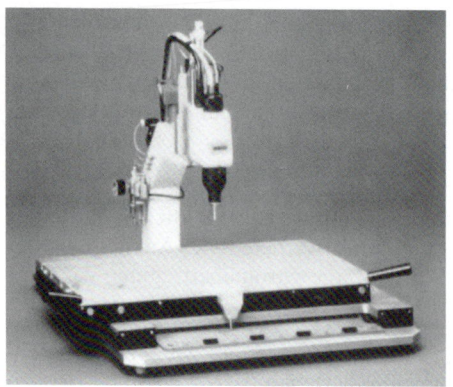 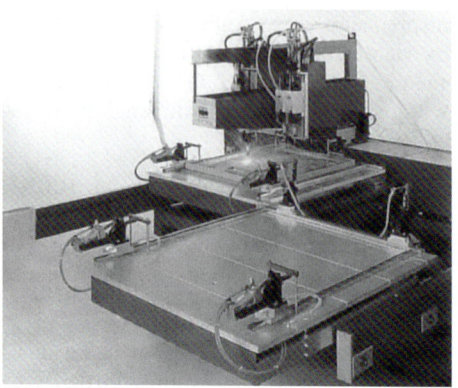

Bild 9-19. Mechanisch geführter Tisch mit Schweißkopf.

Bild 9-20. CNC-gesteuerte Bolzenschweißanlage in Kragauslegerbauweise mit 4 Automatikschweißköpfen, Verfahrweg: 2800 x 1100 mm.

Tischgrößen von etwa 500 mm x 300 mm bis etwa 3000 mm x 1500 mm sind als Standardlösung mit 1 bis 4 Schweißköpfen auf dem Markt, Bild 9-21. Die Köpfe sind entweder an einem Ausleger, an einem Portal oder an einem Roboter befestigt. Sonderanlagen erreichten im einachsigen Bereich Längen von 12 m und im zweiachsigen Bereich Größen von 6000 mm x 2000 mm. Bei Anlagen dieser Größe kann es erforderlich sein, die Schweißstromquelle auf dem Portal mitzufahren, um die Verluste in Schweißleitungen gering zu halten. Eine nicht leitende Werkstückauflage hat sich zur Vermeidung von vagabundierenden Strömen und den damit verbundenen Schmorstellen als vorteilhaft erwiesen. Solche Anlagen werden oft auch mit Zusatzwerkzeugen (beispielsweise Fräseinrichtungen) zum Entfernen des Spritzerkranzes, oder zum Entfernen von störenden Oberflächen ausgerüstet.

Bild 9-21. CNC-gesteuerte Bolzenschweißanlage in Portalbauweise mit 3 Schweißköpfen.

Automatische Anlagen dieser Art können innerhalb von Fertigungsstraßen integriert oder als Wechseltischanlagen und Rundschaltanlagen konstruiert sein. Die Zuführung und der Abtransport des Werkstückes erfolgt von Hand oder automatisch. Die Bewegung der Achsen erfolgt meistens über Servoantriebe. Die Verfahrgeschwindigkeit der Achsen kann bis 1,5 m/s betragen; diese wird durch entsprechend programmierte Beschleunigungsrampen schnell erreicht und erfordert besondere Sicherheitsvorkehrungen. Die Anlagen werden entweder mit Schiebetüren, Rollvorhängen oder Lichtschranken während des Arbeitsprozesses gesichert und entsprechen damit der EU-Maschinenrichtlinie.

Die Programmierung erfolgt in der Regel durch eine speicherprogrammierte Steuerung (SPS) oder PC-Steuerung. Eine PC-Oberfläche kann den Schweißablauf visualisieren und ermöglicht dem Maschinenbediener oder -einrichter eine effektive und komfortable Bearbeitung. Das Schweißprogramm mit den Bolzenpositionen wird in der Regel nicht an der Maschine erstellt, sondern erfolgt am Konstruktionsarbeitsplatz und wird per CAD-/CAM-Schnittstelle an die Maschine übertragen.

Kriterien zur Auswahl einer modularen Anlage sind:

– Bauteilabmessungen,
– Tischgröße/Verfahrweg x-y,
– Anzahl der Schweißköpfe und Zuführeinrichtungen (1 bis 4),
– Arbeitshub pneumatisch oder motorische Z-Achse (integrierter Längenausgleich),
– Pneumatischer Bauteilniederhalter am Schweißkopf,
– Zusätzliche Massezuführung über Schweißkopf,
– Schutzgasstativ,
– Sprühvorrichtung (Benetzung der Bauteiloberfläche oder Farbmarkiersystem),
– Fräseinrichtung (Reinigung der Bauteiloberfläche),
– Bolzenweichen für zusätzliche manuelle Sonderzuführung von Bolzen,
– Bauteilpositionier- und Spannvorrichtungen,
– Dreh- und Kippvorrichtungen für Winkellage des Schweißkopfes.

9.3.3 Automatische Zuführ- und Positioniersysteme zum Bolzenschweißen mit Keramikring

Für die Kesselbestiftung gibt es Anlagen für die Bolzenabmessung 10 x 14 (mm), mit denen ein Bediener etwa 15 Bolzen/min verarbeiten kann. Die Zuführung des Keramikringes muss per Hand erfolgen. Auf den Keramikring kann man in diesem Bereich wegen der unterschiedlichen Schweißpositionen und zum Teil engen Bestiftung im Allgemeinen nicht verzichten.

Da Keramikringe nicht abriebfest, wenig maßhaltig und relativ spröde sind, lassen sie sich weder in einem Rüttler sortieren (Abrieb und Bruchgefahr) noch mit Druckluft ohne erhebliche Gefahr von Fehlfunktionen durch einen Schlauch befördern. Automatische Zuführungen kommen daher meist nur in solchen Fällen in Betracht, wo entweder prinzipiell kein Keramikring gebraucht wird (Kondensator-Entladung und Kurzzeit-Bolzenschweißen) oder wo als Schweißbadschutz Schutzgas verwendet werden kann.

Bild 9-22. Zuführ- und Positioniersystem von Kopfbolzen zum Bolzenschweißen.

Neuerdings gibt es Entwicklungen, die Robotertechnik zum Zuführen des Keramikringes einzusetzen, Dabei nimmt ein Greifer vorsortierte Ringe und legt sie an die Schweißstelle. Die Bolzen werden auf die gleiche Weise zugeführt. Dies bietet sich besonders bei Kopfbolzen an, die wegen ihrer Form und Größe nicht durch Schläuche befördert werden können. Diese Bauart wird „Pick-up-System" genannt und wurde in Einzelfällen schon verwirklicht, Bild 9-22.

9.4 Bolzenschweißen mit magnetisch bewegtem Lichtbogen

Sowohl beim Bolzenschweißen mit Hubzündung als auch beim Bolzenschweißen mit Spitzenzündung sollte der Lichtbogen in der Mitte der Bolzenstirnfläche gezündet werden. Bei Schweißelementen mit durchgehender Innenbohrung (Muttern, Hülsen, Buchsen, Rohre) zündet der Lichtbogen am Rande der ringförmigen Schweißfläche. Ohne weitere Maßnahmen wird die gesamte Schweißfläche nicht zuverlässig vom Lichtbogen erfasst. Ungleichmäßige Anschmelzungen und Schiefstellung des geschweißten Schweißelements sind die Folge.

Seit etwa 1963 ist bekannt, dass man mit Magnetfeldern den Lichtbogen bewegen und so zum Schweißen eines rohrförmigen metallischen Werkstückes an ein Blech benutzen kann [2]. Auch beim Schweißen mit magnetisch bewegtem Lichtbogen (Rohr an Rohr) wird dieses Verfahren (MBP- bzw. MBL-Schweißen) eingesetzt. Die Entwicklung beim Bolzenschweißen griff diese Technik Ende der achtziger Jahre auf und erlaubt nun auch das Schweißen von rotationssymmetrischen Schweißelementen mit durchgehender Bohrung auf gelochte oder ungelochte Werkstücke (Hülsenschweißen). Später erwies sich diese Technik auch beim Schweißen von Vollquerschnitten als vorteilhaft.

9.4.1 Prozessablauf beim Hülsenschweißen

Der Prozessablauf des Bolzenschweißens mit magnetisch bewegtem Lichtbogen entspricht weitgehend dem bekannten Prozessablauf des Bolzenschweißens mit Hubzündung. Hauptsächlich unterscheiden sich beide Prozessvarianten durch das zusätzlich extern anliegende Magnetfeld, welches über eine Spule erzeugt wird, die zu Beginn des Prozesses zugeschaltet wird, Bild 9-23.

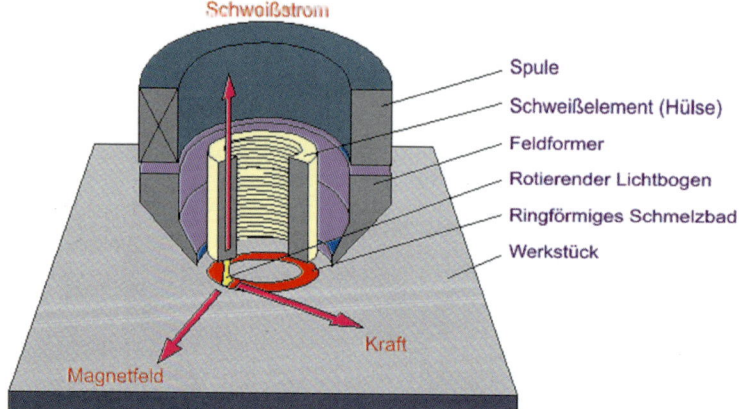

Bild 9-23. Schematische Darstellung des Hülsenschweißens mit magnetisch bewegtem Lichtbogen.

Die Magnetspule erzeugt ein radial-symmetrisches Magnetfeld. Beim Schweißprozess findet eine Überlagerung dieses Magnetfeldes mit dem Magnetfeld des Schweißstromes statt. Die daraus resultierende Magnetkraft bewegt den Lichtbogen kreisförmig entlang der Kontur des Schweißelementes. Der magnetische Kreis wird über das Anschweißelement, dessen Halter sowie das Spulengehäuse geschlossen. Die Umlaufgeschwindigkeiten des Lichtbogens liegen im Bereich von 30 bis 60 m/s; sie steigt mit zunehmendem Magnetspulenstrom. Es lassen sich unterschiedliche symmetrische Elemente, zum Beispiel Zylinder oder Sechskant, verschweißen. Geringe Wärmeeinbringung, geringer Verzug und vergleichsweise hohe Prozesssicherheit sind Merkmale des Prozesses.

Die verwendeten Werkstoffe und Gase haben einen großen Einfluss auf die Bewegung des Lichtbogens. Im Allgemeinen werden für das Schweißen mit magnetisch bewegtem Lichtbogen Mischgase aus Argon und CO_2 (DIN EN ISO 14175 – M20 oder M21) verwendet. Je nach Werkstoffkombination sind aber auch andere Zusammensetzungen möglich. Beim manuellen Hülsenschweißen werden bisher überwiegend Gewindegrößen von M 6 bis M 12 verschweißt. Im Anwendungsbereich der Automation können aber auch Hülsendurchmesser bis 30 mm (M 18) verwendet werden.

9.4.1.1 Schweißelemente

Von der Gerätetechnik nicht zu trennen ist die Gestaltung der Muttern- bzw. Hülsengeometrie, insbesondere der Anschweißfläche. Für das Hülsenschweißen gibt es bisher keine genormten Schweißelemente. Diese werden von den Geräteherstellern angeboten. Zu beachten sind folgende Randbedingungen:

– der Schweißquerschnitt muss ringförmig und geschlossen sein, um eine gleichmäßige Erwärmung der Fügeflächen zu erreichen,
– ein innenliegendes Gewinde darf nicht zerstört oder beschädigt werden,
– das Anschweißelement muss bei einer manuellen Positionierung eine Zentriermöglichkeit zur Werkstückbohrung besitzen
– als Werkstoff sind austenitische Chrom-Nickel-Stähle (zum Beispiel 1.4301) besser schweißgeeignet als unlegierte Baustähle (zum Beispiel S 235),
– die minimale Blechdicke beträgt etwa 1 mm
– der Durchmesser des Anschweißelements liegt zwischen 8 bis 30 mm oder mit Innengewinde von M 6 bis M 18; die Länge beträgt zwischen 5 und 30 mm, die Wanddicke im Schweißbereich zwischen 1 und 4 mm.

9.4.1.2 Gerätetechnik

Beim Hülsenschweißen werden wegen der höheren Regelgeschwindigkeit Inverter-Bolzenschweißstromquellen verwendet. Beim automatischen Hülsenschweißen sorgt ein Linearmotor-Schweißkopf mit einem programmierbaren Bewegungsprofil für eine exakte Zustellbewegung des Schweißelements in z-Richtung.

9.4.1.3 Qualität und Anwendungen aus der Praxis

Mit der Verfahrensvariante des Hülsenschweißens mit magnetisch bewegtem Lichtbogen können Anforderungen an die Schweißverbindung bei einfacher statischer Festigkeit bis dynamischer Beanspruchung und gasdichtem Anschluss erfüllt werden. Bild 9-24 zeigt als Beispiel den Querschnitt einer Hülsenschweißung. Speziell beim Schweißen von hohen Stückzahlen bei der Fertigung von Kfz-Abgasanlagen, zum Beispiel das Schweißen der Hülsen für Lambda-Sonden, wird das automatische Hülsenschweißen seit Jahren erfolgreich eingesetzt, Bild 9-25.

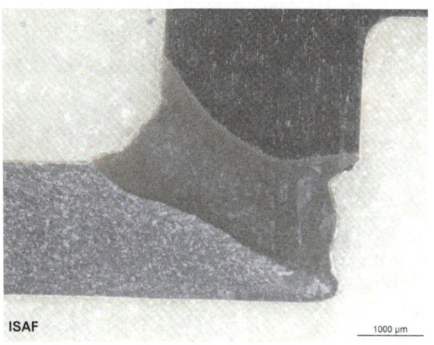 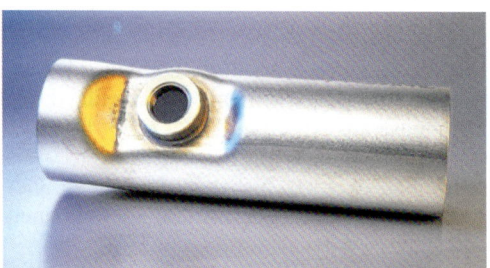

Bild 9-24. Querschnitt einer Hülsenschweißung die mit magnetisch bewegten Lichtbogen Hergestellt wurde.

Bild 9-25. Lambda-Sondhülse (Ø 28 x M 18 x 11) auf ein Rohr.

9.4.2 Bolzenschweißen mit magnetisch bewegtem Lichtbogen am Vollquerschnitt

Beim Schweißen von Bolzen mit Schutzgas ergeben sich durch Blaswirkung und Schmelzbadbewegungen häufig ungleichmäßige Wulstausformungen. Hohe Anforderungen an ein gleichmäßiges Wulstaussehen können mit dem konventionellen Bolzenschweißen nicht immer erreicht werden. Durch das Bolzenschweißen mit magnetisch bewegtem Lichtbogen in Verbindung mit einer flachen Bolzenspitze entsteht eine Schweißverbindung mit einer geringen Menge an geschmolzenem Grund- und Bolzenwerkstoff. Der Lichtbogen wird in der Mitte des Bolzens gezündet. Beginnend vom Zentrum wird der Lichtbogen durch ein äußeres Magnetfeld über die Fläche des Bolzens geführt und schmilzt dabei gleichmäßig Bolzen- und Grundwerkstoff an. Nach ausreichender Bewegung des Lichtbogens (Anschmelzung am Bolzenrand ist wichtig!) werden beide Schmelzen miteinander verbunden.

Der Einbrand und die Größe der Wärmeeinflusszone kann dabei im Gegensatz zum konventionellen Verfahren deutlich verringert werden. Das Verfahren ermöglicht Schweißungen in einem Verhältnis Blechdicke zum Bolzendurchmesser von 1:10. Die Schweißung ist bis M 12 in allen Schweißpositionen möglich. Der Schweißvorgang ist auch mit nur einer Masseklemme nahezu blaswirkungsfrei ausführbar.

 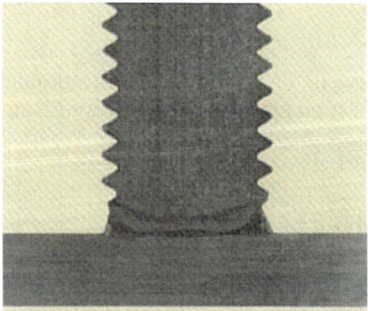

Bild 9-26. Geschweißter Bolzen M 12 aus Werkstoff-Nr. 1.4301.

Bild 9-27. Schliffbild durch einen Bolzen M 12 aus Werkstoff-Nr. 1.4301.

Als Gerätetechnik werden Inverter-Stromquellen mit Handpistolen oder Automatikschweißköpfen, jeweils mit entsprechenden Feldformern eingesetzt. Das Verfahren kann im Montagebereich eingesetzt werden, ist aber besonders vorteilhaft in der automatisierten Fertigung. Als Schweißelemente werden überwiegend Gewindebolzen von M 6 bis M 12 aus unlegiertem oder nichtrostendem Stahl eingesetzt, Bild 9-26 und Bild 9-27. Eine Verfahrensprüfung nach DIN EN ISO 14555 ist möglich.

Das Kurzzeit-Bolzenschweißen mit Hubzündung und Schutzgas ähnelt diesem Verfahren bis auf das zusätzliche Magnetfeld und liefert bei geeigneter Parameterwahl von Schweißstrom, Schweißzeit und Hub ähnliche Ergebnisse. Ein geringes Schweißvolumen wird immer mit einer relativ kurzen Schweißzeit erreicht. Um damit den kompletten Querschnitt anzuschmelzen, muss die Bolzenspitze bei allen Prozessvarianten gegenüber der konventionellen Ausführung abgeflacht sein.

10 Mechanisch-technologische Eigenschaften von Bolzenschweißverbindungen und ihre Untersuchung

Die üblichen Prüfverfahren, die zur Untersuchung der mechanisch-technologischen Eigenschaften einer Schweißung eingesetzt werden, lassen sich beim Bolzenschweißen nicht anwenden. Der Grund liegt in der besonderen konstruktiven Lage der Schweißstelle, bei der ein Kraftfluss aus dem Bolzen in das flächige Werkstück eingeleitet wird. Grundsätzlich müssen aber auch bei kraftübertragenden Bolzenschweißungen Eigenschaften wie Zugfestigkeit und Zähigkeit sichergestellt sein. Welche Möglichkeiten dazu bestehen, soll hier aufgezeigt werden.

10.1 Statische Prüfungen von Bolzenschweißverbindungen

10.1.1 Zugprüfung

Die Zugprüfung kann nur mit besonderer Bolzenanordnung oder mit besonderen Vorrichtungen in einer Prüfmaschine ausgeführt werden, Bild 10-1. Dabei treten zusätzliche Beanspruchungen auf der Werkstückseite oder auch im Bolzen auf, zum Beispiel Beanspruchungen in Blechdickenrichtung, Biegespannungen im Werkstück, Biegespannungen und Verformungen im Bolzen. Wird an einer aufgeschweißten Schraube eine Mutter angezogen, die sich durch ein Rohr auf dem Werkstück abstützt, so kann mit einem Drehmomentschlüssel eine hohe Zugspannung im Bolzen erzeugt werden, der meist eine undefinierte Torsionsspannung überlagert ist. Auch die Zugspannung lässt sich über die unklaren Reibungsverhältnisse nur annähernd ermitteln. Im Blech treten je nach Abstand der Rohrabstützung zur Schweißzone auch Biegespannungen auf. Alle diese Prüfungen können den tatsächlichen Beanspruchungen eines Bauteils sehr nahe kommen und sollten entsprechend ausgewählt werden.

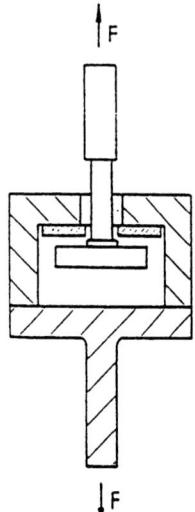

Bild 10-1. Mechanisch-technologische Prüfung: Zugprüfung.

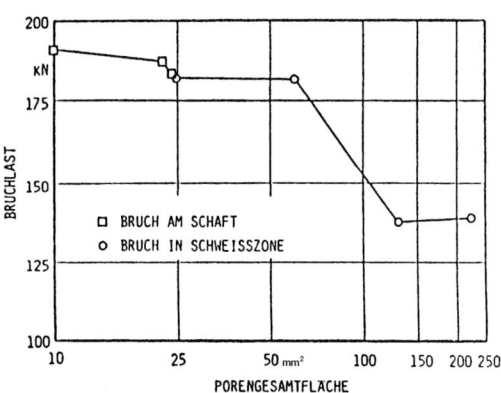

Bild 10-2. Bruchlast und Porengesamtfläche für Bolzen 22 mm Durchmesser (380 mm^2) (nach [9]).

Grundsätzlich gilt für Prüfungen, dass bei Beanspruchung bis zum Bruch nicht die Schweißzone oder ihre Umgebung (WEZ – Wärmeeinflusszone) versagen darf. Der Bolzen muss sich außerhalb der Schweißzone einschnüren und brechen. Ist dies der Fall, ist die Bolzenschweißung als „gut" zu bewerten. Tritt der Bruch in der Schweißzone oder der WEZ auf, ist die Bruchstelle auf Unregelmäßigkeiten zu untersuchen. Die Ursache ist zu ermitteln und durch Änderung der Arbeitsbedingungen, eventuell auch durch Wahl anderer Werkstoffe, zu beseitigen. Nur in Sonderfällen, zum Beispiel bei geringer Belastung des Bolzens am Bauteil oder bei untergeordneten Haltefunktionen, kann auf die Forderung „Bruch im Bolzen" verzichtet und die erreichte Zugkraft zur Beurteilung herangezogen werden. Bei im Verhältnis zum Bolzen dünnen Blechen (etwa oberhalb eines Verhältnisses von Bolzendurchmesser zu Blechdicke von 2:1) kann der Bolzen im Blech ausknöpfen. Die Schweißverbindung ist bei ausreichender Verformung vor dem Bruch nicht zu beanstanden.

Bei einem Bruch in der WEZ oder einem Terrassenbruch ist die Werkstoffeignung zu untersuchen. Dazu helfen Schliffbilder, Härteverläufe und chemische Analysen. Am häufigsten tritt der Bruch in der Schweißzone auf, wenn die Porenfläche im Schweißgut einen bestimmten Flächenanteil übersteigt. An Bolzen mit 22 mm Durchmesser wurde dies bei einer großen Zahl von Schweißungen untersucht, Bild 10-2. Bis zu einer Porenfläche von etwa 15 % tritt der Bruch im Bolzen außerhalb der Schweißzone ein. Die Zugkraft erreicht dabei ihr Maximum. Bei mehr als 15 % Porenfläche ist mit einem Bruch in der Schweißung zu rechnen, zunächst noch ohne wesentlichen Abfall der Zugkraft. Ab 25 % Porenfläche nimmt dann die Zugkraft stark ab.

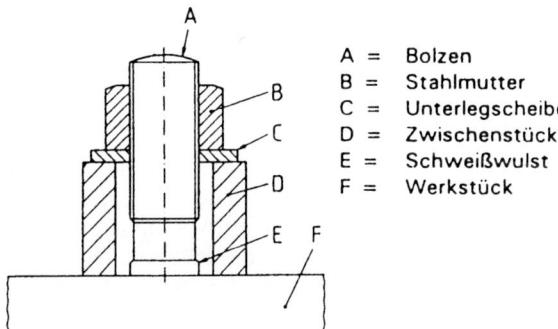

A = Bolzen
B = Stahlmutter
C = Unterlegscheibe
D = Zwischenstück
E = Schweißwulst
F = Werkstück

Bild 10-3. Beispiel einer Zugprüfung bei Gewindebolzen.

Beim Bolzenschweißen mit Kondensatorentladung wird die Zugprüfung am besten mit einer hydraulischen Abzugvorrichtung ausgeführt, die sich am Werkstück nahe am Bolzenflansch abstützt. Die Schweißzone wird dabei durch die Zugbeanspruchung im Bolzen und die Biegebeanspruchung im Blech stärker beansprucht als bei einer Zug-Torsions-Prüfung nach Bild 10-3. Das über die Mutter eingeleitete Drehmoment belastet in Verbindung mit der Zugspannung den Bolzen sehr stark und führt daher wesentlich häufiger zu einem Bruch im Bolzen außerhalb der Schweißzone als die oben beschriebene reine Zugprüfung.

10.1.2 Biegeprüfung

Biegt man einen aufgeschweißten Bolzen in die Werkstückebene um, Bild 10-4, so ist zwar die Verformung der Schweißzone nicht definiert; für die Beurteilung der Qualität einer Bolzenschweißung hat diese Prüfung aber eine hohe Aussagekraft, auch wenn es mit einigen Nachteilen behaftet ist. Zum Verständnis seien die Zusammenhänge kurz erläutert:

Auf der Werkstückseite liegen durch die Schrumpfvorgänge bei der Erstarrung im Schweißbereich und darüber hinaus zweidimensionale Zugeigenspannungen in der Größenordnung der Streckgrenze vor. Mit der Biegebeanspruchung und Verformung des Bolzens kommen hohe Zugspannungen senkrecht zur Werkstückoberfläche dazu. Damit ist die Schweißzone bei der Biegeprüfung mit einer hohen dreidimensionalen Zugspannung belastet, welche die Verformungsfähigkeit dieser Zone behindert. Der meist scharfe Übergang vom Bolzen zum Schweißwulst hat außerdem eine Kerbwirkung zur Folge. Bei der Biegeprüfung sind daher im Bereich der Schweißzone und des Bolzens Bedingungen gegeben, die der Zähigkeitsprüfung von Werkstoffen und Schweißnähten sehr nahe kommen. Bei der klassischen Zähigkeitsprüfung werden mit einer definierten Probe durch eine scharfe Kerbe dreidimensionale Spannungen in der Kerbschlagbiegeprüfung in ihren Auswirkungen auf das Bruchverhalten untersucht.

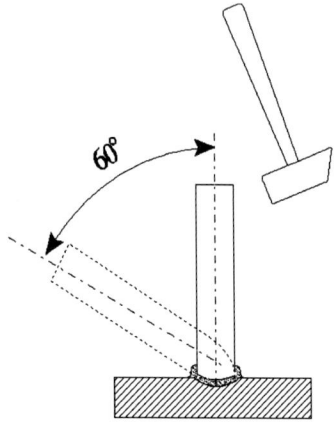

Bild 10-4. Mechanisch-technologische Prüfung: Biegeprüfung.

Dabei werden besonders ein zähes Verhalten (hohe Kerbschlagarbeit) und ein sprödes (geringe Kerbschlagarbeit) unterschieden. Ähnliche Überlegungen kann man auch bei der Biegeprüfung am aufgeschweißten Bolzen anstellen. Diese Prüfung ist zwar nicht so definiert wie die Kerbschlagbiegeprüfung und auch von der Schlagrichtung abhängig. Der Schweißwulst stützt die Druckseite des Bolzens und entlastet sie. Eine gewisse Aussage über die Zähigkeit der Bolzenschweißung lässt aber der Biegewinkel zu. Ein Biegewinkel unter 20° bis zum Bruch zeigt meist eine verformungsarme, spröde, auch fehlerbehaftete Schweißzone, die bei kraftübertragenden Bolzenschweißungen nicht zulässig ist. Biegewinkel über 60° ohne Anriss in der Zugzone sind bei einer einwandfreien Bolzenschweißung mit schweißgeeigneten Werkstoffen immer zu erreichen. Die Biegeprüfung wird nach DIN EN ISO 14555 nur in einer Richtung ausgeführt. Bei spröden Wärmeübergangsbestiftungen wird die Biegeprüfung mit einem Biegemoment ohne plastische Verformung ausgeführt.

Beim Bolzenschweißen mit Kondensatorentladung werden die relativ kleinen Bolzen zweckmäßig mit einem konisch angedrehten Rohr gebogen. Die Auflagestelle am Flansch sollte in der Druckzone einen möglichst kleinen Radius (etwa 1 mm) aufweisen, damit die Biegebedingungen einigermaßen reproduzierbar sind. Durch den Flansch ist eine größere Schweißfläche gegeben, auch der Übergang vom Bolzen zum Flansch ist nicht mit einer dem Übergang Bolzen-Wulst vergleichbaren Kerbwirkung verbunden. Die Biegeprüfung führt hier meist zu einem guten Ergebnis trotz vieler Poren und hoher Fehlerfläche (bis etwa 30 %); ist aber nicht so aussagekräftig wie die reine Zugprüfung.

10.1.3 Scherversuch

Beansprucht man die Schweißzone des Bolzens mit einer geeigneten Vorrichtung auf Scherung, so kommt meist die größere Schweißfläche am Werkstück zum Tragen. Auch der Schweißwulst wird belastet. Bezieht man die Festigkeitswerte auf den Bolzendurchmesser, so erreicht man Werte von etwa 600 MPa bei einer Zugfestigkeit des Bolzens von 475 MPa. Dreht man den Schweißwulst vor dem Scherversuch ab, erreicht man eine Scherfestigkeit von 400 MPa.

10.1.4 Drehmomentprüfung

Auf eine vollständig auf den Bolzen geschraubte Hutmutter wird ein Drehmoment T aufgebracht und so die Festigkeit der Schweißverbindung ermittelt, Bild 10-5. Diese Prüfung wird nach DIN EN ISO 14555 nur bei Flanschbolzen bis M 12 durchgeführt. Er stammt aus dem Automobilbereich und eignet sich für dünne Bleche.

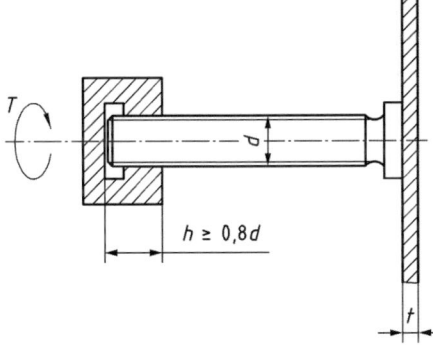

Bild 10-5. Beispiel für eine Drehmomentprüfung; d – Bolzendurchmesser, h – Länge des Mutterngewindes, t – Blechdicke, T – Drehmoment.

10.2 Untersuchung von dynamisch beanspruchten Bauteilen mit aufgeschweißten Bolzen

Bei der Untersuchung des dynamischen Verhaltens von Bauteilen mit aufgeschweißten Bolzen ist zu unterscheiden zwischen dynamischer Beanspruchung des Bolzens und der dynamischen Beanspruchung des Werkstückes ohne Krafteinleitung über den Bolzen. Der nachfolgenden Darstellung liegen die umfangreichen Versuche der SLV München und die Veröffentlichungen [5], [8] und [9] zugrunde.

10.2.1 Zugschwellversuche

Für die Zugschwellversuche wurde eine Probenform nach Bild 10-6 gewählt. Die Versuche wurden an Bolzendurchmessern 16 und 22 mm mit verschiedenen Chargen durchgeführt. Die Ergebnisse sind in Bild 10-6 zusammengefasst. Es wurde die Überlebenswahrscheinlichkeit von 90 % ermittelt. Die Zugfestigkeit der Bolzen wirkt sich direkt auf die Dauerfestigkeit aus. Der Bruch beginnt an der Kerbstelle im Übergang Bolzen-Schweißwulst, verläuft aber im Allgemeinen außerhalb der Schweißzone, auch außerhalb von Unregelmäßigkeiten wie Poren und Schrumpfrissen.

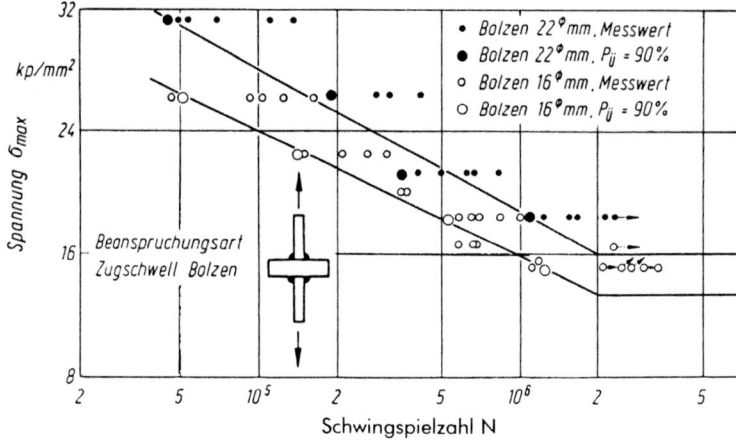

Bild 10-6. Ergebnisse der Zugschwellversuche; Blechwerkstoff St 37-2 (S235JR); Bolzenwerkstoff St 37-3 (S235J2G3): 16 mm Durchmesser, R_{eH} 337 MPa, 22 mm Durchmesser, R_{eH} 407 MPa (nach [8]).

Wird der Bolzen einseitig auf ein Blech geschweißt und in einer Vorrichtung zugschwellbelastet (Bild 10-1), überlagert man im Blech eine Biegeschwellbelastung, die gegenüber der Versuchsanordnung in Bild 10-6 zu niedrigeren Dauerbefestigungen führt. Dabei wirkt sich die Wulstform stark aus. Mit begrenzter, definierter Eintauchbewegung wird ein Übergang vom Bolzen zum Wulst mit geringerer Kerbwirkung erreicht als beim tief eingetauchten Bolzen. Die Dauerfestigkeitswerte sind dann wesentlich besser, liegen aber immer noch 35 % unter den Werten von Bild 10-6, siehe Bild 10-7.

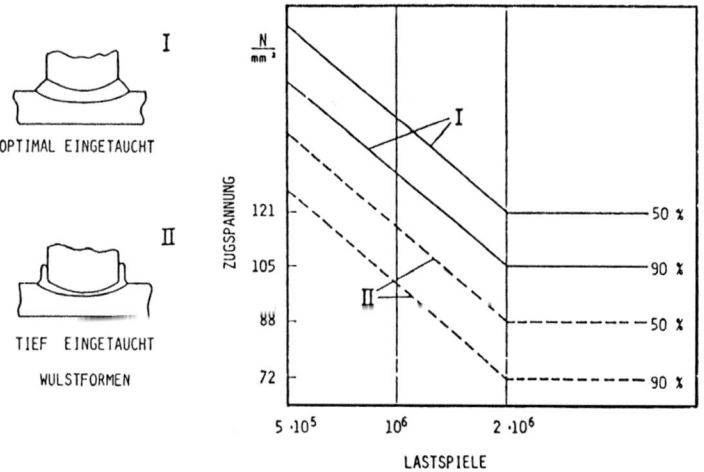

Bild 10-7. Ergebnisse der Zugschwellversuche mit überlagerter Biegeschwellbelastung durch Einspannvorrichtung nach Bild 10-6 mit unterschiedlicher Eintauchtiefe, Bolzendurchmesser 22 mm (nach [9]).

Man beachte: Die Dauerfestigkeit im Zugschwellversuch ist von den Versuchsbedingungen abhängig. Im reinen Zugschwellversuch werden hohe Werte erreicht. Wird durch die Einspannbedingungen im Blech eine Biegeschwellspannung überlagert, nimmt die Dauerfestigkeit ab. Nur in diesem Fall wirkt sich die Wulstform aus.

In einer neueren Untersuchung [30] mit Gewindebolzen M 6 und M 12 aus unterschiedlichen Werkstoffen wurde das Ermüdungsverhalten durch umfangreiche Schwingprüfungen zur Generierung von Nennspannungs-Wöhlerkurven sowie lokalen Berechnungen nach dem Kerbspannungskonzept für zwei Wulstformen ermittelt. Die Schwingbrüche beginnen an oberflächennahen Fehlstellen an den Nahtübergängen des Wulstes zum Bolzen (70 % Anteil) oder zum Blech.

In Abhängigkeit des Schweißbadschutzes bildet sich entweder ein hoher Wulst beim Keramikringbolzenschweißen oder ein kehlnahtförmiger Wulst beim Schutzgasbolzenschweißen aus. Die in Wöhlerkurven bewerteten Schwingergebnisse zeigen eine bessere Ermüdungsfestigkeit der Schutzgasschweißungen im Vergleich zu Keramikringschweißungen auf. Dagegen verbessert sich die Schwingfestigkeit kaum beim Einsatz von höherfester Werkstoffe, zum Beispiel 8MnSi7-Bolzen oder S690Q-Blech. Die erstmalige Erprobung von Nachbehandlungen durch das PIT-Verfahren (PIT – Pneumatic Impact Treatment, Verfahren zur Erhöhung der Lebensdauer bzw. Ermüdungsfestigkeit von Schweißkonstruktionen) und durch Plastifizierung der gesamten Schweißzone brachte insgesamt keine eindeutige Verbesserung der Schwingfestigkeit, die den Aufwand der Nachbehandlung rechtfertigt.

Die Summenbilanz aus vielen Versuchsreihen ergab eine mögliche Zuordnung des M 12-Keramikringbolzenschweißens zur FAT-Klasse 71 oder 80 bei einem Mittelwert des Bezugswertes der Ermüdungsfestigkeit $\Delta\sigma_C$ von 81 MPa, wogegen die M 12-Schutzgasbolzenschweißungen mindestens die FAT-Klasse 90 bei einem Mittelwert $\Delta\sigma_C$ von 107 MPa erreichen, wenn man von den niedrigsten Werten einer Versuchsgruppe ausgeht. Auf dieser Basis wird die Kerbfallkategorie nach Eurocode 3 oder anderen Regelwerken festgelegt. Die Streuungen in den Schwingspielzahlen konnten bei gleichem Lasthorizont teilweise auf Unterschiede der Schweißausführung, aber auch der Probeneinspannung mit einer geringen Winkelstellung des Bolzens zurückgeführt werden. Bei den M 6-Bolzenschweißungen ist aufgrund der dünnen Bleche (< 3 mm) eine Klassifizierung nicht sinnvoll.

Eigenspannungen sind bei Proben ohne Nachbehandlung in einem Bereich zwischen $\sigma = -100$ MPa bis $\sigma = +300$ MPa an den Wulstoberflächen vorhanden. Bei PIT-behandelten Proben werden Zugeigenspannungen in Druckeigenspannungen in einem Bereich zwischen $\sigma = -150$ MPa bis $\sigma = -400$ MPa umgewandelt. Allerdings können bei der PIT-Behandlung entstandene neue Kerben die Schwingfestigkeit beeinträchtigen. Diese Eigenspannungszustände wurden für beide Wulstformen mit Hilfe des Programms Sysweld auf der Basis einer modellierten Ersatzwärmequelle nach Goldak berechnet. Danach weisen die Eigenspannungen ein Maximum in der Wärmeeinflusszone (WEZ) des Bleches unterhalb der Schweißzone auf. Ein Vergleich dieser Berechnungen mit Messungen durch Neutronendiffraktometrie ergab eine gute Übereinstimmung der radialen Spannungskomponenten.

Die lokalen Kerbspannungsberechnungen bestätigen eindeutig den Versagensursprung an den Nahtübergängen. Es ergibt sich eine lokal ertragbare Kerbspannungsamplitude von $\sigma_k = 257$ MPa für die Schweißung mit hohem Wulst und von $\sigma_k = 268$ MPa für die Kehlnahtform. Dieser geringe Unterschied lässt eine Bewertung in einer gemeinsamen Wöhlerlinie bei einem σ_k von 267 MPa zu.

10.2.2 Biegewechselversuche am Bolzen

Werden aufgeschweißte Bolzen mit einem Durchmesser von 16 und 22 mm über eine Vorrichtung auf einer Flachbiege- und Torsionsmaschine biegewechselbeansprucht, so erzielt man die Werte nach Bild 10-8. Der Bruch verläuft hier schalenförmig im Blechwerkstoff außerhalb der Wärmeeinflusszone. Die Spannungsangaben der Tabelle sind auf die Randzone des Bolzenquerschnittes bezogen. Bei dieser Belastung können auch Bolzen höherer Festigkeit als S235 keine Verbesserung bringen.

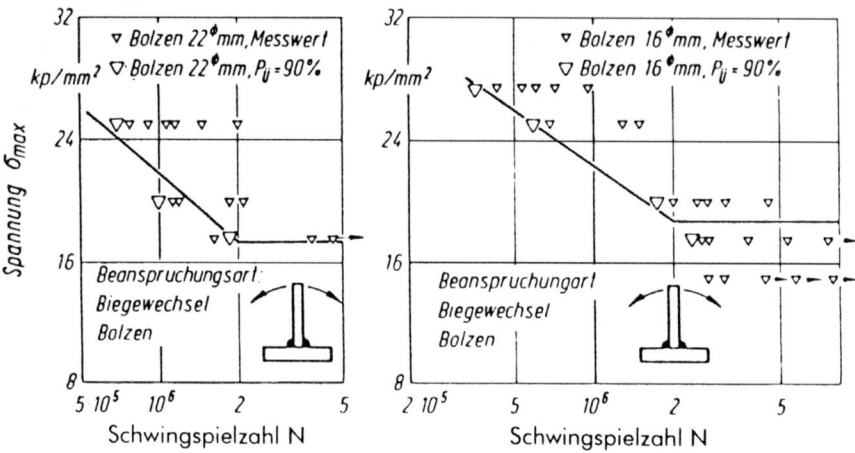

Bild 10-8. Ergebnisse der Biegewechselversuche; Blechwerkstoff St 37-2 (S235JR), Bolzenwerkstoff St 37-3 (S235J2G3) (nach [8]).

10.2.3 Biegewechselversuche am Blech

Wird ein Blech ohne aufgeschweißten Bolzen auf Biegewechsel beansprucht, so erhält man relativ hohe Dauerfestigkeitswerte, siehe Bild 10-9. Wird auf dieses Blech ein Bolzen aufgeschweißt, so fällt die Dauerfestigkeit stark ab. Der Grund liegt in dem hohen Eigenspannungszustand der Schweißstelle und der Querschnittsveränderung zum Wulst. Der Bruch beginnt unter dem Schweißwulst (nicht sichtbar) an der Übergangsstelle zum Blech, schreitet dann senkrecht zur Hauptspannungsrichtung von der Blechoberfläche nach unten und seitlich tangential zum Bolzen fort. Sichtbar wird der Anriss, wenn er seitlich neben dem Wulst austritt und dabei schon eine gewisse Rissbreite erreicht hat. Die Werte in Bild 10-9 sind auf einen Kleinprüfkörper 165 x 60 x 12 mm mit einem Bolzendurchmesser von 22 mm bezogen.

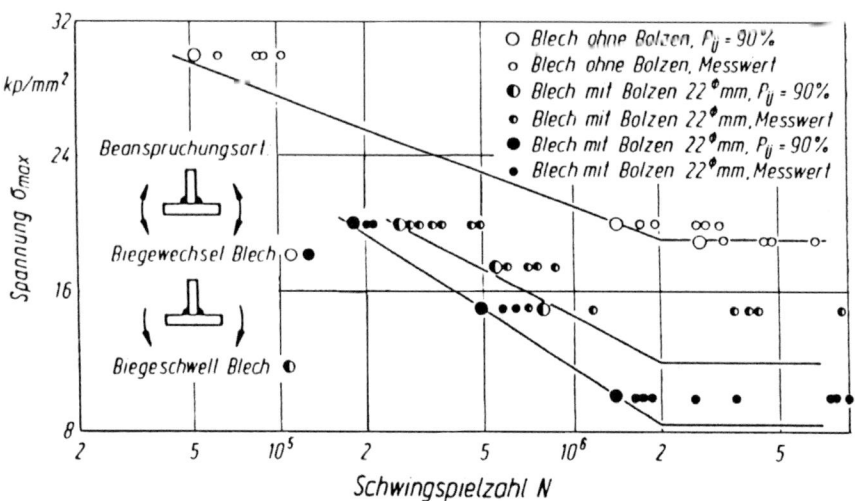

Bild 10-9. Ergebnisse der Biegewechsel- und Biegeschwellversuche; Blechwerkstoff St 37-2 (S235JR), Bolzenwerkstoff St 37-3 (S235J2G3) (nach [8]).

Um zu praxisnahen Werten, zum Beispiel für den Verbundbau oder Stahlbau zu kommen, werden Bolzen mit einem Durchmesser von 22 mm auf Doppel-T-Träger HEA 200, 2600 mm lang, mittig aufgeschweißt und auf Biegeschwellung belastet. Die Ergebnisse sind in Bild 10-10 für 50 % und 90 % Überlebenswahrscheinlichkeit ausgewertet (Spannungsverhältnis R = 0,18 bis 0,30). Die Risslänge an der Oberfläche lag zwischen 30 und 40 mm.

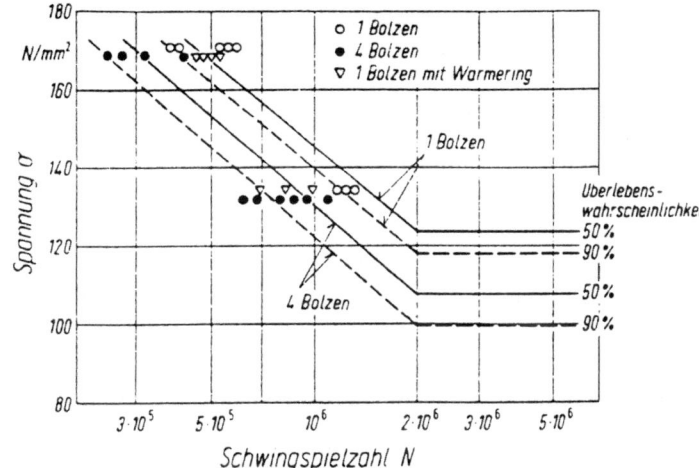

Bild 10-10. Ergebnisse des Biegeschwellversuchs; Träger HEA (IPBl) mit einem oder vier aufgeschweißten Bolzen, Stahl St 52-3 (S355J2G3) (nach [5]).

Die Untersuchung wurde schließlich auf Zugschwellversuche an Blechen 600 x 140 x 20 mm mit einem aufgeschweißten 22-mm-Bolzen erweitert. Die Ergebnisse sind in Bild 10-11 aufgeführt. Tastversuche mit StE 690 (S690) lagen über den Werten des St 52-3 (S355J2G3). Die Schwingfestigkeit von X10CrNiMoTi18-10 wurde im oberen Lasthorizont geprüft und entsprach den Werten von St 52-3 (S355J2G3).

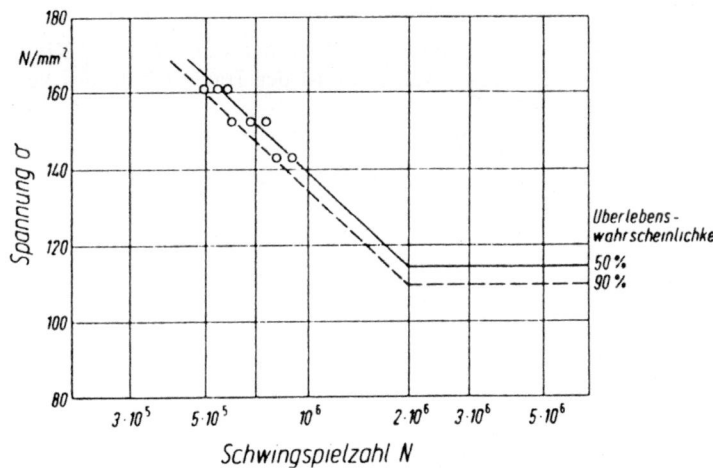

Bild 10-11. Ergebnisse der Zugschwellversuche; Probe 20 mm x 10 mm mit einem aufgeschweißten Bolzen. Stahl St 52-3 (S355J2G3) (nach [5]).

Um die niedrigen Dauerfestigkeitswerte zu verbessern, wurden umfangreiche Versuche durchgeführt. Dabei zeigte sich:

– Die Wulstgeometrie hat keinen Einfluss auf die Dauerfestigkeit.
– Die Dauerfestigkeit sinkt bei gleicher Probengröße mit steigendem Bolzendurchmesser (zum Beispiel Durchmesser 12 mm: 100 %, Durchmesser 22 mm: 75 %).

- Nachwärmen der Prüfkörper auf 200 bis 600 °C bringt eine deutliche Erhöhung der Schwingspielzahl.
- Durch örtliches Erwärmen mit einem Schweiß- oder Ringbrenner wurden an Probeblechen höhere Dauerfestigkeitswerte erzielt. Bei späteren praxisnahen Versuchen an einem Träger konnten diese Ergebnisse aber nicht bestätigt werden.

Will man aus den Versuchsergebnissen Berechnungsgrundlagen ableiten, so muss man bei 50 % Überlebenswahrscheinlichkeit einen Sicherheitswert von 2,5, bei 90 % Überlebenswahrscheinlichkeit einen Sicherheitswert von 1,3 ansetzen.

Aktuelle Untersuchungsergebnisse über die Ermüdungsfestigkeit von Verbundkonstruktionen aus Stahl und Beton mit aufgeschweißten Kopfbolzen sind in [33] zu finden. In umfangreichen Untersuchungen, hauptsächlich an den im Eurocode 4 vorgegebenen Push-out-Körpern, zeigte sich erneut das schon bekannte Phänomen, dass bereits bei geringen Schwingspielzahlen Anrisse von den Füßen der Kopfbolzen ausgehen. Dabei beginnt der Riss bei hoher Oberlast in der Regel zwischen Bolzenschaft (P1) und Wulst (Risstyp A), bei geringer Oberlast in der Regel an der Außenseite (P2) des Wulstes (Risstyp B) und verläuft dann direkt unterhalb des Kopfbolzenschaftes bzw. schräg in den Stahlträger hinein, Bild 10-12.

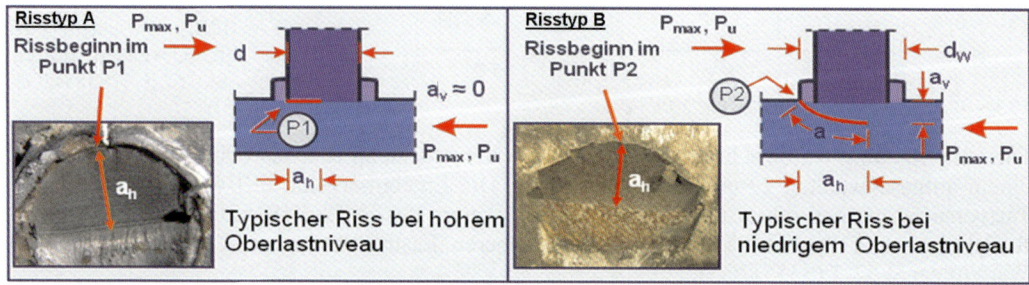

Bild 10-12. Rissbildung bei dem Push-Out-Versuch.

Durch die Rissbildung erhöht sich die Duktilität des Verbundträgers mit der Möglichkeit zu Kraftumlagerungen. Bei ausreichender Biegesteifigkeit des Stahlträgers ist der Traglastabfall des Verbundquerschnittes nur gering.

11 Qualitätssicherung von Bolzenschweißarbeiten und geltendes Regelwerk

11.1 Allgemeines

Der aufgeschweißte Bolzen wird je nach Anwendungsfall mechanisch, in einigen Fällen auch thermisch, beansprucht. Die Schweißstelle muss dann Kräfte oder Wärme übertragen. Die mechanischen Beanspruchungen können unterschiedlich hoch sein. Die zulässige Last kann vollständig oder teilweise ausgenutzt werden. Manchmal sind auch nur einfache Haltefunktionen ohne definierte Last zu erfüllen.

Für die Sicherheit eines Bauteils ist zu berücksichtigen, welche Gefährdungen vom Versagen eines oder mehrerer Bolzen ausgehen können. Hier ist zu unterscheiden, ob

– Menschenleben gefährdet werden können,
– die Funktion des gesamten Produkts nicht mehr gewährleistet ist oder ob
– Teilfunktionen nicht mehr erfüllt werden.

Auch der Aufwand für eine eventuelle Instandsetzung ist abzuschätzen. Die Sorgfalt, mit der eine Schweißarbeit durchgeführt wird, ist diesen Anforderungen anzupassen.

Die Qualität einer Schweißung entsteht bei der Fertigung. Sie kann durch zerstörungsfreie Prüfungen nur teilweise beurteilt werden, ohne Gewähr dafür, dass alle Fehler erkannt werden. Auch beim Erteilen von Herstellerqualifikationen (das heißt bei Verfahrensprüfungen nach DIN EN ISO 14555) wird nur die augenblickliche Situation eines Betriebes untersucht. Diese kann sich während der Fertigung ändern, nicht nur von der gerätetechnischen Seite, sondern auch bei den Arbeitsbedingungen und beim Personal. Daher muss auch das Fachpersonal die Zusammenhänge kennen, eventuelle Änderungen beobachten und beurteilen und dann die richtigen Schlüsse ziehen. Arbeitsproben vor Beginn einer Schicht oder einer neuen Fertigung sind daher unerlässlich. Normen geben hierzu detaillierte Hinweise.

11.2 Normung

In Deutschland wurde in den siebziger Jahren von der Arbeitsgruppe „Bolzenschweißen" des damaligen Technischen Ausschusses im DVS die Richtlinie DVS 0905 „Sicherung der Güte von Bolzenschweißverbindungen" erarbeitet:

– Teil 1 (August 1977): Bolzenschweißen mit Hub- und Ringzündung,
– Teil 2 (April 1979): Bolzenschweißen mit Spitzenzündung.

Diese beiden Teile der Richtlinie wurden zur Erteilung von Eignungsnachweisen herangezogen. Der Teil 1 der Richtlinie wurde überarbeitet und in folgende Norm überführt:

– DIN 8563-10 (Dezember 1984): Sicherung der Güte von Schweißarbeiten; Bolzenschweißverbindungen an Baustählen; Bolzenschweißen mit Hub- und Ringzündung.

Diese Norm fand als Regelwerk Eingang in den Bauordnungen der Länderministerien und in Zulassungsbescheide des Deutschen Instituts für Bautechnik (DIBt).

Genormt wurden auch Gewindebolzen mit Teilgewinde (gewindefreie Spitze), Zylinderstifte, Kopfbolzen (für Betonverankerungen), T-Bolzen (hauptsächlich in der Automobilindustrie verwendet), Gewindebolzen mit Ansatz (Flansch) für das Kurzzeit-Bolzenschweißen und Gewindebolzen mit reduzierter Spitze (zur Erzielung eines Schweißwulstes mit kleinem Durchmesser) in

– DIN 32500-1 bis -6 für „Bolzenschweißen mit Hubzündung" und
– DIN 32501-1 bis -5 für „Bolzenschweißen mit Spitzenzündung".

Vielfach verwendet werden auch andere Bolzenformen, besonders bei Verankerungen im Ofen- und Kesselbau. Aufschluss darüber geben die Kataloge der Bolzenhersteller.

Im Zuge der europäischen Normung, insbesondere der Normenreihe DIN EN ISO 9000 ff. „Normen zum Qualitätsmanagement und zur Qualitätssicherung" war eine Überarbeitung der Normen notwendig. DIN EN 729 „Schweißtechnische Qualitätsanforderungen" (heute DIN EN ISO 3834) schuf dazu den Rahmen.

In CEN/TC 121/WG 11 wurden die Vorschläge für eine europäische Norm unter Mitarbeit der Arbeitsgruppe „Bolzenschweißen" des DVS erarbeitet. Die dabei entstandene neue Norm EN ISO 14555 „Sicherung der Güte von Schweißarbeiten – Bolzenschweißen von metallischen Werkstoffen" wurde 1998 veröffentlicht. Da die Mitglieder von CEN bzw. CENELEC eine Übernahmeverpflichtung eingegangen sind, wurde diese dann in allen Mitgliedsländern, zum Teil aber mit erheblicher Verzögerung als nationale Norm eingeführt, in Deutschland als DIN EN ISO 14555. Gleichzeitig mussten entgegenstehende nationale Normen zurückgezogen werden.

DIN EN ISO 14555 behandelt das Bolzenschweißen mit Hub- und Spitzenzündung. Im Jahr 2006 erschien eine Neuausgabe, die diesmal vom Gremium ISO/TC 44/SC 10/WG 6 erarbeitet wurde. Darin wurden der normative Teil (Konstruktionsprüfung, Einrichtungen, Fertigungsplan, Schweißanweisung, Qualifizierung des Schweißverfahrens, Untersuchung und Prüfung, Annahmekriterien, Ausführung und Fertigungsüberwachung) und der informative Teil (Durchführung des Bolzenschweißens) streng getrennt. In der Vorgängerausgabe war die Vermengung von normativen Forderungen und Lehrbuchinformationen bemängelt worden. CEN hat die ISO-Erarbeitung unverändert akzeptiert, so dass sie in den Mitgliedsländern übernommen wurde. Mit Ausgabedatum August 2014 wurde eine überarbeitete Fassung von DIN EN ISO 14555 veröffentlicht. Die Normen für Gewindebolzen, Kopfbolzen, und Stifte wurden zusammengefasst und als Vorschlag für eine europäische Norm verwendet. Auch sie wurde 1998 veröffentlicht und ersetzte die Teile der deutschen Normen DIN 32500 und DIN 32501. In Deutschland erhielt sie die Bezeichnung DIN EN ISO 13918 „Schweißen; Bolzen und Keramikringe für das Lichtbogenbolzenschweißen".

Die Überarbeitung von EN ISO 13918 fand zeitgleich mit der von EN ISO 14555 statt. Es war geplant, diese Norm auf der Basis der Bauproduktenrichtlinie (BPR) als harmonisierte Norm herauszubringen, so dass die darin genormtem Bolzen als CE-konform hätten in den Verkehr innerhalb der EU gebracht werden können. Wegen eines Formfehlers zu Beginn der Normungsarbeit, der erst am Ende zutage trat, wurde dieses Ziel nicht erreicht. Zurzeit kann keinem nach DIN EN ISO 13918 genormten Bolzen die CE-Konformität bescheinigt werden. Für Kopfbolzen haben einige Hersteller den Weg über eine Europäische Technische Zulassung (ETA, zum Beispiel ETA-03/0039) gewählt, um die Erfüllung der grundlegenden Anforderungen der BPR nachzuweisen. Für das Bauwesen (Bereich der DIN EN 1090) wird allerdings für Gewindebolzen und Kopfbolzen nur die Übereinstimmung mit DIN EN ISO 13918 gefordert. Der Nachweis einer CE-Konformität ist nicht erforderlich.

11.3 Bolzenherstellung

Gute Schweißeignung ist für den Bolzenwerkstoff die erste Bedingung. DIN EN ISO 13918 [38] nennt einige bewährte Bolzenwerkstoffe; im unlegierten Bereich, beispielsweise für Gewindebolzen „4.8, schweißgeeignet". 4.8 bedeutet 420 MPa Zugfestigkeit und 340 MPa Streckgrenze bei mindestens 14 % Bruchdehnung (DIN EN ISO 898).

Für Kopfbolzen wird der Werkstoff nur anhand der chemischen Zusammensetzung und der mechanisch-technologischen Eigenschaften beschrieben, ein Zugeständnis an Länder wie USA und Japan, die an den ISO-Beratungen teilgenommen hatten. In der alten, unter CEN erarbeiteten Ausgabe von 1998 war der Werkstoff S235J2G3+C450 gemäß EN 10025 vorgesehen. Referenzen aus europäischen Normen sind in internationalen Normen nicht möglich. Kopfbolzenhersteller, die auch gemäß einer ETA liefern, müssen aber nach wie vor den Werkstoff S235J2+CXXX einsetzen (XXX ist die Mindestzugfestigkeit des Bolzens in MPa, die er durch Kaltverformung erreichen muss, hier gibt es unterschiedliche Werte je nach Hersteller).

In beiden Fällen bedeuten die Angaben, dass es sich um einen niedrig legierten Kohlenstoffstahl handelt, der gut schmelzschweißgeeignet ist. Verantwortlich dafür ist in erster Linie der Kohlenstoffgehalt, der bei Schweißbolzen unter 0,18 % liegen soll. Beim Bolzenschweißen ist wegen der kurzen Schweißzeit die Abkühlgeschwindigkeit hoch. Daher muss wegen möglicher Aufhärtung der Kohlenstoffgehalt möglichst niedrig sein. Aber auch andere Legierungsbestandteile, welche die Schweißeignung herabsetzen, sind zu vermeiden. So sind beispielsweise Blei oder Schwefel zur besseren Zerspanbarkeit in Automatenstählen enthalten. Diese beiden Elemente sind beim Schweißen unerwünscht, weil sie Korngrenzenfilme bilden, welche die Festigkeit verringern können.

Die mechanisch-technologischen Eigenschaften von Stahl lassen sich durch Kaltverformung erheblich verändern. So steigen mit zunehmender Umformung Zugfestigkeit und Streckgrenze, Dehnung und Einschnürung nehmen ab. Dies kann man gut in der Bezeichnung für Kopfbolzen erkennen. Es handelt sich um einen Baustahl (S) mit 235 MPa Streckgrenze (235), dessen Kerbschlagarbeit bei –20 °C mindestens 27 J (J2) beträgt. Durch die obligatorische Beruhigung durch Aluminium oder Silizium wird Stickstoff gebunden, der leicht zur Alterung und damit zur Sprödigkeit des Stahls führt. Im Allgemeinen wird dazu ein Aluminiumgehalt von mindestens 0,02 % verlangt; es können aber auch andere stickstoffabbindende Elemente zulegiert werden. Zusätzlich wurde dieser Stahl durch Kaltumformung auf eine Festigkeit von 450 MPa (+C450) gebracht. Dabei muss (nach DIN EN ISO 13918) eine Streckgrenze von 350 MPa bei einer Bruchdehnung von 15 % erreicht werden. Eine weitere Steigerung durch Kaltumformung führt erfahrungsgemäß zu einer Bruchdehnung unterhalb dieses Mindestwerts. Eine Erhöhung der Festigkeit über den Kohlenstoffgehalt scheidet ebenfalls aus, eine unzulässige Aufhärtung beim Schweißen wäre die Folge. Somit ist eine Festigkeit von 8.8 für Schweißbolzen auf diesen Wegen nicht zu erreichen. Die Abkühlgeschwindigkeit zwischen 800 und 500 °C liegt durchaus in einer Größenordnung, wo auch ein leicht erhöhter Kohlenstoffgehalt schon Härten von über 380 HV 5 (siehe Merkblatt DVS 0902 [17]) hervorrufen kann.

Als Ausgangswerkstoff für Kopfbolzen mit 22 mm Durchmesser dient Walzdraht mit 22,5 mm Durchmesser mit den in Tabelle 11-1 genannten Anforderungen. Der Walzdraht muss außerdem frei von Lunkern, Narben, Poren, Überlappungen, Rissen und Riefen sein. Auch nichtmetallische Verunreinigungen dürfen ein geringes Maß nicht überschreiten, sonst sind Werkstofftrennungen beim Kaltstauchen zu erwarten, zum Beispiel Kopfrisse bei Kopfbolzen.

Tabelle 11-1. Anforderungen an den Vorwerkstoff für Bolzen zum Lichtbogenschweißen.

Zugfestigkeit R_m	MPa	460 bis 550
Streckgrenze R_{eH}	MPa	mindestens 275
Bruchdehnung A_5	%	mindestens 30
Einschnürung Z	%	mindestens 50
Korngröße nach ASTM		über 6
Werkszeugnis nach DIN EN 10204		3.1

Bolzen werden meistens in großen Serien durch Kaltumformen auf Mehrstufenpressen hergestellt. Dabei wird ein Drahtabschnitt schrittweise zum fertigen Bolzen umgeformt. Nach dem Vorstauchen des Kopfes erfolgt die weitere Umformung in mehreren Stufen. Abschließend wird im Allgemeinen eine Aluminiumkugel eingepresst. Gegenüber dem spanenden Bearbeiten ergeben sich eine beträchtliche Werkstoffersparnis, eine Kaltverfestigung, eine glattere Oberfläche und eine Verringerung der Kerbwirkung. Man spricht auch von einem dem Kraftfluss angepassten „Faserverlauf". Den Faserverlauf zeigt Bild 11-1 in Längsschnitten von gestauchten und gedrehten Bolzen. Wirtschaftlich herstellbar durch Kaltumformen sind erst Losgrößen ab etwa 10000 Stück. Für kleinere Stückzahlen – bei Sonderabmessungen oder speziellen Werkstoffen – kommt nur die spanende Herstellung in Betracht. Vorteilhaft bei der spanenden Herstellung ist die präzise ausgeformte Spitze, die das Positionieren auf Körnermarkierungen erleichtert und die Abwesenheit von Beschichtungsresten auf der Oberfläche, die den Schweißprozess stören können.

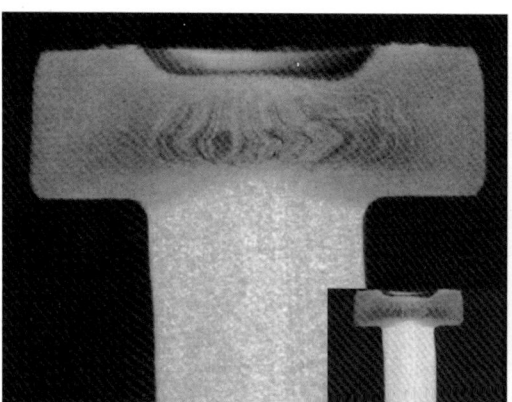 

Bild 11-1. Faserverlauf in einem gestauchtem (links) und einem gedrehtem Kopfbolzen (rechts).

Beispielhaft wurde in den Bildern der Werdegang eines Kopfbolzens mit 22 mm Durchmesser beschrieben. Was sich beim Umformen im Werkstoff ergibt, darüber gibt die Zugprüfung Auskunft.

Erst nach dem Ziehen des Drahtes auf einen Durchmesser von 21,88 mm haben sich die mechanisch-technologischen Eigenschaften so verändert, dass die Anforderungen nach DIN EN ISO 13918 erfüllt sind. Damit der Umformvorgang zum Bolzen mit möglichst geringem Werkzeugverschleiß abläuft, ist der Draht beschichtet. Dabei sind die Beschichtungsart und die Schichtdicke so zu wählen, dass später der Bolzenschweißprozess nicht durch Verdampfung der Beschichtung und Porenbildung beeinträchtigt wird. Nach Fertigungsbeginn werden laufend Maß- und Oberflächenprüfungen durchgeführt und in die so genannte Qualitätsregelkarte eingetragen. Dadurch lassen sich Abweichungen aufgrund von Werkzeugverschleiß oder anderen Ursachen schnell sichtbar machen. Das bei der Fertigung verwendete Öl wird direkt nach den Pressvorgängen abgewaschen. Dabei wird gleichzeitig ein temporärer Korrosionsschutz aufgebracht. Gerade an den Schnittkanten bildet sich sonst sehr schnell Rost, der beim Schweißen – besonders bei kurzen Schweißzeiten – zu Poren in der Schweißzone führen kann.

In diesem Zusammenhang soll ein Hinweis auf die beim Schweißen notwendige Stromübertragung vom Bolzenhalter auf den Bolzen nicht fehlen. Die Beschichtung muss selbstverständlich elektrisch leitfähig sein und einen Widerstand in der Größenordnung von höchstens einigen Milliohm haben. Andernfalls entstehen schnell Schmorstellen sowohl am Bolzenhalter als auch am Bolzen. Das ist gerade bei Gewindebolzen unangenehm, denn dadurch kann das Gewinde unbrauchbar werden. Bolzen, die im Bauwesen als tragende Verbindung eingesetzt werden, müssen nach der Bauregelliste [46] mit Übereinstimmungsnachweis geliefert werden. Technische Regel ist nach Abschnitt 4.8.17 die DIN EN ISO 13918 mit der Einschränkung auf unlegierte Stähle. Der Übereinstimmungsnachweis ist nach ÜHP zu führen. Dazu wird der Hersteller des Bolzens einmal durch eine vom Deutschen Institut für Bautechnik (DIBt) anerkannte Prüf-, Überwachungs- und Zertifizierungsstelle (PÜZ) überprüft. Werden keine Änderungen im Herstellverfahren vorgenommen, gilt der Nachweis unbegrenzt. Den Übereinstimmungsnachweis führt der Hersteller der Bolzen durch Aufdruck des „Ü-Zeichens" auf den Lieferpapieren, der Verpackung oder dem Produkt selbst. Das Ü-Zeichen wird mehr und mehr durch das CE-Zeichen ersetzt, das die Konformität mit harmonisierten europäischen Normen oder europäischen technischen Zulassungen bestätigt. Vom DIBt wurde die Streichung des Abschnittes 4.8.17 der Bauregelliste für 2015 angekündigt, da die Anforderungen an Schweißbolzen für das Bauwesen in DIN EN 1090-2, Kapitel 5.7, geregelt sind.

Bei wesentlichen Abweichungen von der technischen Regel, etwa bei anderen Werkstoffen, gilt das Verfahren ÜZ, ein Zulassungsverfahren beim DIBt. Dazu wird Hersteller halbjährlich von der PÜZ-Stelle überprüft. Dabei werden Proben der Fertigung entnommen, die Dokumentation wird kontrolliert und das DIBt mit einem Prüfbericht informiert. Alle Bolzen aus nichtrostendem Stahl für das Bauwesen dürfen nur mit dem Übereinstimmungsnachweis ÜZ verwendet werden. Das oben zum CE-Zeichen Gesagte gilt auch hier.

Die Dokumentationspflichten erlauben es beispielsweise auch nach längerer Zeit, die Eigenschaften bestimmter Bolzenchargen zu ermitteln. Dies setzt allerdings voraus, dass der Verarbeiter die Chargen seiner Produktion zuordnen kann. Falls gewünscht, werden Bolzen zusätzlich mit einem Abnahmeprüfzeugnis, etwa 3.1, geliefert. Im Allgemeinen wird dazu eine Prüfung am Produkt vorgenommen. Zur Ermittlung der mechanisch-technologischen Eigenschaften ist jedoch eine Mindestlänge des Bolzens erforderlich. Die Messlänge muss beispielsweise das Fünffache des Durchmessers betragen, dazu kommt die erforderliche Einspannlänge. Bei kalt verformten Bolzen führt ein Abdrehen des Bolzens leicht zu verfälschten Werten, weil die stark kalt verfestigten Randbereiche entfernt werden. Ersatzweise wird dann am Vorwerkstoff geprüft und im Werkszeugnis darauf hingewiesen.

11.3.1 Aluminiumzusatz und Bolzenform

Im Allgemeinen erhalten Schweißbolzen einen Aluminiumzusatz an der Schweißfläche. Beim Mehrstufenpressen wird in der letzten Stufe eine Aluminiumkugel in eine kleine Vertiefung eingepresst und verstemmt. Eine andere Möglichkeit stellt das Metallspritzen dar, diese Methode wird aber wegen relativ hoher Kosten nur noch sehr selten angewandt. Das Aluminium hat folgende Aufgaben:

– Erleichterung des Zündvorgangs wegen der im Vergleich zu Stahl geringeren Ionisationsenergie,
– Stabilisierung des Lichtbogens, ein ruhigerer Schweißvorgang mit weniger Spritzern ist die Folge (Desoxidation des Schweißbads).

Besonders macht sich ein Fehlen des Aluminiums bei Bolzen ab etwa 10 mm Durchmesser beim Schweißen mit Keramikring als Schweißbadschutz bemerkbar.

Beim Bolzenschweißen mit Schutzgas wird oft auf das Aluminium verzichtet. Der Schweißwulst hat dann eine glattere Oberfläche, weil wegen der Schutzgasatmosphäre keine Oxidation stattfindet.

Gewindebolzen haben eine Kegelspitze mit einem Winkel, der so gestaltet ist, dass die Spitzenform mit der zu erwartenden Anschmelzform im Blech in etwa übereinstimmt. Bei Bolzen für das Kurzzeit-Bolzenschweißen ist die Spitze flacher als bei Bolzen für das Bolzenschweißen mit Keramikring, weil auch der Einbrand flacher ist. Die Spitze fördert das gleichmäßige Ausbreiten des Lichtbogens von der Spitze nach außen. Würden die Bolzen einfach glatt abgeschert, entsteht bei kurzer Schweißzeit in der Mitte ein dickes (tiefes) Schweißbad mit der Gefahr eines Erstarrungsrisses. Kopfbolzen haben herstellungsbedingt meist eine flache Stirnfläche (beim Kaltpressen wird nicht die Spitze, sondern der Kopf angeformt) und werden kaum im Kurzzeitverfahren geschweißt. Damit aber der Zündvorgang im Zentrum beginnt, sollte die Aluminiumkugel leicht vorstehen und damit den Kontakt zum Werkstück herstellen. Ein tiefer Körnerschlag im Werkstück zur Positionierung ist hier also nicht zu empfehlen.

11.3.2 Korrosionsschutz und Lagerung

Schweißbolzen können mit verschiedenen Oberflächenbeschichtungen versehen werden. Bei unlegierten Bolzen für Spitzenzündung und beim Kurzzeit-Bolzenschweißen ist dies eine Verkupferung. Der Grund für diese Verkupferung ist die Forderung, gerade für kurze Schweißzeiten auch nach längerer Lagerung eine korrosionsfreie Oberfläche zu haben. Die Verkupferung mit einer Schichtdicke von 2 μm hat erfahrungsgemäß keine nachteiligen Auswirkungen auf die Schweißverbindung, allerdings darf die Beschichtung nicht wesentlich dicker sein.

Der Verarbeiter muss trotzdem für geeignete Lagerbedingungen sorgen. Bolzen und besonders Keramikringe müssen trocken gelagert werden. Rost an der Schweißfläche und erhöhte Feuchtigkeit im Keramikring (der eine gewisse Porosität aufweisen muss) sind schlechte Voraussetzungen für das Bolzenschweißen.

Vom Hersteller gelieferte Gebinde sollten bis zur Verwendung geschlossen bleiben. Aluminium bildet mit dem Luftsauerstoff Aluminiumoxid, das elektrisch isolierend wirkt und beim Schweißen zu Bindefehlern führt. Die Oxidschicht nimmt mit der Zeit zu; daher sollten Aluminiumbolzen nicht allzu lange gelagert werden.

An höherfesten Stählen kann die Feuchtigkeit aus dem Keramikring zu wasserstoffinduzierten Rissen führen. Sind die Keramikringe stark durchnässt, zum Beispiel nach Lagerung im Freien bei Regen oder über Nacht, sind Poren bei jedem Werkstoff unvermeidlich. Deshalb dürfen solche Keramikringe nicht verwendet werden. Verzinkte Bolzen werden an der Stirnfläche und einige Millimeter am Schaft vom Zink befreit, üblicherweise durch Abdrehen. Dies ist natürlich ein Kostenfaktor. Schweißversuche mit Zink an der Stirnfläche zeigen aber deutlich den ungünstigen Einfluss. Zink verdampft bereits bei einer Temperatur von ungefähr 900 °C; das führt zur Porenbildung in der Schweißzone.

Die Verarbeitung der Bolzen sollte chargengetrennt erfolgen, besonders beim Spitzenzündungsverfahren sind Abweichungen der sehr wichtigen Zündspitzenabmessungen innerhalb der Toleranz von einer Charge zur anderen unvermeidbar. Durch leichte Veränderung der Einstellparameter kann dieser Einfluss aber ausgeglichen werden. Bei Mischung von Chargen ist dies aber praktisch unmöglich.

11.3.3 Ausblick

Industriell gefertigte Schweißbolzen sind mehr als ein Stück abgehackter Draht. Es lohnt sich also, auf die genormten Produkte bewährter Hersteller zurückzugreifen und dabei auf die Einhaltung der technischen Regeln zu achten. Diese werden auch bei Sonderanfertigungen die schweißtechnischen Erfordernisse und den bewährten Stand der Technik beachten, den Anwender umfassend beraten und so die Voraussetzungen für sichere und wirtschaftliche Bolzenschweißverbindungen schaffen.

11.4 Gesetzlich geregelter Bereich

11.4.1 Stahltragwerke

Durch nationales Recht sind verschiedene Bedingungen vorgeschrieben, die im bauaufsichtlichen Bereich, insbesondere bei der Herstellung von Stahltragwerken, einzuhalten sind. Zum Beispiel galt bisher für die Bemessung und Konstruktion von Stahltragwerken DIN 18800-1. Diese Norm gibt charakteristische Werte für Gewindebolzen und Kopfbolzen (im Verbundbau) an. Es sind die gleichen Werte, die in DIN EN ISO 13918 genannt werden. Nach Abschnitt (835) „Bolzenschweißen" in DIN 18800-1 werden für Bolzen und Schweißung die gleichen Spannungen zugrunde gelegt. Sie gelten allerdings nur für vorwiegend ruhende Belastung. Hinweise zu dynamischer Belastung sind in Abschnitt 10.2 beschrieben.

DIN 18800-1 wurde ersetzt durch DIN EN 1993; die Übergangsphase, in der beide Regelwerke galten, endete am 01.07.2014.

Für die Herstellung von Stahltragwerken galt bisher DIN 18800-7 (bis 1.7.2014), die durch DIN EN 1090-2 abgelöst wurde. Auch hier ist das Bolzenschweißen geregelt. Nach DIN EN 1090 hat der Schweißfachbetrieb für das Herstellen von Tragwerken im bauaufsichtlichen Bereich die Bedingungen nach:

– Teil 1 Konformitätsnachweisverfahren für tragende Bauteile,
– Teil 2 Technische Regeln für die Ausführung von Stahltragwerken

zu erfüllen.

Diese Anforderungen richten sich nach der jeweiligen Ausführungsklasse (EXC) von DIN EN 1090-2. Für das Bolzenschweißen muss der Betrieb über eine Herstellerqualifikation für das Bolzenschweißen (zum Beispiel für den Prozess 783 nach DIN EN ISO 4063) besitzen. Bediener müssen eine Bedienerprüfung nach DIN EN ISO 14732 bestanden haben.

In der Bauregelliste A, Teil 1, Ausgabe 2014/1, sind die Bolzen für die Hubzündung unter der laufenden. Nr. 4.8.17 aufgeführt. Die Bolzen müssen der DIN EN ISO 13918:2008 entsprechen. Als Übereinstimmungsnachweis für Bolzen aus S235 wird eine Übereinstimmungserklärung des Herstellers nach vorheriger Prüfung des Bauproduktes durch eine anerkannte Prüfstelle (ÜHP) gefordert, bei wesentlicher Abweichung, zum Beispiel für nichtrostende Bolzen, gilt das Verfahren Z, bei dem eine Allgemeine Bauaufsichtliche Zulassung Grundlage des Übereinstimmungszertifikates ist. Die Keramikringe unterliegen nicht dem Übereinstimmungsnachweis.

Andere Bolzen, die nicht der DIN EN ISO 13918 entsprechen, bedürfen einer allgemeinen bauaufsichtlichen Zulassung oder der Zustimmung im Einzelfall durch die obersten Bauaufsichtsbehörden. Wie bereits weiter oben ausgeführt, hat das DIBt die Streichung des Abschnittes 4.8.17 aus der Bauregelliste für 2015 angekündigt.

11.4.2 Herstellerqualifikation im Stahltragwerksbau

Für Stahlbauten im bauaufsichtlichen Bereich wird zur Qualitätssicherung von Schweißarbeiten ein Schweißzertifikat (nach DIN EN 1090-1) gefordert. Werden an Stahlbauten Bolzenschweißungen ausgeführt, ist dieses auf das Bolzenschweißen (zum Beispiel für den Prozess 783) nach DIN EN ISO 14555 zu erweitern. Sie beschreibt die Anforderungen für das Bolzenschweißen von Baustahl bei tragenden Schweißverbindungen, wenn eine bestimmte Güte gefordert wird.

Das Bolzenschweißen von einigen nichtrostenden Stählen wurde zugelassen, siehe Abschnitt 7.3. Auch das Aufschweißen von legierten Bolzen mit Durchmessern von ≤ 12 mm auf unlegierten Stahl ist unter bestimmten Bedingungen gestattet, siehe Abschnitt 15.1.6.

Die Prüfungen sind am kleinsten und am größten Bolzendurchmesser, der im Betrieb verwendet wird, auszuführen. Das Zertifikat hat eine Geltungsdauer von einem Jahr und kann durch Führen eines Fertigungsbuches und eine Arbeitsprüfung jeweils für ein weiteres Jahr verlängert werden. Bei fertigungsbezogenen Arbeitsprüfungen ist zusätzlich das Bauteil, an dem geschweißt wird, aufzuführen.

11.4.3 Verbundkonstruktionen

Aufgeschweißte Kopfbolzen spielen im Verbundbau eine wichtige Rolle, siehe Abschnitt 15.1. Daher wird hier ein kurzer Überblick über die geltenden Regelwerke gegeben. In diesen Normen wird zur Qualitätssicherung von Schweißarbeiten auf DIN EN ISO 14555 und DIN EN ISO 13918 verwiesen. Durch die Einführung der Eurocodes sind nationale Regelungen außer Kraft gesetzt worden.

Die Bemessung und Ausführung von Verbundkonstruktionen erfolgt nach dem Eurocode 4. Bild 11-2 bietet eine Übersicht zum derzeitigen Stand der Regelwerke für Verbundkonstruktionen aus Stahl und Beton.

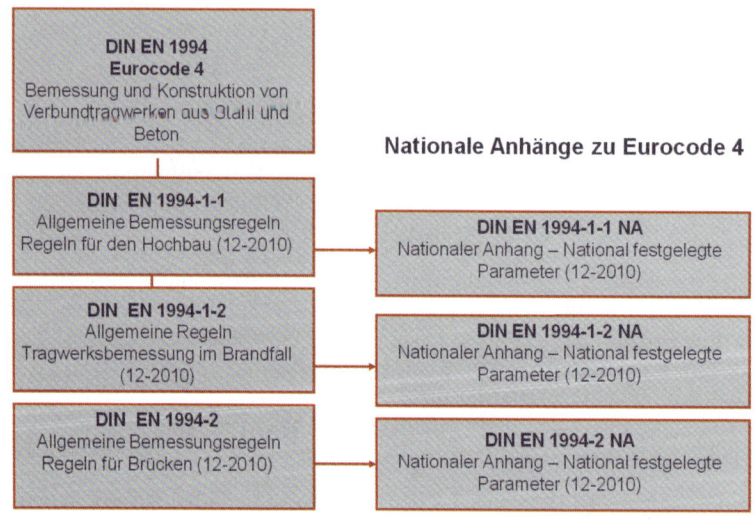

Bild 11-2. Europäische Regelwerke für Verbundkonstruktionen.

11.4.4 Schienenfahrzeuge

Im Bereich des Schienenfahrzeugbaues wurde die Normenreihe DIN EN 15085-1 bis -5 vom Eisenbahn-Bundesamt (EBA) als anerkannte Regel der Technik eingeführt. Auch diese Normenreihe verweist für das Bolzenschweißen auf DIN EN ISO 14555.

11.4.5 Bestiftungen

Für wärmeübertragende Bestiftungen regelt FDBR 19 [45] die Qualitätssicherung. Die wesentlichen Anforderungen entsprechen denen in DIN EN ISO 14555.

11.5 Gesetzlich nicht geregelter Bereich

Grundsätzlich kann im nicht geregelten Bereich DIN EN ISO 3834 und damit auch DIN EN ISO 14555 angewendet werden. Im Anhang B (siehe Tabelle 11-2) sind die Qualitätsanforderungen beim Bolzenschweißen gegliedert in:

– umfassende Anforderungen nach DIN EN ISO 3834-2,
– Standard-Anforderungen nach DIN EN ISO 3834-3,
– elementare Anforderungen nach DIN EN ISO 3834-4.

Dabei werden unterschiedliche Anwendungsgebiete ausreichend berücksichtigt, siehe Tabelle 11-2.

Tabelle 11-2. Qualitätsanforderungen beim Bolzenschweißen nach DIN EN ISO 1455.

Qualitätsanforderungen nach DIN EN ISO 3834-2, DIN EN ISO 3834-3 oder DIN EN ISO 3834-4 für das Bolzenschweißen	umfassende Qualitätsanforderungen nach DIN EN ISO 3834-2	Standard-Qualitätsanforderungen nach DIN EN ISO 3834-3	elementare Qualitätsanforderungen nach DIN EN ISO 3834-4
Anwendungsgebiete, sofern nicht anders festgelegt	ermüdungsbeanspruchte Bolzen	Bolzen mit definierter ruhender Beanspruchung	Bolzen mit undefinierter ruhender Beanspruchung, z. B. Ofenbau, hitzebeständige Bolzen
Fachwissen der Schweißaufsicht	Grundkenntnisse nach Abschnitt 6.2 der Norm		Abschnitt 6.2 der Norm gilt nicht
Qualitätsberichte	Fertigungsbuch nach Abschnitt 14.6 der Norm		Abschnitt 14.6 der Norm gilt nicht
Verfahren der Qualifizierung der pWPS	Schweißverfahrensprüfung nach Abschnitt 10.2 der Norm oder vorgezogene Arbeitsprüfung nach Abschnitt 10.3 der Norm		vorliegende Erfahrung nach Abschnitt 10.4 der Norm
Kalibrierung der Mess- und Prüfgeräte	Verfahren müssen nach Abschnitt 14.8 der Norm verfügbar sein	Abschnitt 14.8 der Norm gilt nicht	
Prozessüberwachung	Arbeitsprüfung nach Abschnitt 14.2 der Norm; vereinfachte Arbeitsprüfung nach Abschnitt 14.3 der Norm; Fertigungsüberwachung nach Abschnitt 14.5 der Norm		vereinfachte Arbeitsprüfung nach Abschnitt 14.3 der Norm; Fertigungsüberwachung nach Abschnitt 14.5 der Norm

Grundsätzlich gilt für alle Stufen:

- Die Qualitätsanforderungen hinsichtlich Konstruktion und Fertigung müssen geklärt sein.
- Eine Schweißanweisung für das Produkt muss erarbeitet werden.
- Die Eignung muss nachgewiesen werden.
- Das Schweißpersonal, also Bolzenschweißbediener und Schweißaufsichtsperson, müssen über entsprechende Fachkenntnisse verfügen.
- Die werkseigene Produktionskontrolle (WPK) muss geregelt sein.
- Die Dokumentation (zum Beispiel Fertigungsbuch) muss vorliegen.

11.6 Qualitätsanforderungen nach DIN EN ISO 3834

Die schweißtechnischen Qualitätsanforderungen nach DIN EN ISO 3834 ersetzen in Verbindung mit DIN EN ISO 14731 die deutschen Normen DIN 8563-1 und -2 „Sicherung der Güte von Schweißarbeiten; Allgemeine Grundsätze und Anforderungen an den Betrieb". Die verschiedenen Anforderungen von DIN EN ISO 3834 werden auch DIN EN ISO 14555 berücksichtigt. Die wesentlichen Unterschiede von DIN EN ISO 14555 zur überholten DIN 8563-10 (Ausgabe Dezember 1984) „Sicherung der Güte von Schweißarbeiten; Bolzenschweißverbindungen an Baustählen; Bolzenschweißen mit Hub- und Ringzündung" sind nachfolgend kurz erläutert:

- DIN EN ISO 14555 Norm gilt für alle Lichtbogenbolzen-Schweißverfahren. Dabei werden die verschiedenen Varianten sowohl bei der Werkstoffauswahl als auch bei den Arbeitsbedingungen und Prüfungen berücksichtigt.
- Die Werkstoffauswahl der Grundwerkstoffe bezieht sich auf DIN CEN ISO/TR 15608 und gibt die jeweiligen Gruppen mit einigen Einschränkungen an.
- Eine Schweißaufsicht muss nach DIN EN ISO 14731 ausgeübt und die Bolzenschweißer nach DIN EN ISO 14732 geprüft werden. Hinweise auf die geforderten Fachkenntnisse werden gegeben.
- Für die Schweißaufgaben muss eine Schweißanweisung (WPS) erarbeitet und durch eine Prüfstelle anerkannt werden. Die Schweißanweisung kann einen bestimmten Werkstückdickenbereich und Bolzenbereich umfassen. Für sehr einfache Schweißungen ohne definierte Kraft- oder Wärmeübertragung genügen die „elementaren Anforderungen" nach DIN EN ISO 3834-4, bei denen nach „vorliegender Erfahrung" gearbeitet werden kann.

Bei den Prüfungen haben sich gegenüber DIN 8563-10 verschiedene Änderungen ergeben:

- Der Kerbbiegeversuch wird nicht mehr durchgeführt. Es traten zu häufig Bruchlagen außerhalb der Schweißzone auf. Die Prüfung war dann bestanden, aber nicht aussagefähig.
- Da die Durchstrahlungsprüfung meist nur außerhalb der Betriebe durchgeführt werden kann, wurde alternativ die Zugprüfung mit einer geeigneten Vorrichtung gestattet. Dabei muss der Bruch den Anforderungen nach DIN EN ISO 3834-2 (umfassende Anforderungen) außerhalb der Schweißzone genügen; bei DIN EN ISO 3834-3 (Standard-Anforderungen) ist ein Bruch in der Schweißzone zulässig, wenn die Mindestzugfestigkeit des Bolzenwerkstoffes erreicht wurde.
- Die Geltungsdauer der anerkannten Schweißanweisung ist unbegrenzt, solange keine für die Qualität entscheidenden Änderungen vorgenommen werden und ein Fertigungsbuch geführt wird.

11.7 Checkliste zur Qualitätssicherung

Pistole oder Schweißkopf	Bewegungsmechanismus prüfen	Kolben gegen Federdruck bewegen, keine außergewöhnliche Reibung! Bei Bolzen > 14 mm: Dämpfung prüfen! Bei Spitzenzündung: Federkraft prüfen!
	Bolzenhalter	Auf Schmorstellen und Spannkraft prüfen!
	Mit eingesetztem Bolzen und Keramikring prüfen!	Hub, Überstand nach Richtwerttabelle, Zentrierung der Keramikringaufnahme prüfen!
Schweißstromquelle	Einschalten und vorwählen	Stromstärke, Schweißzeit (Ladespannung, Kapazität)
	Bei Schutzgas	Flaschendruck, Gasmenge, Vorströmzeit zur Spülung
	Kabel	Anschlüsse, Polung (- am Bolzen, Ausnahmen möglich)
	Bolzenzuführung	Druckluft ein, Transportschläuche, Einschusskammer und Bolzenhalter prüfen
	Funktionsablauf	Je nach Gerätetyp Funktionsablauf prüfen
Werkstück	Masseklemmen	Schmorstellen abschleifen, fest anklemmen
	Oberfläche	Oberfläche blank machen (Rost, Zunder, Farbe, Feuchtigkeit entfernen)
Probeschweißung	Sichtprüfung, Biegeprüfung, bei Bedarf Parameter verändern.	

11.8 Unregelmäßigkeiten und Korrekturmaßnahmen

Die meisten Unregelmäßigkeiten können anhand der Sicht- und Biegeprüfung erfasst werden. Die Tabellen 11-3 bis 11-5 bieten wertvolle Hinweise zur Bewertung und Korrekturmaßnahmen.

Tabelle 11-3. Bewertung der Schweißung und empfohlene Korrekturmaßnahmen beim Hubzündungs-Bolzenschweißen mit Keramikring oder Schutzgas nach DIN EN ISO 14555.

Sichtprüfung		
Beschaffenheit bei Sichtprüfung	Bewertung	Korrekturmaßnahmen
Schweißwulst gleichmäßig, glänzend und geschlossen Bolzenlänge nach dem Schweißen innerhalb der Toleranz	annehmbar (Parameter sind korrekt)	keine
Einschnürung an der Schweißung Bolzen zu lang	Überstand (Eintauchmaß) oder Hub zu gering	Überstand oder Hub vergrößern
	unzureichende Zentrierung	Strom und/oder Zeit verringern
	Schweißenergie zu hoch	Dämpfungswirkung verringern
	Dämpfungswirkung zu stark	

Tabelle 11-3. Fortsetzung.

Sichtprüfung		
Beschaffenheit bei Sichtprüfung	Bewertung	Korrekturmaßnahmen
schwach ausgebildeter, ungleichmäßiger Schweißwulst mit matter Oberfläche Bolzen zu lang	Schweißenergie zu niedrig Keramikring ist feucht Hub zu gering	Strom und/oder Zeit erhöhen nur trockene Keramikringe verwenden Hub erhöhen
Schweißwulst einseitig mit unzulässiger Unterschneidung	Blaswirkung Keramikring nicht zentriert	siehe Tabelle A.8 von DIN EN ISO 14555 Zentrierung verbessern
Schweißwulst niedrig, Oberfläche glänzend, starke Spritzer Bolzen nach dem Schweißen zu kurz	Schweißenergie zu hoch Eintauchgeschwindigkeit zu groß	Strom und/oder Zeit verringern Überstand und/oder Dämpfung justieren
Bruchprüfung		
Beschaffenheit des Bruches	Bewertung	Korrekturmaßnahmen
Ausknöpfen des Grundwerkstoffes	annehmbar (Parameter sind korrekt)	keine
Bruch oberhalb des Wulstes nach ausreichender Verformung	annehmbar (Parameter sind korrekt)	keine
Bruch in der Schweißung zahlreiche Poren	Schweißenergie zu niedrig unsaubere Oberfläche Werkstoff nicht bolzenschweißgeeignet	Strom und/oder Zeit erhöhen Oberfläche reinigen geeigneten Werkstoff wählen
Bruch in der Wärmeeinflusszone matte Bruchfläche nach ungenügender Verformung	Aufhärtung Abkühlgeschwindigkeit zu hoch	geeigneten Grundwerkstoff wählen Schweißzeit erhöhen Vorwärmen kann erforderlich sein

Tabelle 11-3. Fortsetzung.

Bruchprüfung		
Beschaffenheit des Bruches	Bewertung	Korrekturmaßnahmen
Bruch in der Schweißzone, glänzende Bruchfläche	Flussmittelgehalt zu hoch	Flussmittelmenge verringern
	Schweißzeit zu kurz	Schweißzeit verlängern
Terrassenbruch im Grundwerkstoff	nichtmetallische Einschlüsse im Grundwerkstoff	geeigneten Grundwerkstoff wählen
	Grundwerkstoff ungeeignet	
Bruch in der Schweißzone nach ungenügender Verformung, Bindefehler im Randbereich	kaltes Eintauchen (Eintauchgeschwindigkeit zu gering, Dämpfungskraft zu hoch, außergewöhnliche Reibung, …)	für heißes Eintauchen sorgen, Dämpfungskraft verringern
Durchbrennen	Schmelzbad durchdringt das Werkstück	Werkstückdicke erhöhen, Energie (Schweißzeit) verringern

Tabelle 11-4. Bewertung der Schweißung und empfohlene Korrekturmaßnahmen beim Kurzzeit-Bolzenschweißen mit Hubzündung nach DIN EN ISO 14555.

Sichtprüfung		
Beschaffenheit bei Sichtprüfung	Bewertung	Korrekturmaßnahmen
gleichmäßiger Schweißwulst, keine sichtbaren Fehlstellen	annehmbar (Parameter sind korrekt)	keine
Querschnitt nicht voll verschweißt	Schweißenergie zu niedrig	Strom und/oder Zeit erhöhen
	falsche Polarität	Polarität ändern
großer, ungleichmäßiger Schweißwulst	Schweißzeit zu lang	Schweißzeit verringern

Tabelle 11-4. Fortsetzung.

Sichtprüfung		
Beschaffenheit bei Sichtprüfung	Bewertung	Korrekturmaßnahmen
Poren im Schweißwulst	Schweißzeit zu lang	Schweißzeit verringern
	Strom zu niedrig	Strom erhöhen
	Oxidation des Schmelzbades	für geeigneten Gasschutz sorgen
	Oberfläche unsauber	Oberfläche reinigen
Schweißwulst einseitig mit unzulässiger Unterschneidung	Blaswirkung	siehe Tabelle A.8 von DIN EN ISO 14555

Bruchprüfung		
Beschaffenheit des Bruches	Bewertung	Korrekturmaßnahmen
Ausknöpfen des Grundwerkstoffes	annehmbar (Parameter sind korrekt)	keine
Bruch oberhalb des Wulstes nach ausreichender Verformung	annehmbar (Parameter sind korrekt)	kein
Bruch in der Wärmeeinflusszone	Kohlenstoffgehalt des Grundwerkstoffes zu hoch	geeigneten Grundwerkstoff wählen
	Grundwerkstoff ungeeignet	
Einbrand zu gering	Wärmeeinbringung zu gering	Wärmeeinbringung erhöhen
	falsche Polarität	Polarität ändern

Tabelle 11-5. Bewertung der Schweißung und empfohlene Korrekturmaßnahmen beim Kurzzeit-Kondensatorentladungs-Bolzenschweißen mit Hubzündung und Kondensatorentladungs-Bolzenschweißen mit Spitzenzündung nach DIN EN ISO 14555.

Sichtprüfung		
Beschaffenheit bei Sichtprüfung	Bewertung	Korrekturmaßnahmen
geringer Spritzerkranz um die Schweißung ohne äußere Fehlstellen	annehmbar (Parameter sind korrekt)	keine
Spalt zwischen Flansch und Grundwerkstoff	Schweißenergie zu gering	Schweißenergie erhöhen
	Eintauchgeschwindigkeit zu gering	Eintauchgeschwindigkeit richtig einstellen
	Abstützung des Grundwerkstoffes nicht ausreichend	für ausreichende Abstützung sorgen
starke Spritzer rings um die Schweißung	Schweißenergie zu hoch und/oder Eintauchgeschwindigkeit zu gering	Schweißenergie verringern
		Eintauchgeschwindigkeit erhöhen
Spritzerkranz einseitig mit Unterschneidung	Blaswirkung	siehe Tabelle A.8 von DIN EN ISO 14555
Bruchprüfung		
Beschaffenheit des Bruches	Bewertung	Korrekturmaßnahmen
Ausknöpfen des Grundwerkstoffes	annehmbar (Parameter sind korrekt)	keine
Bruch im Bolzen oberhalb des Flansches	annehmbar (Parameter sind korrekt)	keine
Bruch in der Schweißnaht	Schweißenergie zu gering	Schweißenergie erhöhen
	Eintauchgeschwindigkeit zu gering	Eintauchgeschwindigkeit erhöhen
	Kombination Bolzen-/Grundwerkstoff ungeeignet	geeigneten Bolzen- oder Grundwerkstoff wählen

12 Prüfen von Bolzenschweißverbindungen

Zur Sicherung der Qualität von Bolzenschweißverbindungen vor und während einer Fertigung können entsprechend den Anforderungen an die Qualität des Produkts verschiedene Prüfungen herangezogen werden:

– Sichtprüfung,
– Biegeprüfung,
– Torsionsprüfung,
– Durchstrahlungsprüfung oder Zugprüfung,
– Ultraschallprüfung,
– Makroschliff und Härteprüfung,
– Kontrolle der Schweißparameter.

Die Auswahl und Anzahl der Prüfungen sind in DIN EN ISO 14555 festgelegt. Darin werden Schweißverfahrensprüfung, Prüfung vor Fertigungsbeginn, Arbeitsprüfung, vereinfachte Arbeitsprüfung und die laufende Fertigungsüberwachung genauer beschrieben. Auch die Anforderungen an das schweißtechnisches Personal (Bediener und Schweißaufsichtsperson) werden erläutert.

12.1 Sichtprüfung

Die Sichtprüfung der Schweißstelle ist eine wichtige Prüfung auf äußere Mängel und soll grundsätzlich an allen Bolzenschweißverbindungen durchgeführt werden. Sie zeigt beim **Bolzenschweißen mit Hubzündung** durch Größe, Aussehen und Gleichmäßigkeit des Schweißwulstes, ob der Schweißvorgang mit ausreichender Energie und der Eintauchvorgang ohne Behinderung abgelaufen ist. Dabei soll die Oberfläche des Wulstes eine glänzende, blau-graue Farbe (bei unlegiertem Stahl) aufweisen. Eine matte oder poröse Oberfläche, wenn auch nur in Teilbereichen, deutet entweder auf zu geringe Schweißenergie oder auf starke Verunreinigung der Oberfläche des Werkstückes hin. Ist der Schweißwulst am Umfang des Bolzens unterschiedlich hoch, hat Blaswirkung den Lichtbogen abgelenkt. Solange der Bolzenschaft ohne Unterschneidung vollkommen geschweißt ist, entspricht das Ergebnis den Anforderungen der Norm. Eine Unterschneidung zeigt einen Bindefehler an. Für kraftübertragende Bolzenschweißverbindungen ist dies nicht zulässig. Durch eine Biegeprüfung mit Zugzone im wulstfreien Bereich kann man das Ausmaß des Bindefehlers feststellen. Ein Nachschweißen der wulstfreien Stelle mit einem geeigneten Schweißprozess bei ausreichendem a-Maß ist zulässig. Mit der Blaswirkung und einseitigen Wulst ist auch eine Winkelschrumpfung des Bolzens verbunden.

Beim **Bolzenschweißen mit Spitzenzündung** ist bei richtiger Wahl der Parameter der Spritzerkranz gleichmäßig rings um den Bolzen verteilt. Sein Durchmesser ist geringfügig (1 bis 1,5 mm) größer als der Flanschdurchmesser. Bei Benetzung der Oberfläche ist der Spritzerkranz nur sehr gering und eignet sich kaum zur Beurteilung. Bei zu großem (zu kleinem) Spritzerkranz ist entweder die Ladespannung zu hoch (zu niedrig) oder die Schweißzeit aufgrund zu geringer (zu großer) Auftreffgeschwindigkeit zu lang (zu kurz). Auch hier kann durch Blaswirkung ein einseitiger Spritzerauswurf Bindefehler verursachen. Der Biegeversuch mit Zugzone im spritzerfreien Bereich zeigt das Ausmaß der Fehlstelle. Auf die Verbindung von Blaswirkung und verstärkter Porenbildung wurde bereits hingewiesen. Bei der Kontrolle des Überganges Bolzen – Werkstück darf zwischen Bolzen und Werkstück kein Spalt sichtbar sein, andernfalls ist nur eine sehr geringe Festigkeit zu erwarten. Ursache können zu geringe Schweißenergie sein (dann auch geringer

Spritzerkranz) oder zu geringe Auftreffgeschwindigkeit, hervorgerufen durch zu geringe Federkraft oder zu kleinen Zündspalt. Weitere Ursachen, an die oft zunächst nicht gedacht wird, sind Schwingungen des Werkstückes durch fehlende Abstützung beim Auftreffen des Kolbens oder zu hohe Lagerreibung des Kolbens in der Pistole durch Verschleiß. Gerade Bolzenschweißverbindungen mit Spitzenzündung werden oft auf dünnen dekorativen Teilen aus nichtrostendem Stahl, Messing oder Aluminium ausgeführt. Dann spielt manchmal das Aussehen – besonders der Rückseite – hinsichtlich der Verformung eine größere Rolle als die Fügequalität. Diese Anforderungen sind im Einzelfall zwischen Besteller und Hersteller zu vereinbaren.

12.2 Kontrolle der Schweißparameter

Die Aufzeichnung und Kontrolle der Schweißparameter wird bei modernen Bolzenschweißanlagen zunehmend gefordert. Dadurch können Abweichungen von den vorgewählten Werten aufgrund von Netzspannungsschwankungen, unzulässiger Erwärmung, Phasenausfall oder Verschleiß schnell erkannt und beseitigt werden. Bei hochbelasteten Schweißverbindungen kann ein Ausdruck der Parameter bei der Dokumentation der Qualität sehr hilfreich sein.

Beim Bolzenschweißen mit Hubzündung sind diese Geräte schon länger bekannt, Tabelle 12-1. Sie zeichnen Strom, Zeit und gegebenenfalls Spannung auf, errechnen Energie und Leistung und vergleichen die Werte mit vorher gewählten Toleranzfenstern. Wichtig ist jedoch ein Abgleich zwischen aufgezeichneten Werten und einer wirklich ermittelten Qualität, um eine Erfahrungsbasis zu sammeln.

Tabelle 12-1. Protokoll zur Prozesskontrolle beim Bolzenschweißen.

$Strom_{ist}$ [A]	$Zeit_{ist}$ [ms]	Lichtbogenspannung [V]	Hub [mm]	Energie [Ws]	Fehlercode	$Strom_{soll}$ [A]	$Zeit_{soll}$ [ms]
2051	1042	31,5	4	67320		2000	1000
2052	1030	31,5	4	66577		2000	1000
2052	1034	29	4	61531		2000	1000
2052	1026	31,9	4	67161	B D F H J	2000	1000
1623	876	34,7	4	49335		1600	750
1625	842	31,6	4	43237		1600	750

Es sollte generell bedacht werden, dass elektrische Signale keine umfassende Auskunft über das Schweißergebnis geben können. Ein nicht vollständig geschlossener Schweißwulst aufgrund von Blaswirkung wird von keinem marktgängigen System zweifelsfrei erkannt. Die SLV München hat im Jahr 2008 verschiedene Messsysteme untersucht [28]. Dabei zeigten die Untersuchungen, dass beinahe jede untersuchte Störung des Bolzenschweißprozesses zu einer signifikanten Merkmalsänderung einer Prozessgröße gegenüber den Referenzschweißverbindungen oder dem Referenzband im Falle von Serienschweißverbindungen führt. Entscheidend ist vor allem die Bewertung des Bewegungs- und des Spannungssignals anhand der ermittelten charakteristischen Merkmale einer Bolzenschweißverbindung mit Hubzündung.

Beim Keramikringbolzenschweißen (10 bis 22 mm Durchmesser) sind fehlerhafte Schweißverbindungen mit Fehleranteilen größer 25 % vor allem durch kombinierte Störung mehrerer Schweiß- oder Randbedingungen zu erwarten. Abweichungen eines Parameters gegenüber Referenzbedingungen werden durch Prozessüberwachung erkannt, haben aber oft nur geringe Auswirkungen auf die Schweißqualität. Schädlichen Einfluss nimmt eine Schweißausführung mit feuchten Keramikringen oder an wasserbenetzten Blechoberflächen, detektierbar an einem höheren Spannungsniveau (plus 5 bis 6 V) gegenüber der Referenzschweißverbindung. Beim Kurzzeit-Bolzenschweißen zeigt sich dagegen ein Einfluss auf die Schweißqualität bei Variation eines Parameters.

Beim Keramikringbolzenschweißen führt eine vollständige Bewertung der charakterischen Merkmale durch die Prozessüberwachung zu einer hinreichenden Aussage über die Schweißqualität der einzelnen Schweißverbindung. Die Überwachung von Kurzzeit-Bolzenschweißverbindungen erfordert dagegen weitere Erfahrungen des Serieneinsatzes mit seinen spezifischen Randbedingungen.

Bei dem Verfahren mit Kondensatorentladung nutzt man die Tatsache, dass die Verläufe des Stroms und besonders der Lichtbogenspannung (Oszillogramme) empfindlich auf kleinste Änderungen im Prozessablauf reagieren. Die Oszillogramme werden von folgenden Größen beeinflusst:

- die elektrischen Einstellungen des Schweißgeräts (Ladespannung, Kapazität, Induktivität und Widerstand der Zuleitungen, Übergangswiderstände in Spannvorrichtung und Bolzenhalter),
- die mechanischen Einstellungen von Schweißkopf oder Schweißpistole (Federspannung, Lagerreibung, Eintauchgeschwindigkeit),
- die Geometrie der Bolzen, insbesondere der Zündspitzen (Durchmesser und Länge, Grate),
- die Werkstoffe (Grundwerkstoff, galvanisierte Metalle),
- die Oberflächenbeschaffenheit (Benetzung, Ölfilm, Oxidation, besonders des Werkstücks).

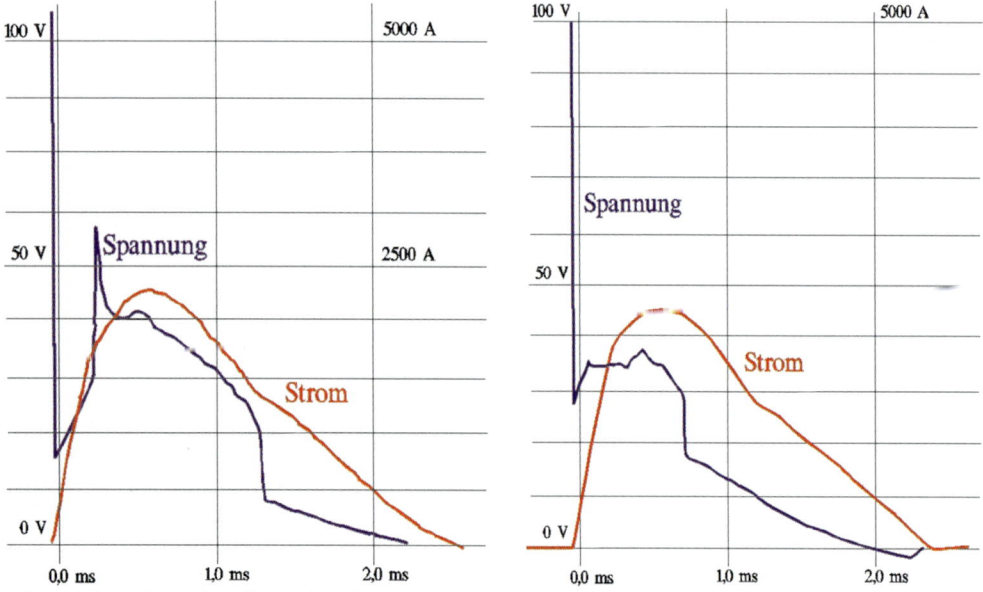

Bild 12-1. Bolzenschweißen mit Spitzenzündung – normaler Prozessverlauf.

Bild 12-2. Bolzenschweißen mit Spitzenzündung – Prozessverlauf bei zu kurzer Zündspitze.

Andererseits sind die Oszillogramme von Schweißverbindung zu Schweißverbindung sehr ähnlich, wenn die genannten Größen nicht variieren. Die Oszillogramme sind gewissermaßen wie ein Fingerabdruck des Prozesses anzugehen. Einige typische Verläufe zeigen die Bilder 12-1 bis 12-3. Dies kann man zur Prozessüberwachung nutzen: zunächst muss die Schweißvorrichtung so eingerichtet werden, dass sie gute Schweißverbindungen erzeugt. Dann kann ein Überwachungsprogramm „lernen", wie die Zeitverläufe der Lichtbogenspannung (und der Ströme) bei den guten, aber möglichst auch bei schlechten „Referenzschweißverbindungen" aussehen. Dann lassen sich Toleranzfelder für die charakteristischen Größen der Oszillogramme (zum Beispiel Lichtbogenspannung und -brenndauer) berechnen, die alle guten Schweißverbindungen einschließen, von schlechten Schweißverbindungen aber in mindestens einem Parameter überschritten werden. Erfahrungsgemäß kann man mit etwa 50 bis 100 Referenzschweißverbindungen, die auch aus der laufenden Fertigung stammen können, taugliche Grenzwerte zur Produktionsüberwachung erhalten. Für kleine Serien oder für Schweißverbindungen mit Handpistolen, bei denen die Lage der Zuleitungen von Schweißverbindung zu Schweißverbindung variiert, ist das Verfahren nur bedingt geeignet.

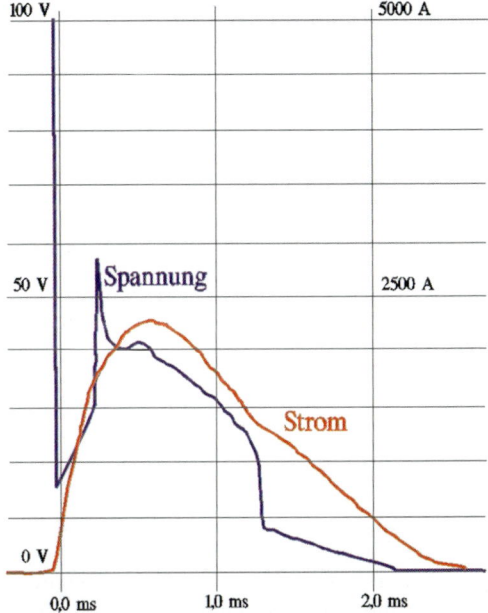

Bild 12-3. Bolzenschweißen mit Spitzenzündung – Prozessverlauf beim Schweißen auf veröltem Blech.

12.3 Biegeprüfung

Bei der Biegeprüfung wird der Bolzen mit einem Hammer umgeschlagen oder mit einem Rohr umgebogen. Beim **Bolzenschweißen mit Hubzündung** soll der Bolzen 60° ohne Anriss an der Schweißstelle gebogen werden können, Bild 12-4. Beim **Bolzenschweißen mit Spitzenzündung** wird der Rohraufsatz konisch gedreht, um einen geringen Biegeradius zu erreichen, Bild 12-5. Der Biegewinkel ohne Anriss soll hier 30° betragen. Der Biegewinkel prüft besonders die Zugzone des Bolzens. Man wählt daher die Biegerichtung so, dass die dem Aussehen nach fehlergefährdete Zone im Zugbereich liegt. Bei Gewindebolzen mit Gewinde bis zum Schweißwulst gelten die Bedingungen auch als erfüllt, wenn Anrisse vom Gewindegrund ausgehen. Bricht der Bolzen bei diesem Versuch in der Schweißzone, kann die Bruchfläche zur Ermittlung der Fehlerursache herangezogen werden. Verformungsarme Brüche in der Wärmeeinflusszone deuten auf unzureichende Schweißeignung der Werkstoffe; Aufhärtung oder Grobkornbildung können die Ursache sein.

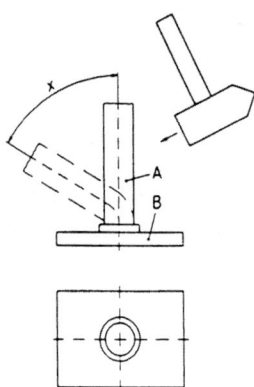
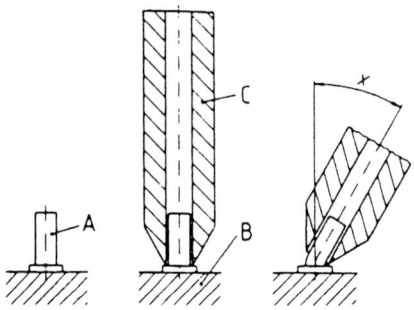

Bild 12-4. Biegeprüfung:
X = beim Kondensatorentladungs-Bolzenschweißen mit Spitzenzündung und Kondensatorentladungs-Bolzenschweißen mit Hubzündung 30°, beim Hubzündungs-Bolzenschweißen mit Keramikring oder Schutzgas und Kurzzeit-Bolzenschweißen mit Hubzündung 60°,
A = Bolzen,
B = Werkstück.

Bild 12-5. Biegeprüfung:
X = beim Kondensatorentladungs-Bolzenschweißen mit Spitzenzündung und Kondensatorentladungs-Bolzenschweißen mit Hubzündung 30°, beim Hubzündungs-Bolzenschweißen mit Keramikring oder Schutzgas und Kurzzeit-Bolzenschweißen mit Hubzündung 60°,
A = Bolzen,
B = Werkstück.
C = Rohr.

12.4 Biegeprüfung im elastischen Bereich

In einigen Anwendungsfällen, zum Beispiel bei wärmeübertragenden Bestiftungen, lassen sich spröde Verbindungen nicht vermeiden. Dies gilt für legierte, hitzebeständige Stifte auf warmfesten Rohren. Sie sind für die Kraftübertragung nicht geeignet und versagen beim normalen Biegeversuch. Um trotzdem zu einer Aussage über die Qualität in diesem Anwendungsfall zu kommen, wird der Stift mit einem Drehmomentschlüssel mit Ansatz auf Biegung beansprucht, Bild 12-6. Das Biegemoment beträgt bei dem Stiftdurchmesser von 8 mm 40 Nm, bei dem Stiftdurchmesser von 10 mm 60 Nm und bei dem Stiftdurchmesser von 12 mm 85 Nm. Dabei dürfen keine Risse auftreten.

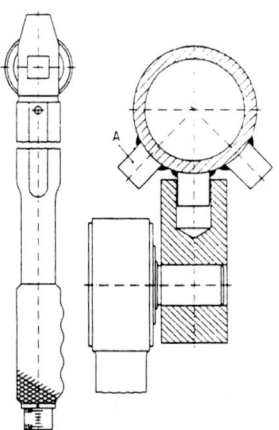

Bild 12-6. Drehmomentschlüssel für die Biegeprüfung bei wärmeübertragender Bestiftung; A = Bolzen.

12.5 Durchstrahlungsprüfung

Bei Verfahrensprüfungen für kraftübertragende Bolzen über 12 mm Durchmesser will man die Qualität einer Bolzenverbindung, insbesondere die auftretenden Poren und ihre Lage, beurteilen und dokumentieren. Dazu bietet sich die Durchstrahlungsprüfung an. Sie hat sich in vielen Jahren bei Betriebsprüfungen bewährt. Nach DIN EN ISO 14555 schweißt man zur Prüfung fünf Bolzen nebeneinander auf ein Blech. Die Bolzen werden dann unmittelbar über dem Wulst abgesägt. Die Durchstrahlung ist nach DIN EN ISO 17636, Klasse B, durchzuführen. Die im Bolzenquerschnitt befindlichen Fehler dürfen 5 % oder 10%, je nach Regelwerk, nicht übersteigen, Bild 12-7.

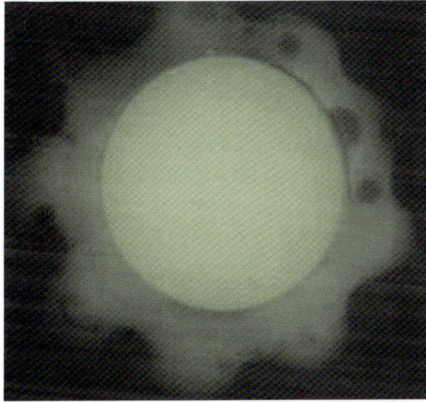

Bild 12-7. Durchstrahlungsaufnahme einer fehlerfreien Bolzenschweißung mit 22 mm Durchmesser.

12.6 Zugprüfung

Alternativ kann anstelle der Durchstrahlungsprüfung auch die Zugprüfung eingesetzt werden. Bis zu einer Fehlerfläche von 5 % tritt im Allgemeinen der Bruch außerhalb der Schweißverbindung auf. Liegt der Bruch in der Schweißverbindung, kann man die Fehlerfläche ermitteln und mit obiger Forderung vergleichen. Die Zugprüfung führt damit zu keiner anderen Wertung als die Durchstrahlungsprüfung, ist aber mit einem größeren Aufwand (Prüfgerät) verbunden. Allerdings hat er den Vorteil, dass bei entsprechender betrieblicher Ausstattung eine schnelle Auswertung möglich ist, Bild 12-8.

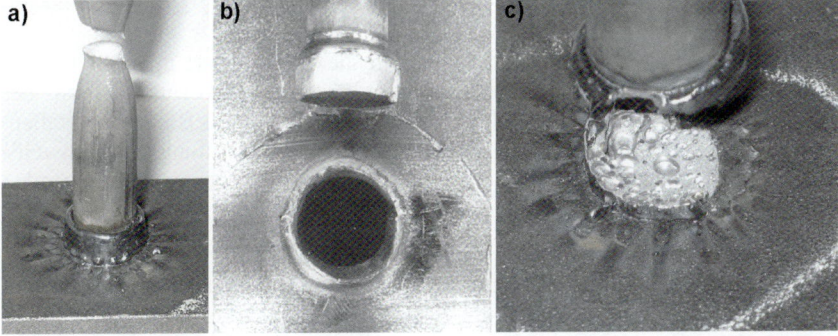

Bild 12-8. Zugprüfung; a) Bruch im Bolzen (bestanden), b) Ausknöpfen des Bleches (bestanden), c) Bruch in der Schweißzone (nicht bestanden).

12.7 Ultraschallprüfung

Die Ultraschallprüfung ist bei der Prüfung nach DIN EN ISO 14555 nicht vorgesehen. Sie kann aber in besonderen Fällen zur Fertigungsüberwachung eingesetzt werden. Dabei ist zu beachten, dass bei einer Senkrechteinschallung am Kopf des geschweißten Bolzens Unregelmäßigkeiten in der Randzone wesentlich schwächer angezeigt werden als in der Bolzenmitte.

Die Ultraschallprüfung verlangt erfahrene Prüfer und geeignete Geräte sowie Prüfköpfe. Die Voraussetzung ist eine ebene Bolzenstirnfläche und eine gute Ankoppelung des Prüfkopfes.

Vor Beginn der Prüfung am Bauteil ist ein Vergleichskörper mit dem zu prüfenden Bolzen bei gleicher Dicke des Grundwerkstoffes mit einer definierten noch zulässigen Unregelmäßigkeit (zum Beispiel durch Anbohren der schweißseitigen Bolzenstirnfläche) herzustellen und damit die Prüftechnik festzulegen. Schließlich sind Bolzenschweißverbindungen am Bauteil mit einer Fehleranzeige wie am Vergleichskörper zerstörend zu überprüfen und die Fehlerfläche ist zu beurteilen. Mit dieser Auswertung und dem Vergleich mit dem Testkörper kann erst die Fehlergröße festgelegt werden, die bei Überschreitung die Anforderung nicht erfüllt. Die konventionelle Ultraschallprüfung ist zeit- und damit kostenaufwendig; die Aussagekraft ist bisher gemessen am Aufwand eher gering.

Neue Möglichkeiten scheinen sich durch das Phased-Array-Verfahren zu ergeben, bei dem sich in relativ kurzer Zeit ein flächiges Abbild von Schweiß- und Wärmeeinflusszone erzeugen lässt, indem nicht ein einzelner Prüfkopf mechanisch, sondern ein Array von mehreren Einzelköpfen elektronisch über die Prüffläche bewegt wird [34], Bild 12-9. Beispiele von US-Bildern mit dem Phased-Array-Verfahren zeigen Bild 12-10 und Bild 12-11 (jeweils linkes Teilbild).

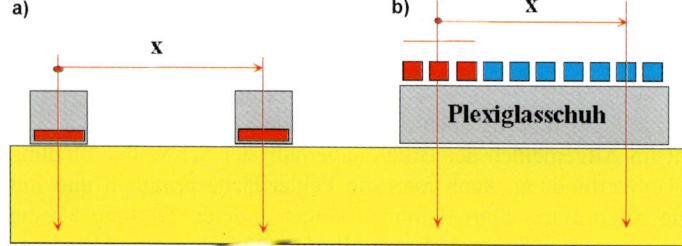

Bild 12-9. Neue Möglichkeit der Ultraschallprüfung;
a) konventionelle Methode (Prüfkopf wird manuell verschoben)
b) Phased-Array-Methode (Prüfkopf wird elektronisch verschoben).

12.8 Makroschliffe und Härteprüfung

Legt man durch einen geschweißten Bolzen einen Schnitt in die Bolzenachse und den Grundwerkstoff, schleift die Schnittfläche mit einer Körnung 320 und ätzt sie an, so kann man aus der Einbrandform und dem Profil der Schweißverbindung die Anschmelzung am Bolzen beurteilen. Der Makroschliff umfasst aber nur eine Ebene, die man aus der Sichtprüfung der Schweißverbindung auswählt. In manchen Fällen ist es sinnvoll, bei zwei nebeneinanderliegenden Schweißverbindungen die Schnittebene um 90° gegeneinander zu versetzen.

Beim **Bolzenschweißen mit Hubzündung** lassen Unregelmäßigkeiten in der Schliffebene, wie Poren, Risse, Bindefehler oder Lunker, Rückschlüsse auf die Schweißbedingung zu. Man erkennt die Auswirkungen der Blaswirkung, zu geringen Hub, zu geringe Stromstärke, zu geringe oder zu tiefe Eintauchbewegung. Beim Kurzzeit-Bolzenschweißen soll die schmale Schmelzzone möglichst gleichmäßig ausgebildet sein. Der Makroschliff in Bild 12-10 zeigt eine fehlerfreie, der

Makroschliff in Bild 12-11 eine fehlerhafte Schweißverbindung. Bei kraftübertragenden Bolzenschweißverbindungen dürfen die summierten sichtbaren Fehlerlängen 20% des Bolzendurchmessers nicht überschreiten.

Beim **Bolzenschweißen mit Spitzenzündung** ist die Schmelzzone sehr schmal. Hier muss die Form der Anschmelzung von Bolzen und Grundwerkstoff genau übereinstimmen. Man erkennt auch hier Bindefehler und Poren. Auch Blaswirkung kann auftreten. In den Schliffen von Bild 6-5 und Bild 6-6 sind Beispiele gezeigt.

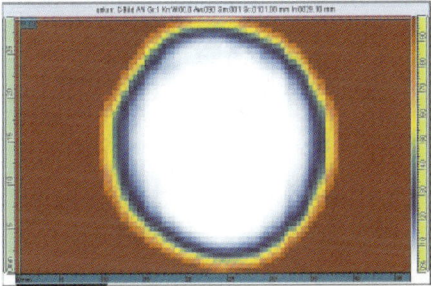 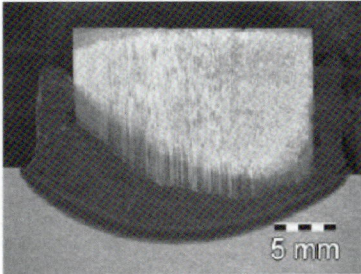

Bild 12-10. Beispiel für eine gute Bolzenschweißverbindung.

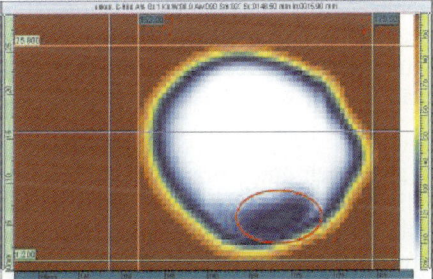 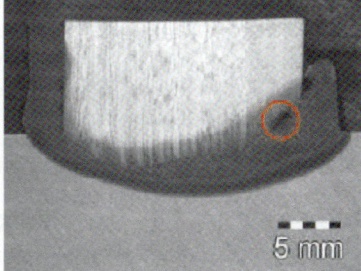

Bild 12-11. Beispiel für eine schlechte Bolzenschweißverbindung.

Bestehen bei zu geringem Biegewinkel – ohne große Fehlstellen in der Bruchfläche – Bedenken über die Schweißeignung der Werkstoffe, kann man durch eine Härteprüfung die Neigung der Werkstoffe zur Aufhärtung kontrollieren, Bild 12-12. Man legt dazu eine Härtereihe HV5 in einem Abstand von 1 mm oder genauer eine Härtereihe HV2 in einem Abstand von 0,5 mm vom Bolzen über die Schweiße in den Grundwerkstoff und trägt die Werte in einem Diagramm auf. Härtespitzen über 380 HV sind nur zulässig, wenn die mechanisch-technologischen Prüfungen, insbesondere der Biegeversuch, nicht zu beanstanden sind.

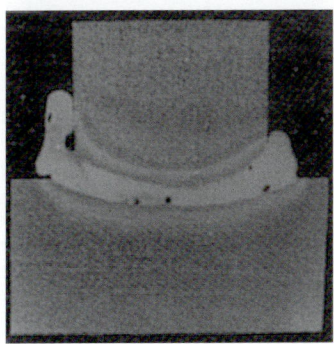

Bild 12-12. Härteprüfung eines Makroschliffes.

12.9 Mikroschliffe

Werden die Mikroschliffe sehr sorgfältig vorbereitet und nach dem Schleifen poliert sowie mit einem geeigneten Mittel geätzt, kann man das Mikrogefüge der Schweißverbindung und der Wärmeeinflusszone untersuchen und gegebenenfalls auch kleine Fehlstellen und Heißrisse erkennen. Bei legierten Stählen können die sehr aggressiven Ätzmittel auch zu falschen Schlüssen führen. Hier ist die Farbätzung vorzuziehen. Bei vollaustenitischen Werkstoffen sind Heißrisse (< 1 mm) in begrenzter Zahl (zum Beispiel < 10 parallel zur Bolzenachse) meist nicht zu beanstanden. Sie sind für ein Versagen der Biegeprobe nicht ursächlich. Mit Kleinlasthärteprüfungen kann man schmale Diffusionszonen oder Karbidausscheidungen und andere Gefügebestandteile untersuchen und zur Beurteilung der Schweißverbindung heranziehen. Hinweise zur Anordnung der Eindrücke kann man aus DIN EN ISO 9015-2 entnehmen.

12.10 Andere Prüfungen

Der **Kerbbiegeversuch** war bei Prüfungen nach DIN 8563-10 (Ausgabe 1984) vorgesehen. Dazu wurde der Bolzen in der Blechebene beidseitig um 10 % des Durchmessers eingekerbt und dann gebogen. So sollte der Bruch in der Schweißzone erzwungen werden. Die Bruchfläche wurde dann auf Fehlstellen untersucht. In DIN EN ISO 14555 ist der Kerbbiegeversuch nicht mehr enthalten, da der Bruch sehr häufig außerhalb der Schweißverbindung verläuft. Bei größeren Fehlstellen bricht die Probe zwar in der Schweißzone; die Unregelmäßigkeiten werden jedoch auch bei der Durchstrahlung oder im Zugversuch aufgedeckt.

Die **Klangprobe** wurde in Deutschland lange abgelehnt, aber nach guten Praxiserfahrungen im angelsächsischen Raum bei der Durchschweißtechnik, in die Neuausgabe 2014 von DIN EN ISO 14555 aufgenommen. Dabei wird ein geschweißter Kopfbolzen so kräftig mit einem Hammer angeschlagen (genauere Angaben finden sich in der Norm), dass bei akzeptablen Schweißverbindungen ein heller, bei nicht akzeptablen ein dumpfer Ton entsteht. Durch innere Rissvorgänge von Bolzen mit unzureichender Anbindung geht ein Teil der Schlagenergie verloren, so dass sich der Klang deutlich von dem einer einwandfreien Schweißverbindung unterscheidet.

12.11 Prüfungen und Regelwerke außerhalb Deutschlands

12.11.1 Europäische Festlegung nach Eurocodes

In der europäischen Union gelten die Eurocodes und damit für den Stahltragwerksbau DIN EN 1993 (Eurocode 3) und für den Verbundbau DIN EN 1994 (Eurocode 4). Entgegenstehende nationale Bestimmungen sind zurückzuziehen.

12.11.2 USA

In den USA gilt für das Bolzenschweißen AWS D1.1, Sec. 7 [15]. Die Mindestwerte der mechanisch-technologischen Eigenschaften entsprechen denen von DIN EN ISO 13918. Zu beachten ist eine andere Messlänge bei der Zugprüfung (2" gegenüber 5 x D). Bei geringerer Messlänge ist die gemessene Dehnung höher, so dass die Forderung nach 20 % Bruchdehnung erklärlich ist.

Stähle, die nach europäischer Messlänge 15 % erreichen, liegen erfahrungsgemäß bei der AWS-Messlänge immer über 20 %.

12.11.3 Anwendung von Verankerungen mit Kopfbolzen in den osteuropäischen Staaten

Die osteuropäischen Staaten Russland, Ukraine und Weißrussland sind bekannt durch hohe materielle Ressourcen sowie eine leistungsfähige exportorientierte metallurgische Industrie und Energiewirtschaft. Diese Staaten befanden sich nach dem Zerfall der Sowjetunion lange Zeit in einer wirtschaftlich schwierigen Lage. Die meisten Normen dieser Staaten, nicht nur diejenigen im Bauwesen, wurden seit Anfang der neunziger Jahre des vorigen Jahrhunderts nicht mehr überprüft und dem Stand der Technik angepasst. Unbegründet hohe Sicherheitsforderungen der alten Normen dieser Staaten verhindern daher heute oft die Anwendung des Verbundbaus, nicht zuletzt auch wegen der vergleichsweise niedrigen Qualifikation der einheimischen Projekt- und Bauleiter, für die der Verbundbau oft unbekannt ist.

Verbundbau im Verkehrswesen

Auf diesem Gebiet stellt sich die Situation hinsichtlich der Anwendung dieser Technologie am günstigsten dar. In die Baunormen der genannten Staaten wurde noch im Jahr 1984 die Berechnungsmethode „Brücken mit starrem Verbund und mit Kopfbolzen" aufgenommen [47]. Die Berechnungsmethode, die in diesen Normen geregelt wird, beruht auf folgenden Voraussetzungen:

Unabhängig vom Typ der Verbundelemente, welche die Platte und den Träger verbinden, wird angenommen, dass bei der Ermittlung der Schnittgrößen nur der vollständige starre Verbund berücksichtigt wird, was bei der Anwendung von Kopfbolzen nicht korrekt ist. Die Schubkräfte zwischen der Platte und dem Träger werden aus nichtlinearer Abhängigkeit festgestellt, wie dargestellt in der Zeichnung nach Bild 12-13.

Die Annahme solcher Verteilungen der Schubkräfte ist im Ganzen korrekt. Bei stückweiser Linearisierung muss mit einem gewissen Fehler gerechnet werden. Die Methode zur Berechnung der Schubkraft an jedem Teilbereich ist in derselben Norm aufgeführt. Separat sind dort auch analoge Schemata und Methoden für Durchlaufträger aufgeführt. Die Tragfähigkeit der Verbundmittel in Form von Rundstäben mit Kopf wird gemäß folgender Gleichung ermittelt:

$$S_h = d^2 \sqrt{10 \cdot R_b} \text{ in kN}$$

Darin sind:

d – Durchmesser des Verbundmittels in cm,
R_b – nominelle Mindestdruckfestigkeit des Betons.

Es muss auch folgende Bedingung erfüllt werden:

$$S_1 \leq 0{,}063 d^2 m \cdot R_y \text{ in kN,}$$

Darin sind:

R_y – nominelle Mindeststreckgrenze des Stahls,
m – Koeffizient der Belastungsbedingungen, m = 0,9.

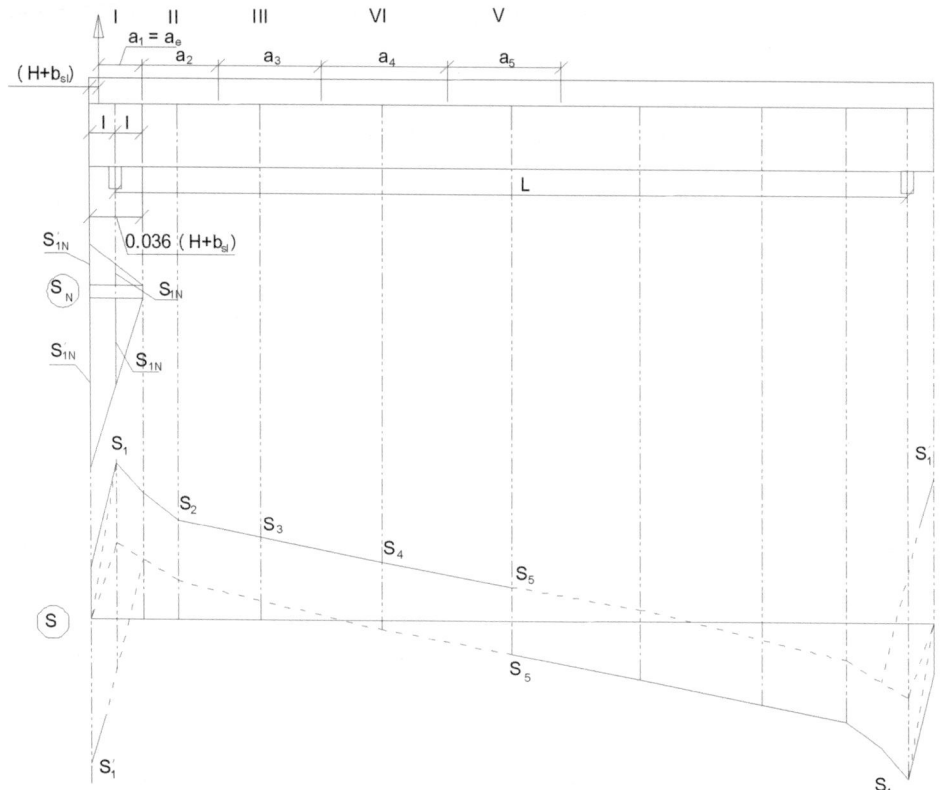

Bild 12-13. Graphische Darstellung der Verteilung der Schubkraft S und der abhebenden Kraft S_N über die Länge des geschnittenen Trägers.

Wie man feststellt, sind diese Formeln empirisch, das heißt durch Versuche für beliebige Konstruktionen ermittelt, doch berücksichtigen sie nicht die plastische Verformung des Verbundmittels im Inneren des Werkstoffs. Die Schubfestigkeit des Bolzens, die Betonpressung vor dem Bolzenfuss und der Formschluss zwischen Beton und Stahl durch den Bolzenkopf werden nicht berücksichtigt.

Wegen der übermäßigen Vereinfachung kann diese Methode nicht nur zu einem gewissen Mehrverbrauch von Werkstoff führen, sondern sich auch als fehlerhaft erweisen, da wichtige Festigkeitsberechnungen fehlen. Doch trotz der aufgeführten Mängel der Berechnungsmethode für Stahlbetonkonstruktionen im Brückenbau wird diese weitgehend beim Errichten von Verkehrsanlagen eingesetzt. Dank wissenschaftlicher Forschungen wurde die Konkurrenzfähigkeit dieser Konstruktionen aus wirtschaftlicher Sicht bei Spannweiten von 33 bis 55 m für Eisenbahnbrücken und 33 bis 80 m für Autobahnbrücken bewiesen.

Diese Bemessungsmethode ist praktisch ohne Änderungen in den gültigen Baunormen der osteuropäischen Staaten vorhanden – im Dokument [48], das nur eine Präzisierung der Normen [47] ist und in Russland und Weißrussland gültig ist und im Dokument [49], welches in der Ukraine gilt. Sobald die Brückenbauingenieure die technische Möglichkeit erhielten, den Verbundbau mit Kopfbolzen europäischer Herstellung anzuwenden, wäre die Möglichkeit gegeben, innerhalb von einigen Jahren praktisch vollständig die Verwendung starrer Verbundmittel aufzugeben und auf den Verbundbau mit Kopfbolzen umzustellen. Rein technisch handelt es sich auch weiterhin um Stahlbetonkonstruktionen.

In Russland wurden im Jahr 2001 regionale Normen zur Kontrolle der Qualität des Bolzenschweißens [50] eingeführt. Diese Normen betreffen nicht nur das Schweißverfahren und die Qualitätskontrolle, sondern auch die Schweißzusatzstoffe (Bolzen) und die Schweißgeräte, die zur Nutzung zugelassen sind. Viele Parameter sind den internationalen Standards entnommen [38, 39], einige Parameter wurden von den Entwicklern des Normdokuments aufgrund eigener Erfahrungen festgelegt. So wird zum Beispiel die chemische Zusammensetzung des Stahls normiert, der bei der Herstellung der Bolzen verwendet werden darf, Tabelle 12-2.

Tabelle 12-2. Chemische Zusammensetzung des Stahls zur Herstellung der Bolzen.

Gewichtsanteil des Elementgehalts (%)					
Kohlenstoff	Silizium	Mangan	Schwefel	Phosphor	Aluminium
≤ 0,18	0,14 – 0,3	0,6 – 1,25	≤ 0,020	≤ 0,020	≤ 0,04

Beim Vergleich dieses Stahls mit S235J2G3+C450, den man in demselben Dokument zur Anwendung empfiehlt, stellt sich heraus, dass der Stahl S235J2G3+C450 den Forderungen dieses Normdokuments nicht entspricht. Daraus resultiert, dass man ihn für die Herstellung von Kopfbolzen zum Einsatz im Gültigkeitsbereich der oben genannten Normen nicht ohne Weiteres verwenden darf. Zusätzlich fordert dieses Normdokument Prüfung an Mustern auf Kerbschlagzähigkeit, welche folgende Werte erreichen müssen: KCU-40 ≥ 30 N/cm^2, KCU-20 ≥ 27 N/cm^2. Diese Forderung am oben genannten Stahl gibt es weder in den internationalen Standards [51], noch in dem gültigen Standard für Bolzen und Keramikringe, der sogar keine Forderungen an die Kerbschlagzähigkeit des Werkstoffs für Kopfbolzen erhebt.

Infolgedessen lässt sich feststellen, dass das in Russland gültige Normdokument [50] bei einigen Parametern strenger ist als die internationalen Normen, was ohne objektive Gründe die Anwendung der Bolzen einiger Hersteller im Brückenbau einschränkt. Weißrussland hat wiederum die russischen Normen auf dem Gebiet des Bauens im Verkehrswesen übernommen und importiert aus Russland den größten Teil der Brückenkonstruktionen. So hat sich diese Einschränkung auch auf Weißrussland ausgedehnt. Ebenfalls ist zu erwähnen, dass auch die Ukraine 70 % ihrer Stahlbetonkonstruktionen für den Brückenbau bei russischen Herstellern bestellt. Daraus lässt sich schließen, dass trotz der vorhandenen staatlichen Baunormen in jedem dieser Staaten die Anwendung von Stahlverbundkonstruktionen im Verkehrswesen den gleichen Einschränkungen unterworfen ist.

Verbundbau im industriellen und zivilen Bauwesen

In dieser Branche haben die Metallwerkstoffe praktisch keine Anwendung gefunden. Die weitgehende Verbreitung des Einheits- und Plattenbaus in der Sowjetunion schloss die Anwendung des Verbundbaus in dieser Richtung praktisch aus. Keine unwichtige Rolle spielten dabei die regionalen Brandschutzbestimmungen, die das Vorhandensein offener (vor Feuer ungeschützter) Metallflächen in Gebäuden des zivilen Bauwesens verboten, was die Anwendung nicht nur der Metallkonstruktionen, sondern auch des Verbundbaus fast unmöglich machte. Es ist anzumerken, dass die gültigen Baunormen für Stahlbeton- und Metallkonstruktionen in den achtziger Jahren des vorigen Jahrhunderts eingeführt wurden, und Richtlinien für den Verbundbau gab es überhaupt nicht.

Bestimmungen, die zur Regelung der Anwendung dieser Konstruktionen beitragen sollen, haben entweder die Form eines Lieferstandards der Firma bzw. des Unternehmens oder sind provisorische Richtlinien bzw. Empfehlungen für das Engineering. Die Entwicklung staatlicher Baunormen für den Verbundbau in der Ukraine befindet sich in einer ersten Phase (Dokument wurde in erster Fassung besprochen), Angaben über die Ausarbeitung eines vergleichbaren Dokuments in Russland liegen nicht vor. Eine Ausnahme bildet Weißrussland, welches das Dokument [52] im Jahr 2009 als gültig angenommen hatte.

Nach der gültigen Gesetzeslage in Russland und in der Ukraine werden alle Elemente der Baukonstruktionen im zivilen Bauwesen als Metall- oder Stahlbetonkonstruktionen berechnet. Hier wird die Kombination verschiedenartiger Werkstoffe als sehr schwierig erachtet und erfordert eine beinahe wissenschaftliche Beweisführung gegenüber den Kontrollbehörden des Staates. Trotzdem sind viele Auftraggeber im Bauwesen, vor allem beim Errichten von großen Einkaufs- und Freizeitzentren, bereit, diese Schwierigkeiten zu überwinden und den Verbundbau in ihren Projekten einzuführen, weil sie den wirtschaftlichen Nutzen erkennen.

Kopfbolzen in Ankerplatten im Verkehrs- und zivilen Bauwesen

Die Konstruktion, Berechnung und Herstellung von Ankerplatten wird geregelt durch die oben genannten Baunormen für Stahlkonstruktionen, die vor über 20 Jahren herausgegeben wurden [53, 54, 55]. Darin wird festgelegt, dass alle Bolzen für Ankerplatten (oft werden diese auch als Einbauteile bezeichnet) durch Lichtbogenhandschweißen oder durch Unterpulverschweißen geschweißt werden – das Bolzenschweißen mit Hubzündung wurde in der Sowjetunion nicht in Betracht gezogen, Daher war die Anwendung der Kopfbolzen auf Ankerplatten, die mit dem Bolzenschweißen hergestellt werden, nicht zulässig. Die folgenden Berechnungen sind für die Ankerplatte in Form einer Platte mit geschweißten Kopfbolzen entwickelt worden; sie stellen Bolzen mit quadratischen Köpfen dar, Bild 12-14.

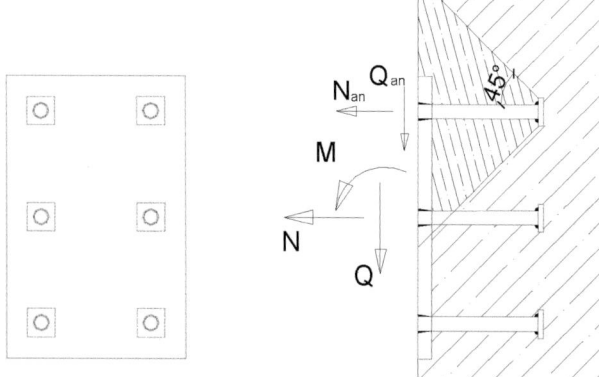

Bild 12-14. Berechnungsschema für ein Einbauteil.

Es wird angenommen, dass die Auswahl des Ankerschnittes aus folgender Bedingung hervorgeht:

$$A_{an} = \frac{1{,}1\sqrt{N_{an}^2 + \left(\dfrac{Q_{an}}{\delta \cdot \lambda}\right)^2}}{R_s}$$

Darin sind:

A_{an} – Fläche der Anker in der äußersten Reihe,

N_{an} – Längskraft in den Ankern der äußersten Reihe,

Q_{an} – Querkraft in den Ankern der äußersten Reihe,

R_s – Scherfestigkeit,

δ, λ – Koeffizienten, die vom Charakter der Arbeit des Teils abhängen.

Wie ersichtlich ist, basiert die Formel auf Ermittlung der Hauptspannungen im Bolzen und deren Vergleich mit der Scherfestigkeit. Das Vorhandensein empirischer Koeffizienten zeugt von einem bestimmten Annäherungsgrad dieser Berechnung an Versuchsergebnisse, auch ist diese Berechnung für andere Bauweisen von Einbauteilen entwickelt worden – anstelle von Kopfbolzen wurden, wie erwähnt, Stäbe mit an den Enden geschweißten quadratischen Köpfen verwendet, Bild 12-13.

Zusätzlich wird beabsichtigt, Prüfungen der Betonpressung unter dem Kopf des Bolzens und des Ausbruches eines Kegels durchzuführen. Die erste Prüfung wird gemäß folgender Formel durchgeführt:

$$\varphi_b \beta_b R_b A_{loc,1} > N_{loc}$$

Darin sind:

R_b – Festigkeit des Betons auf Pressung,

$A_{loc,1}$ – Fläche der Pressung unter dem Bolzen,

N_{loc} – Kraft im Bolzen,

$\varphi_b \beta_b$ – empirische Koeffizienten.

Die Prüfung des Ausbruches eines Kegels wird aus der Bedingung durchgeführt:

$$0,5 \cdot A_1 \times R_{bt} > N_{an}.$$

Das Prinzip der Prüfungen ist eindeutig und entspricht dem wirklichen Zustand der Werkstoffe, aber einige Annahmen sind doch fehlerhaft. Der Ausbruchkegel wird nach der Bedingung ermittelt, dass der Winkel gleich 45° ist, Bild 12-14 rechts, obwohl gemäß [44] dieser Winkel 30° beträgt.

Weitere Nachweise der Ankerplatte werden nicht geführt; insbesondere werden nicht betrachtet:

– Betonausbruch der lastabgewandten Seite,
– Betonkantenbruch,
– Berücksichtigung einer Rückhängebewehrung auf Zug,
– Berücksichtigung einer Rückhängebewehrung auf Querzug,
– Berücksichtigung einer zusätzlichen (vorhandenen) kreuzweisen Bewehrung.

Doch oft sind gerade diese Berechnungen bei der Auslegung und Wahl der Ankerplatte entscheidend. Daraus folgt, dass die Berechnungsmethode zum Nachweis der Ankerplatten, die in den osteuropäischen Staaten gilt, derart unvollkommen ist, dass die danach berechneten Ankerplatten mit Kopfbolzen vielfach wirtschaftlich nachteilig, manchmal sogar nicht annehmbar sind.

Zugleich bemüht man sich, die gängigsten Arten von Ankerplatten mit Kopfbolzen trotzdem zu verwenden. Dabei wird jeder Art von Ankerplatten vor Einsatz einem Feldtest unterzogen (praktischer Nachweis) und erhält erst danach die Erlaubnis zur weitergehenden Anwendung. Im Jahr 2009 wurde vom Institut Melnikov in Moskau einem Kopfbolzenhersteller eine Zulassung [35] erteilt, die eine Zusammenfassung von Eurocode 4 und der ETA (European Technical Approval) für Stahleinbauteile entspricht. Damit besteht die Möglichkeit, in Russland im Hochbau sowohl Verbundträger als auch Stahleinbauteile im Massivbau mit Kopfbolzen nach ISO 13918 zu bemessen und zu verwenden.

13 Fachpersonal

Bei einer Verfahrensprüfung nach DIN EN ISO 14555 durch eine Prüfstelle zur Erlangung eines Schweißzertifikates nach DIN EN ISO 1090-1 wird in den Bericht (WPQR) sowohl der Name der Schweißaufsichtsperson als auch der Name des Bedieners eingetragen. Die Schweißaufsichtsperson des Betriebes ist für die Überwachung der Fertigung und Qualitätssicherung verantwortlich. Unter der Verantwortung der Schweißaufsichtsperson können auch andere Personen des Herstellers als der in der Bescheinigung eingetragene Bediener Bolzenschweißverbindungen durchführen, sofern sie eine Prüfung abgelegt haben.

Nach DIN EN ISO 14555 muss der Bediener nach DIN EN ISO 14732 geprüft werden. Diese Norm verweist aber hinsichtlich der Anforderungen auf DIN EN ISO 14555. Eine bestimmte Handfertigkeit ist für das Bolzenschweißen (automatisches Schweißverfahren) nicht erforderlich. Allerdings muss der Bediener Fachkenntnisse haben und in der Lage sein, die Anlage nach einer WPS richtig einzustellen und zu bedienen, Abweichungen im Schweißergebnis anhand von Sicht- und Biegeprüfung zu erkennen und mindestens die Schweißaufsichtsperson zu verständigen oder, noch besser, die notwendigen Korrekturmaßnahmen zu ergreifen.

Für die Ausübung der Schweißaufsicht gilt DIN EN ISO 14731. Die Schweißaufsichtsperson muss Erfahrung in dem eingesetzten Bolzenschweißverfahren haben. Sie muss zusätzlich zu den Kenntnissen des Bedieners die Auswirkungen der Bolzenschweißverbindung auf das Werkstück beurteilen können. Dazu gehören auch die richtige Werkstoffauswahl, die Vorbereitung der Oberfläche und eventuelle Reparaturmaßnahmen.

14 Arbeitsschutz, Gerätesicherheit und Wartung der Anlagen

14.1 Arbeitsschutz

Beim Bolzenschweißen müssen die beim Lichtbogenschweißen üblichen Sicherheitsmaßnahmen beachtet werden. Vor allem gilt BGR 500 „Betreiben von Arbeitsmitteln; Kapitel 2.26 „Schweißen, Schneiden und verwandte Verfahren". Beim Lichtbogenbolzenschweißen können Gefährdungen durch

– Elektrizität,
– optische Strahlung,
– Lärm,
– Dämpfe, Gase und Stäube,
– Spritzer

auftreten. Sie sind grundsätzlich nicht anders zu behandeln als Gefährdungen bei anderen Lichtbogenschweißverfahren. Daher sollen hier nur einige allgemeine Hinweise gegeben und auf Besonderheiten hingewiesen werden:

– Charakteristisch für das Bolzenschweißen sind relativ hohe Schweißströme bei kurzer Schweißzeit. Als Maß der Gefährdung für den Menschen ist aber nicht der hohe Strom, sondern die Spannung entscheidend. Beim Schweißen unter erhöhter elektrischer Gefährdung darf der Scheitelwert der Gleichspannung maximal 113 V betragen. Diese relativ hohe Spannung ist nur für den ausreichend geschützten Schweißer ungefährlich. Er muss trockene Schutzkleidung (Lederschürze, Lederhandschuhe, isolierendes Schuhwerk) tragen. Beim Schweißen über Schulterhöhe ist ein Kopfschutz erforderlich.
Verbunden mit hohem Strom sind zwangsläufig starke Magnetfelder. Von den meisten Geräteherstellern wird empfohlen, Personen mit Herzschrittmachern die Ausführung von Bolzenschweißarbeiten und den Aufenthalt in der Nähe von in Betrieb befindlichen Anlagen nicht zu gestatten. Es sind allerdings bisher keine einschlägigen Vorfälle bekannt geworden.
Zu beachten ist auch der mögliche Einfluss von Magnetfeldern auf EDV-Anlagen. Stromführende Schweißkabel müssen in ausreichendem Abstand von empfindlichen Anlagen verlegt werden. Allerdings wurde in der Praxis beobachtet, dass ein Notebook zur Datenerfassung beim Schweißen von Kopfbolzen (Durchmesser 22 mm) direkt auf der Stromquelle ohne Störungen arbeitete. Andererseits wurde von der Beschädigung von Magnetstreifen auf Karten berichtet, die der Bediener während der Schweißarbeiten am Körper getragen hatte.
Die Auswirkungen des Magnetfeldes auf den Bediener unter üblichen Bedingungen können nach bisheriger Erkenntnis als ungefährlich beurteilt werden.

– Die Lichtbogenstrahlung ist bei Strömen bis 2500 A naturgemäß sehr intensiv. In den meisten Fällen beim Verfahren Hubzündung wird aber eine Abschirmung, entweder durch den Keramikring oder (beim Schutzgas- und Kurzzeit-Bolzenschweißen) durch das Stützrohr gegeben sein. Durch die Entgasungsschlitze des Keramikringes tritt ein geringer Teil der Strahlung aus. Da ihre Intensität aber mit dem Quadrat der Entfernung abnimmt, kann im Allgemeinen auf eine zusätzliche Abschirmung verzichtet werden. Ist allerdings ein Schweißhelfer in unmittelbarer Nähe beschäftigt, muss dieser eine geeignete Schutzbrille (Schutzstufe 2 nach DIN EN 169) tragen.

Beim Bolzenschweißen mit Kondensatorentladung ist die Pistole oft mit drei Stützfüßen ausgerüstet. Dann ist keine Abschirmung gegeben. Sie muss durch geeignete Maßnahmen (zum Beispiel Schutzscheibe bei stationären Anlagen, Schweißkabine mit Vorhängen) hergestellt werden.

- Der Schalldruck beim Bolzenschweißen mit Hubzündung großer Durchmesser kann Schutzmaßnahmen erfordern. Da die Schweißzeit aber nur kurz ist, bleibt der bewertete Pegel meistens unterhalb der zulässigen Schwelle. Bei hoher Schweißleistung können aber persönliche Schutzmaßnahmen erforderlich werden.
Beim Bolzenschweißen mit Spitzenzündung entsteht verfahrensbedingt ein lauter Knall von mehr als 90 dB(A). Der Bediener muss einen Gehörschutz tragen; die Umgebung ist als Lärmbereich zu kennzeichnen. Dies hat zum Verschwinden des Bolzenschweißens mit Spitzenzündung aus der Automobilindustrie beigetragen.

- Beim Lichtbogenbolzenschweißen auf oberflächenbeschichteten Werkstücken (Zinkprimer, Verzinkung, Cadmierung, Phosphatierung oder Verbleiung) und beim Schweißen von hochlegierten Stählen entstehen gesundheitsschädliche Rauche oder Dämpfe. Können sich diese anreichern, zum Beispiel in engen Räumen, muss für eine ausreichende Belüftung gesorgt werden. Auf jeden Fall dürfen die maximalen Arbeitsplatzkonzentrationen der Vorschrift über gefährliche Arbeitsstoffe nicht überschritten werden.

- Spritzer können Brände verursachen. Deshalb müssen vor Beginn von Bolzenschweißarbeiten alle brennbaren und leicht entzündlichen Gegenstände aus dem Gefahrenbereich entfernt werden. Die Spritzerbildung ist bei einer richtig durchgeführten Bolzenschweißung mit Hubzündung meistens gering, kann aber bei einer Bolzenschweißung mit Spitzenzündung erheblich sein. Die Vorschriften über enge Räume, Bereiche mit Brand- und Explosionsgefahr und Behälter mit gefährlichem Inhalt der oben genannten BGR 500, Kapitel 2.26, müssen beachtet werden.

- Bei nichtrostenden Stählen haftet eine dünne Schlacke auf der Oberfläche des Wulstes, die während des Erkaltens abspringen kann. Beim Untersuchen des noch nicht vollständig erkalteten Wulstes kann sich ein heißes Schlackenstück in die Hornhaut des Auges einbrennen. Daher wird das Tragen von Augengläsern dringend empfohlen. Auch beim Entfernen des Keramikringes ohne Augenschutz können heiße Bruchstücke zu Augenverletzungen führen.

- Bruchstücke der entfernten Keramikringe erkalten relativ langsam; sie können sich in Schuhsohlen einbrennen und so die Rutschfestigkeit herabsetzen.

- Abfall von Keramikringen sollte nur in hitzebeständigen Behältern gesammelt werden.

14.2 Gerätesicherheit

Lichtbogenschweißgeräte für das Arbeiten unter erhöhter elektrischer Gefährdung müssen der DIN EN 60974-1 entsprechen. Die meisten marktgängigen Bolzenschweißgeräte für Hubzündung sind zum Schweißen unter erhöhter elektrischer Gefährdung geeignet, sie tragen in diesem Fall das Zeichen „S" (früher „K"). Andere Anlagen dürfen nicht für Arbeiten unter erhöhter elektrischer Gefährdung benutzt werden. Geräte, die ab 1.1.1996 erstmals in Verkehr gebracht wurden und nach der „Niederspannungsrichtlinie" beurteilt werden, müssen mit dem Zeichen „CE" zeigen, dass alle einschlägigen europäischen Regelungen eingehalten wurden. Bolzenschweißanlagen mit maschinellem Antrieb, zum Beispiel stationäre Maschinen mit mechanisierter Bolzenzuführung, sind Maschinen im Sinne der „Maschinenrichtlinie". Sie müssen bereits seit Anfang 1995 das

„CE"-Zeichen nach dieser Richtlinie tragen. Nach der aktuellen Gesetzeslage unterliegen alle Schweißgeräte der Maschinenrichtlinie.

Bolzenschweißgeräte für Kondensatorentladung haben meistens Ladespannungen bis etwa 200 V. Dann muss durch eine Sicherheitsschaltung gewährleistet sein, dass diese hohe Spannung nach spätestens 0,3 s unter den zulässigen Wert von 113 V herabgesetzt wird, zum Beispiel bei nicht erfolgter Zündung des Schweißvorganges.

Die hohen Ströme können überall dort, wo keine feste Verbindung zum Werkstück besteht, Verschmorungen verursachen. Auch ist auf einen eindeutigen und sicheren Schweißstromkreis zu achten. Der Schweißstrom darf nicht über metallische Anlagenteile geführt werden, die dadurch beschädigt werden können, wie Wälzlager, Seile, Ketten, beschichtete und verschraubte Komponenten, Schutzleiter von elektrischen Geräten und Ähnliches. Beim Bolzenschweißen an Bauteilen, die mit elektrischen Komponenten galvanisch verbunden sind (zum Beispiel Fahrzeuge) besteht immer die Gefahr von vagabundierenden Strömen, die zu Beschädigung dieser Bauteile führen können. Es sollte dann für eine Unterbrechung der galvanischen Verbindung vor Aufnahme der Schweißarbeiten gesorgt werden.

14.3 Wartung der Anlagen

Grundsätzlich ist der Betreiber (Unternehmer) für den sicheren Betrieb der Bolzenschweißgeräte verantwortlich. Meist ist diese Aufgabe delegiert, zum Beispiel an die verantwortliche Schweißaufsichtsperson. Sie und der Bediener müssen darauf achten, dass sich alle sicherheitsrelevanten Anlagenteile in einem ungefährlichen Zustand befinden. Besonders Kupplungsstellen von Schweiß- und Steuerkabeln, die Isolierung, die Einführungen in den Handgriff der Pistole und der feste Sitz aller Verbindungen im Schweißkreis müssen regelmäßig und ausreichend häufig überprüft werden. Beobachtet wurde beispielsweise ein Verbrennen des Schweißkabels direkt unterhalb des Pistolengriffes, weil zahlreiche Drähte im Laufe der Zeit durch Bewegung gebrochen waren und damit nur noch ein sehr geringer Querschnitt zur Verfügung stand. Solche Lichtbögen sind sehr intensiv und können den Schweißer erheblich gefährden.

Die Stromquellen selbst sind nach Anweisung des Herstellers zu warten. Oft wird ein regelmäßiges Ausblasen mit trockener Druckluft empfohlen. Die Reinigungsintervalle hängen stark von den Betriebsbedingungen ab. Wird beispielsweise in der Umgebung der Anlage viel geschliffen, saugt die Lüftung auch viel Metallstaub an. Dieser kann, besonders in Verbindung mit Feuchtigkeit, zu Überschlägen an elektronischen Bauteilen (Steuerung, Gleichrichter) führen. Oft beobachtet man das an Geräten, die jahrelang ohne Probleme in einem Betrieb gearbeitet haben und dann auf einer Baustelle versagen.

Zur regelmäßigen Kontrolle der Schweißparameter eignen sich die von einigen Herstellern angebotenen Überwachungsgeräte. Strom, Spannung und Schweißzeit können aber auch oszilloskopisch aufgezeichnet werden.

Pistolen und Schweißköpfe müssen auf verschlissene (verschmorte) Bolzen- und eventuell Keramikringhalter, auf ausreichende Federkraft und genügenden Kolbenweg überprüft werden. Der Kolben darf, besonders bei Verfahren mit kurzer Schweißzeit (zum Beispiel Spitzenzündung) keine Bewegungsbehinderung durch verschleißbedingte Reibung erfahren. Defekte Faltenbälge, die funktionswichtige Teile nicht mehr vor Rauch und Spritzern schützen, sind auszutauschen.

Sortier- und Zuführeinrichtungen für Bolzen müssen von Abrieb und Fremdkörpern gereinigt werden. Alle Schläuche, besonders die Kupplungsstellen, sind auf Leckagen zu überprüfen. Zuführeinrichtungen für Bolzen dürfen nicht mit geölter Druckluft arbeiten, da das anhaftende Öl den Schweißvorgang negativ beeinflusst.

Nach DIN EN ISO 14555 müssen die Anlagen nach Plan instand gehalten werden. Es empfiehlt sich, über die erfolgte Instandhaltung Aufzeichnungen zu führen. Zur Erfüllung der Qualitätsanforderungen nach DIN EN ISO 3834-2 oder -3 müssen die Geräte regelmäßig kalibriert werden (siehe hierzu DIN EN ISO 17662 und DIN EN 50504).

15 Anwendungsbereiche des Bolzenschweißens

15.1 Bolzenschweißen im Bauwesen

15.1.1 Verbundbau

Beim Stahl-Beton-Verbundbau übernimmt der Stahl die Zugkräfte; der Beton wird auf Druck beansprucht. Dieses Prinzip ist seit langem im Massivbau durch Betonstahl bekannt. Wenn es aber darum geht, Betonelemente eines Bauwerkes mit Stahlbaukomponenten zu verbinden, spricht man vom Verbundbau. Der Verbundbau hat sich seit den sechziger Jahren, ausgehend vom Brückenbau, inzwischen auch im Hochbau bewährt. Besonders im Industrie- und Verwaltungsbau sind die Vorteile des Verbundbaues nicht zu übersehen:

– hohe Belastbarkeit bei niedrigen Konstruktionshöhen,
– große stützenfreie Räume,
– einfache Veränderbarkeit von Installationen bei Verbunddecken mit Trapezblech,
– hoher Brandschutz bei Verbundbauteilen mit Kammerbeton,
– schnelle Montage wie beim Stahltragwerksbau,
– einfache Demontage und Wiederaufbau möglich,
– ideal bei der Umwidmung alter Gebäude.

Einige Beispiele, auch aus dem Brückenbau, geben die Bilder 15-1 bis 15-6 wieder.

Bild 15-1. Parkhaus in Verbundbauweise (Neue Messe Stuttgart).

Das Zusammenwirken von Stahlträger und Betonplatte wäre ohne kraft- und formschlüssige Verbindung nicht möglich. Diese „Verdübelung" haben in der Anfangszeit des Verbundbaues die von Hand geschweißten Blockdübel oder Rundstahlschlaufen übernommen. Sehr schnell setzten sich aber Kopfbolzen (Rundstahl mit angestauchtem Kopf) durch. Ihre Vorteile liegen im günstigen Verformungsverhalten (hohe plastische Dehnung bei Überlastung), in der formschlüssigen Verbindung im Beton und vor allem in der wirtschaftlichen Verarbeitung durch Bolzenschweißen. Es wird zwischen „starrem Verbund" und „nachgiebigem Verbund" unterschieden, die verschiedene Steifigkeiten des Verbundträgers (je nach Art des Verbundmittels) zur Folge haben. Weiter kennt man „vollen Verbund" und „teilweisen Verbund". Beim vollen Verbund ist die Biegetragfähigkeit maßgebend für die Bemessung, beim teilweisen Verbund der Horizontalschub in der Verbundfuge.

Bild 15-2. Kammergefüllte Verbundträger mit im Werk aufgeschweißten Dübeln.

Bild 15-3. Kopfbolzen auf dem Obergurt einer Verbundbrücke in Trogbauweise.

Bild 15-4. Kopfholzen auf dem Untergurt einer Verbundbrücke in Bogenbauweise.

Bild 15-5. Verbundbrücke (Autobahn); Obergurt mit Kopfbolzen (schubfeste Verbindung zur Fahrbahndecke).

Bild 15-6. Kopfbolzen an Gurtträger aus Rundrohr.

Im klassischen Verbundbau bei Trägern, Decken und Stützen übernimmt der Kopfbolzen überwiegend Schub. Das Tragverhalten ist in Bild 15-7 gut zu erkennen. Der Hauptteil der Schubkraft wird am Schweißwulst übertragen. Daher ist es wichtig, einen möglichst großen und hohen Wulst zu erzeugen (vergleiche Bild 12-12). Er verringert die Betonpressung am Fuß. Mit zunehmender Beanspruchung wird der Beton im Bereich des Schweißwulstes zerstört; der Bolzen wird dann zusätzlich auf Biegung und Zug beansprucht. Zur Aufnahme der Zugkraft ist daher ein angestauchter Kopf erforderlich. Er sorgt insbesondere dafür, dass die Betonplatte am Abheben gehindert wird.

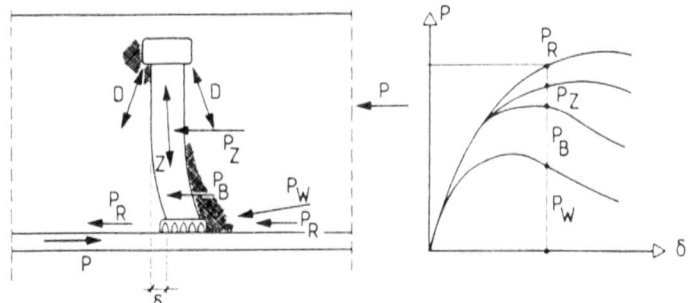

Bild 15-7. Tragverhalten von Kopfbolzen in Vollbetonplatten (nach [60]);
P_W = Traganteil des Wulstes,
P_B = Biegekraft im Bolzen,
P_Z = Horizontalkomponente der Zugkraft,
P_R = Reibkraft aufgrund der Betondruckkraft.

Für Verbundträger und Verbundstützen sind die rechnerischen Tragfähigkeiten von auf Schub beanspruchten Kopfbolzen nach DIN EN ISO 13918 im Eurocode 4 (DIN EN 1994-1-1, DIN EN 1994-1-2, DIN EN 1994-2) geregelt. In DIN EN 1994-2 – Verbundbrücken – sind zusätzlich ergänzende Angaben zur Ermüdungsfestigkeit enthalten (zur Bemessung siehe Abschnitt 6.4).

15.1.2 Stahlverankerungen in Beton (Befestigungstechnik)

Das Einbetonieren von Ankerplatten mit auf der Betonseite geschweißten Kopfbolzen schafft eine sichere Verbindung zwischen Beton- und Stahlbau. Kragträger für Brüstungen und Balkone, Kranbahnträger, Fußplatten für Stahlhallen oder Hochregallager, Kantenschutzschienen, Befestigungen von Treppen und Geländern sind nur einige Beispiele, siehe Bild 15-8.

Der Einsatz von Ankerplatten mit geschweißten Kopfbolzen ist heute durch Europäische Technische Zulassungen, zum Beispiel ETA-03/0039, Bild 15-9 geregelt. Die Bemessung erfolgt dabei gemäß DIN CEN/TS 1992-4-1 und -2 [41, 42] und ist damit den neuen europäischen Rahmenbedingungen angepasst worden. Im Gegensatz zum klassischen Verbundbau (Brückenbau, Hochbau), bei denen die Kopfbolzen vorwiegend auf Schub beansprucht werden, überwiegen hier Zug und Druck, kombiniert mit Schub (Querzug); auch Torsionsbeanspruchung ist möglich. Es gibt eine Anzahl möglicher Versagensarten, gegen die das Bauteil jeweils nachzuweisen ist, Bilder 15-10 und Bild 15-11.

Die Möglichkeit, Kopfbolzen bis Durchmesser 25 mm × 525 mm und zusätzlich Bewehrung bei der Berechnung zu berücksichtigen, verschafft dem Planer bisher nicht zugelassene Möglichkeiten der Lastabtragung.

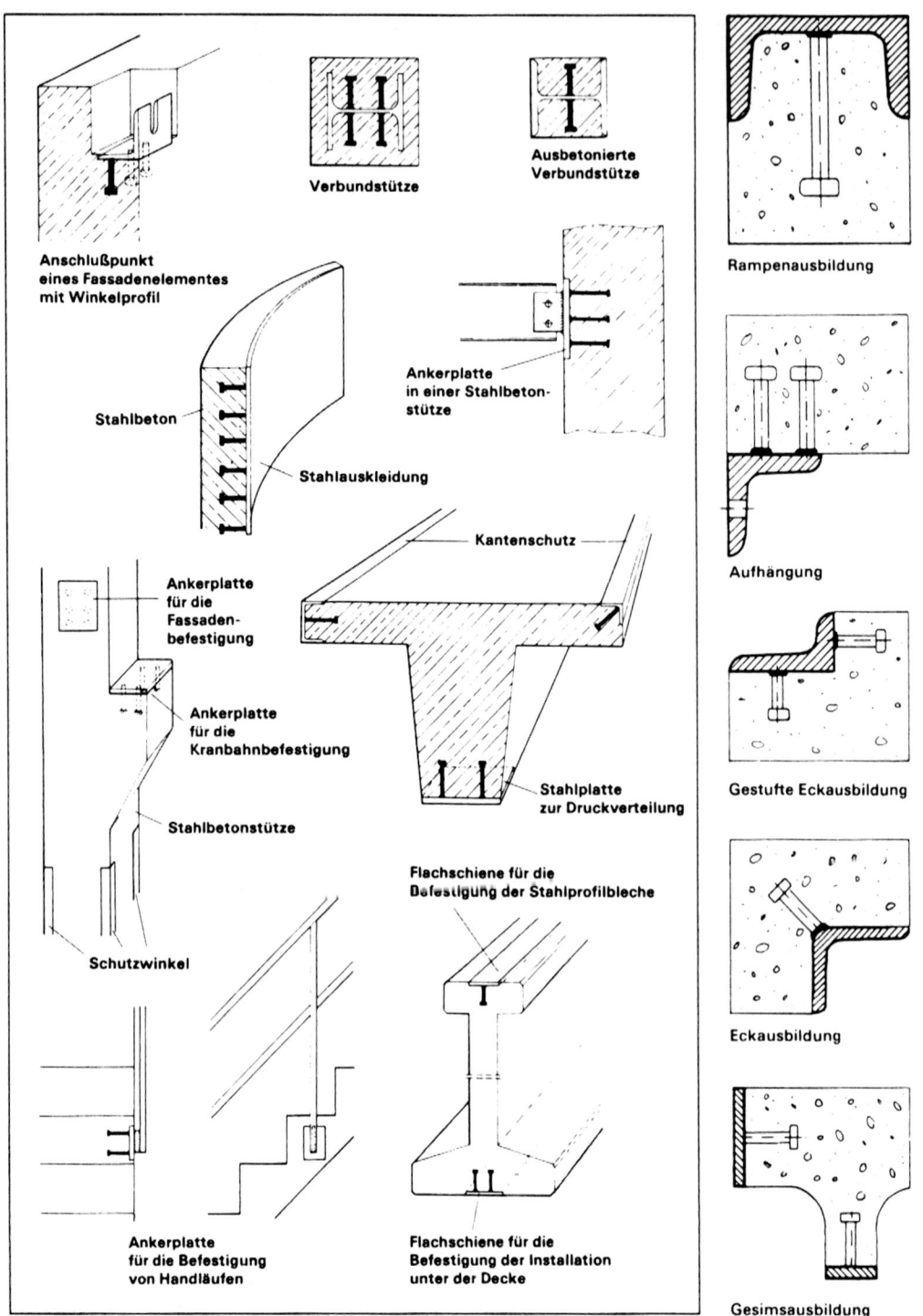

Bild 15-8. Geschweißte Verbindungen mit Kopfbolzen im Betonfertigteil- und Massivbau.

Deutsches Institut für Bautechnik

Zulassungsstelle für Bauprodukte und Bauarten

Bautechnisches Prüfamt

Eine vom Bund und den Ländern gemeinsam getragene Anstalt des öffentlichen Rechts

Kolonnenstraße 30 B
D-10829 Berlin
Tel.: +49 30 78730-0
Fax: +49 30 78730-320
E-Mail: dibt@dibt.de
www.dibt.de

Ermächtigt und notifiziert gemäß Artikel 10 der Richtlinie des Rates vom 21. Dezember 1988 zur Angleichung der Rechts- und Verwaltungsvorschriften der Mitgliedstaaten über Bauprodukte (89/106/EWG)

Deutsches Institut für Bautechnik

Mitglied der EOTA
Member of EOTA

Europäische Technische Zulassung ETA-03/0039

Handelsbezeichnung *Trade name*	KÖCO-Kopfbolzen *KÖCO Headed Studs*
Zulassungsinhaber *Holder of approval*	Köster & Co. GmbH Bolzenschweißtechnik Spreeler Weg 32 58256 Ennepetal DEUTSCHLAND
Zulassungsgegenstand und Verwendungszweck *Generic type and use of construction product*	Einbetonierte und an Stahlplatten angeschweißte Kopfbolzen aus Stahl und aus nichtrostendem Stahl *Headed studs cast-in and welded on steel plates made of steel and of stainless steel*
Geltungsdauer: vom *Validity:* *from* bis *to*	4. Juni 2013 4. Juni 2018
Herstellwerk *Manufacturing plant*	Herstellwerk 1

Diese Zulassung umfasst *This Approval contains*	15 Seiten einschließlich 7 Anhänge *15 pages including 7 annexes*
Diese Zulassung ersetzt *This Approval replaces*	ETA-03/0039 mit Geltungsdauer vom 01.04.2011 bis 18.11.2013 *ETA-03/0039 with validity from 01.04.2011 to 18.11.2013*

Europäische Organisation für Technische Zulassungen
European Organisation for Technical Approvals

Bild 15-9. Europäische Technische Zulassung für den Einsatz von Ankerplatten mit geschweißten Kopfbolzen.

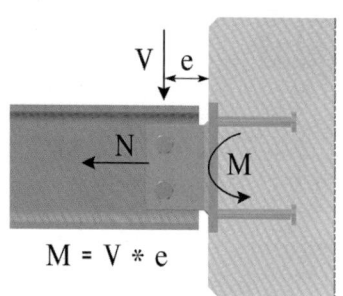 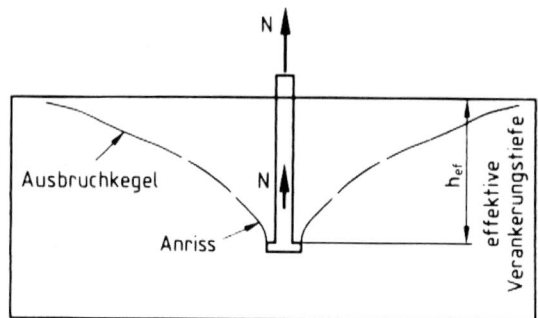

Bild 15-10. Kräfte an einer Ankerplatte (Querkraft, Normalkraft und Moment). **Bild 15-11.** Tragverhalten eines Einzelbolzens bei Zugbeanspruchung.

Die hohe Wirtschaftlichkeit von Ankerplatten mit geschweißten Kopfbolzen hat dazu geführt, dass viele Anbieter Ankerplatten in Standardabmessungen herstellen. Der Planer kann damit aus einer Liste die passende Platte auswählen und bekommt sofort Angaben über die zulässigen Lasten und Lastrichtungen mitgeliefert.

Kopfbolzen sind in DIN EN ISO 13918 genormt und stehen somit dem Anwender in gängigen Abmessungen und erprobten Werkstoffen zur Verfügung. Beachtet werden muss aber, dass in einer ETA die Anforderungen an den Werkstoff anders als in der Bolzennorm sein können.

Im Gegensatz zu nachträglich mit „Schwerlastdübeln" befestigten Ankerplatten aktivieren Ankerplatten mit geschweißten Kopfbolzen die vorhandene Bewehrung. Besonders bei Verankerungen nahe am Rand treten wesentlich geringere Spaltkräfte auf, die zudem durch eine zusätzliche Bewehrung abgefangen werden können. Verankerungslängen von über 500 mm mit den enormen zulässigen Lasten sind wirtschaftlich nur durch Kopfbolzen realisierbar. Auch bei Verankerung in der Zugzone (gerissener Beton) behält der Kopfbolzen seine Tragfähigkeit. Die Duktilität des Bolzens kündigt Versagen bei Überlastung vorher an – ein zusätzliches Stück Sicherheit.

Für die Ausführung des Schweißens ist (neben DIN EN ISO 14555) Folgendes wichtig:

– Die Zulassung gilt nur für Einbauteile, bei denen die Bolzen durch Bolzenschweißen mit Hubzündung aufgeschweißt wurden. Kehlnähte sind nicht zulässig (außer bei Reparaturen)!
– Bei nichtrostenden Bolzen müssen als Ankerplatten die Güten X5CrNiMo17-12-2 (W.-Nr. 1.4401) oder X6CrNiMoTi17-12-2 (W.-Nr. 1.4571) verwendet werden. Die Bolzen müssen ebenfalls nichtrostend sein (X5CrNi18-10 (W.-Nr. 1.4301) oder X4CrNi18-12 (W.-Nr. 1.4303)) und eine Mindeststreckgrenze (besser 0,2 % Dehngrenze) von 375 (350) MPa besitzen.
– Es dürfen nur Bolzen verwendet werden, deren Prägung mit der Zulassung übereinstimmt. Außerdem muss der Hersteller der Bolzen die CE-Konformität (bei ETA-Zulassung) nachweisen.

15.1.3 Durchschweißtechnik

Einen besonders in den angelsächsischen Ländern sehr häufigen Sonderfall stellt die Durchschweißtechnik dar, Bild 15-12 und Bild 15-13. Dabei entsteht eine Kombination von Verbundträger und Verbunddecke, wobei die Kopfbolzen durch verzinkte Trapezbleche, die als „verlorene Schalung" dienen, geschweißt werden. Zunächst wird das Stahlskelett aufgestellt. Auf den Trägern werden die Bleche verlegt, die auch als Arbeitsbühne dienen; danach stellen auf die Träger geschweißte Kopfbolzen (meist Durchmesser 19 mm) die Grundlage für den Verbundträger her. Der Lichtbogen durchdringt das Trapezblech und verschweißt es mit Träger und Bolzen. Diese Bauweise spart im Vergleich zu konventioneller Schalung Zeit und weist zudem bei schwalbenschwanzförmiger Ausbildung der Sicken auf der Unterseite eine ideale Fläche für die verschiedensten Installationen auf. Sie lassen sich ohne großen Aufwand montieren und auch wieder versetzen.

Bild 15-12. Beispiel der Durchschweißtechnik – Kopfbolzen werden durch verzinkte Trapezbleche geschweißt.

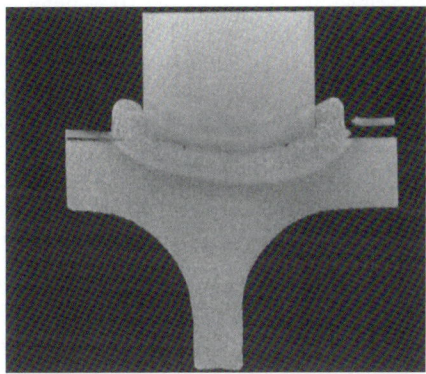

Bild 15-13. Bolzendurchmesser 19 mm, durch ein verzinktes Blech geschweißt (Träger ohne Beschichtung).

Da das Durchschweißen mit Bildung erheblicher Mengen Zinkdampf verbunden ist, muss eine vom üblichen Bolzenschweißen abgewandelte Arbeitstechnik zur Anwendung kommen. Die Gründe, weshalb die Durchschweißtechnik in den angelsächsischen Ländern im Gegensatz zu Deutschland große Bedeutung hat, liegen einerseits in der Verwendung von Trägern ohne Beschichtung und im Vorherrschen des 19er Kopfbolzens, der sich leichter als der 22er verarbeiten lässt. In Deutschland wird so gut wie kein Stahlträger ohne Fertigungsbeschichtung verarbeitet. Diese Beschichtung, zusammen mit dem verzinkten Blech, verursacht in den meisten Fällen eine höhere Fehlerzahl als bei Schweißungen unter normalen Bedingungen. Bei einem Bolzendurchmesser von 22 mm ist auch ohne Beschichtung eine gleichbleibende Qualität schwierig zu erreichen. Diese Abmessung wird jedoch im Verbundbau in Deutschland meistens verwendet. Brauchbare Schweißergebnisse werden erzielt, wenn folgende Bedingungen eingehalten werden:

– Verzinkte Profilbleche sollten eine Nenndicke von 1,5 mm nicht überschreiten. Die Nennschichtdicke der Verzinkung sollte 40 µm auf jeder Seite nicht überschreiten.
– Schweißbereiche einschließlich der Bereiche unter und neben den Blechen sollen frei von Feuchtigkeit und Schmutz sein.
– Die Bleche müssen beim Schweißen unmittelbar an den Obergurt des Trägers gedrückt werden. Dies ist in einer Verfahrensanweisung festzuhalten. Jeder Spalt führt zu einer unzulässig hohen Zahl von Fehlern in der Schweißnaht, weil das Schweißbad größtenteils in den Spalt hineinläuft und so nicht mehr vom Keramikring abgeschirmt und geformt wird. Das gilt auch für eine Sicke in der Mitte der Rinne. Entweder wird rechts und links der Sicke geschweißt oder sie muss vor dem Schweißen flach gedrückt werden.
– Das Schweißen soll nicht durch mehr als eine Lage verzinkter Bleche erfolgen, außer es ist durch eine Verfahrensprüfung abgedeckt. Wenn die Projektspezifikation keine genauen Stellen vorgibt, sollten die Bolzen zentral in die Rinne des Profilbleches gesetzt werden, oder wechselnd an die zwei Seiten der Rinne über die Länge der Spannweite, wo eine zentrale Positionierung nicht möglich ist.

Weiterhin haben sich folgende Empfehlungen für die Praxis bewährt:

- Der Obergurt des Trägers soll unbeschichtet sein, maximal 30 µm schweißfähiger Schutzanstrich sind beherrschbar. Sehr gut bewährt hat sich Eisenglimmer.
- Das Dickenverhältnis von Obergurt zu Schaftdurchmesser des Bolzens soll 1:2 nicht unterschreiten.
- Der Schweißstrom liegt etwa 10 % unter, die Schweißzeit etwa 80 % über dem Normalwert. Der Hub beträgt beim Bolzendurchmesser von 19 mm etwa 6 mm, der Überstand etwa 8 mm. Nach dem Schweißen ist der Bolzen etwa 5 mm kürzer als normal. Die Leistungsfähigkeit der Bolzenschweißanlage ist hierauf (Dauerbetrieb!) zu überprüfen.
- Es sollen Sonderkeramikringe für die Durchschweißtechnik verwendet werden, die größere Entgasungskanäle und ein größeres Spiel zwischen Ring und Bolzenschaft aufweisen.
- Die Qualität ist entsprechend DIN EN ISO 14555 nachzuweisen. In der Neuausgabe von 2014 wird erstmals die Durchschweißtechnik mit einer auf Baustellenbedingungen angepassten Qualifikation und der Klangprobe als Prüfmethode geregelt.

Im Gegensatz zu den ersten Versuchen in der Durchschweißtechnik, bei denen man das Zweistufenverfahren einsetzte, verwendet man heute das Einstufenverfahren mit Parametern wie hier genannt. Beim Zweistufenverfahren sollte in der ersten Stufe das Deckblech durchgebrannt und in der zweiten Stufe die eigentliche Schweißung hergestellt werden. Es zeigte sich aber, dass die Ergebnisse nicht besser als beim Einstufenverfahren sind. Im Gegenteil kam es häufig vor, dass der Lichtbogen wegen des kleinen Stromes durch Kurzschlusstropfenbildung in der ersten Stufe erlosch. Die SLV München hat im Jahr 2004 eine Untersuchung zur Durchschweißtechnik durchgeführt [25]. Die Erkenntnisse sind hier eingearbeitet worden.

15.1.4 Fassadenbau

Im Fassadenbau wird das Bolzenschweißen unter anderem deshalb gern angewendet, weil das Fassadenelement auf der Sichtseite nicht beschädigt wird (unsichtbare Befestigung), wenn der Bolzen auf die Rückseite geschweißt wird und dadurch kein Ansatzpunkt für Korrosion gegeben ist. Es sind aber auch andere Befestigungsarten denkbar. So können beispielsweise Befestigungsbolzen an die Unterkonstruktion geschweißt und das Fassadenelement, das auch aus Beton, Keramik oder anderen nicht schweißbaren Stoffen bestehen kann, an diese angehängt werden, Bild 15-14 und Bild 15-15.

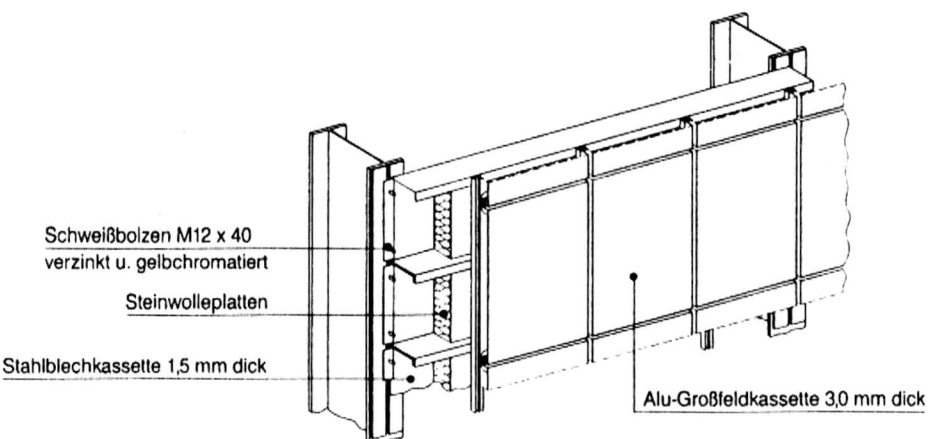

Bild 15-14. Aluminium-Großfeldkassette – schallgedämmt.

Bild 15-15. Bolzenschweißen im Fassadenbau.

Das Schweißen an senkrechter Wand, das beim Baustellenschweißen vorherrscht, verlangt von der Schweißaufsicht und vom Bediener besondere Maßnahmen. Zu beachten ist im Allgemeinen die Begrenzung auf Bolzendurchmesser von 16 mm. Oft kommt es beim Schweißen von einem Gerüst oder insbesondere von einem Korb aus zu Bewegungen der Schweißpistole beim Erkalten des Schmelzbades. Gefährliche Anrisse, die manchmal nicht sofort erkannt werden, sind die Folge. Beim Werkstattschweißen, das dann manchmal als Lösung gewählt wird, besteht die Gefahr, dass die geschweißten Bolzen bei weiteren Fertigungsschritten (zum Beispiel beim Verzinken) oder beim Transport beschädigt werden oder wegen Fertigungsungenauigkeiten auf der Baustelle dann doch nicht passen.

15.1.5 Verglasungen

Auf feuerverzinkten Teilen ist das Bolzenschweißen nur bei Durchmessern von etwa 10 mm möglich, da kein Keramikring als Schweißbadschutz verwendet werden kann. Das verdampfende Zink muss so schnell wie möglich entweichen können, sonst bekommt man mehr Poren als Schweißgut. Erfolgreich anwenden kann man diese Arbeitsmethode im Metallbau, zum Beispiel zur Befestigung von Verglasungen an (Hohl-) Profilen (Bolzendurchmesser meist 6 und 8 mm). Dabei wird die Zinkschicht nur im unmittelbaren Schweißbereich beschädigt und kann leicht ausgebessert werden.

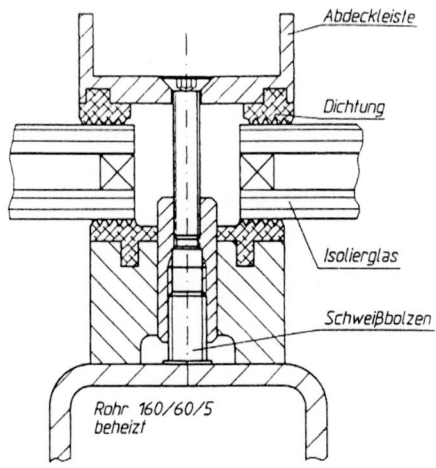

Bild 15-16. Außenverglasung – Hohlprofile (schematisch).

Beim Bau des Flughafens München (Franz-Josef-Strauß) kamen in großem Umfang Gewindebolzen zur Befestigung der Außenverglasung zur Anwendung. Interessant war die Tatsache, dass die Hohlprofile wasserführend sind. Sie dienen zur Klimatisierung des Gebäudes. Eine andere Befestigungstechnik hätte die Dichtheit der Rohre beeinträchtigt, Bild 15-16.

15.1.6 Schwarz-Weiß-Verbindungen

Nach Untersuchungen in [11] tritt bei Schwarz-Weiß-Verbindungen Martensit in der Fügezone auf. (Grundlegendes wurde bereits im Abschnitt 7.4.1 behandelt). Durch die immer vorhandene Luftfeuchtigkeit, Beschichtung und Walzhaut besteht dann die Gefahr der wasserstoffindizierten Rissbildung. Das Deutsche Institut für Bautechnik (DIBt) hat im Zulassungsbescheid „Bauteile und Verbindungsmittel aus nichtrostenden Stählen" (Z-30.3-6 vom 1. Mai 2014) dazu Regeln festgelegt, Bild 15-17.

4.6.5 Bolzenschweißen (78)

4.6.5.1 Allgemein

Es gilt DIN EN ISO 13918:2008-10, sofern im Folgenden keine anderen Festlegungen getroffen werden.

Die Bolzen müssen aus nichtrostendem Stahl nach DIN EN ISO 13918:2008-10 gefertigt sein.

Das Bolzenschweißen ist nur zulässig auf Bauteilen aus:
- den nichtrostenden Stahlsorten mit den Werkstoffnummern 1.4062, 1.4162, 1.4301, 1.4307, 1.4401, 1.4404, 1.4541, 1.4571, 1.4362, 1.4462, 1.4439, 1.4662 sowie
- den schweißgeeigneten Baustahlsorten nach DIN EN 1993-1-1:2010-12 oder nach DIN EN 1090-2:2011-10.

Es sind mindestens die Standard-Qualitätsanforderungen nach DIN EN ISO 3834-3:2006-03 zu erfüllen.

Die Prüfung der Bolzenschweißungen erfolgt nach DIN EN ISO 14555, Abschnitt 11.

4.6.5.2 Zusätzliche Regeln für das Bolzenschweißen auf den schweißgeeigneten Baustahlsorten nach DIN EN 1993-1-1:2010-12 oder nach DIN EN 1090-2:2011-10

Folgende Bedingungen müssen eingehalten werden:
- Bolzendurchmesser < 12 mm,
- Bolzenschweißen mit Schutzgas oder Keramikring,
- Bolzen müssen bei Verwendung eines Keramik-Ringes an der Schweißspitze einen Aluminiumzusatz haben,
- Bolzen, Werkstück und Keramikringe dürfen nur im trockenen Zustand verarbeitet werden. Bereits nass gewordene Keramikringe dürfen, auch nach einem Trocknen, nicht mehr verwendet werden,
- die Gefahr der Kondensatbildung bei Temperaturwechsel ist zu beachten,
- die Schweißstelle muss unmittelbar vor dem Schweißen metallisch blank geschliffen werden,
- es dürfen nur Stromquellen mit Konstantstromcharakteristik verwendet werden,
- die Geräte für das Bolzenschweißen einschließlich der Pistolen müssen nach DIN EN ISO 17662:2005-07 kalibriert sein,
- der ursprüngliche Korrosionsschutz der Unterkonstruktion muss wieder hergestellt werden und den Schweißwulst mit einschließen.

Bild 15-17. Auszug aus dem DIBt-Zulassungsbescheid Z-30.3-6 vom 1. Mai 2014 – Regeln zum Bolzenschweißen im Bauwesen.

Im Gegensatz zu früheren Ausgaben der DIBt-Zulassung wird jetzt das Verwenden eines Keramikringes nicht mehr untersagt. Neuere Untersuchungen der SLV München haben gezeigt [29], dass von einem sachgerecht (trocken) gelagerten Keramikring keine Gefahr der wasserstoffinduzierten Rissbildung ausgeht. Dagegen kann der austenitische Stahlwerkstoff erheblich mit Wasserstoff beladen sein, der dann zu den gefürchteten verzögerten Rissen führt. Abhilfe schafft hier nur eine Untersuchung der Bolzen und entsprechende Chargenauswahl.

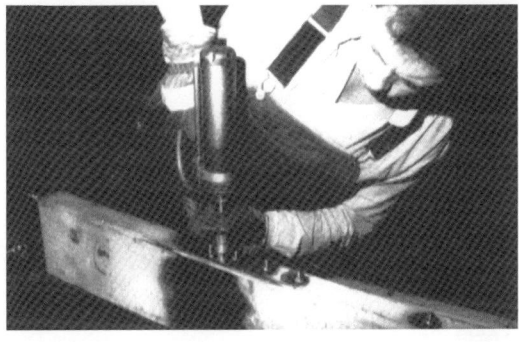

Bild 15-18. Rationelles Fertigen von Glasfassaden durch Bolzenschweißen.

Mit Hilfe der DIBt-Zulassung hat man die Möglichkeit, zum Beispiel Glasfassaden durch Bolzenschweißen rationell zu erstellen, ohne dass nach kurzer Zeit „hässliche" Rostfahnen herunterlaufen, Bild 15-18.

15.1.7 Werkstatt- oder Baustellenschweißen?

Im Allgemeinen wird man dem Schweißen in der Werkstatt den Vorzug geben. Nässe, Kälte, Schmutz, unsichere Netzkapazität, lange Kabel mit Spannungsabfall, Transportprobleme von Schweißanlage und (gegebenenfalls) Generator können der Bauleitung beim Baustellenschweißen erhebliche Schwierigkeiten bereiten. Oft ist aber schon bei der Planung das Baustellenschweißen vorgesehen, zum Beispiel mit Hilfe der Durchschweißtechnik.

Will man auf die Vorteile des Profilbleches nicht verzichten, die Risiken mit der Durchführung der Durchschweißtechnik aber vermeiden, hat sich das Schweißen der Kopfbolzen im Werk und das Lochen der Bleche auf der Baustelle zur Aufnahme von Kopfbolzen und Schweißwulst bewährt. Die Bleche werden dann im Montagezustand nur durch Setzbolzen an einer Verschiebung gehindert.

15.2 Bolzenschweißen im Automobilbau

Im Automobilbau hat sich das Bolzenschweißen seit Jahrzehnten bewährt. An einer modernen Pkw-Karosserie sind etwa 300 Bolzen unterschiedlicher Formen enthalten. Sie dienen der Befestigung von Brems- und Kraftstoffleitungen, Zierleisten, Verkleidungen, Teppichen, Dämmstoffen, elektrischen Anschlüssen und kleineren Aggregaten. Dabei stehen die Kostensenkung in der Montage, aber auch technische Vorteile wie der Wegfall von rostanfälligen Löchern in der Karosserie, im Vordergrund. Bei dieser „lochlosen" Befestigung brauchen in der Variantenfertigung keine zusätzlichen Maßnahmen bezüglich der Dichtheit der Karosserie in Kauf genommen werden.

Neben den bekannten Bolzen mit metrischem Gewinde und anderen Befestigungselementen, Bild 15-19, haben sich aufgrund spezieller Anforderungen drei Bolzentypen etabliert, die gleichermaßen aus Stahl und Aluminium hergestellt werden:

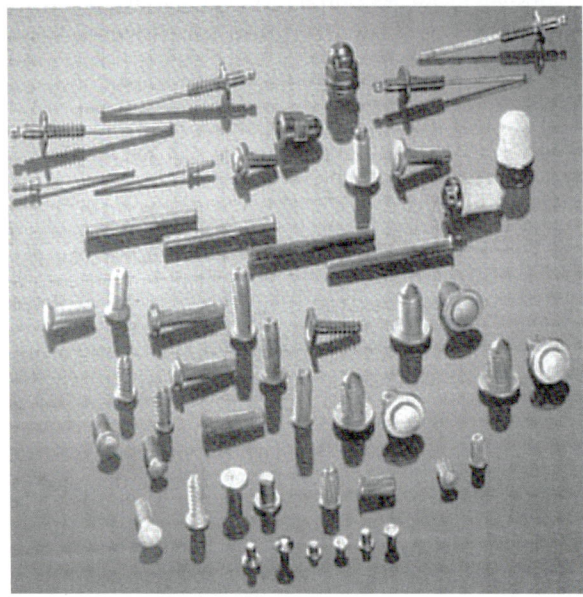

Bild 15-19. Übersicht von gängigen Bolzen im Automobilbau.

- *Tannenbaumbolzen* verdanken ihren Namen dem Grobgewinde, das im Schnitt eine tannenbaumartige Form hat, Bild 15-20. Tannenbaumbolzen ermöglichen eine schnelle und damit wirtschaftliche Montage von Befestigungselementen aus Kunststoff. Sie weisen Gewindedurchmesser von 5 mm und 6 mm auf und erlauben eine geringe Montagekraft beim Aufstecken und eine höhere Demontagekraft für Kunststoffclipse. Eine Demontage kann auch durch Abschrauben erfolgen.

Bild 15-20. Tannenbaumbolzen.

- *T-Bolzen* zum Befestigen von flachen Kunststoffclipsen zwischen Blech und Kopf. Sie werden sowohl zur Befestigung von Zierleisten als auch von Abdeckungen aus Kunststoff eingesetzt.
- *Großflanschbolzen* zur Herstellung von Massepunkten in der Autoelektrik oder zur Befestigung von kleineren Aggregaten, Bild 15-21. Sie können am Großflansch höhere Drehmomente auf-

nehmen, ohne dabei die Fügezone mit einer dauerhaften Zugspannung zu belasten. Bei Bedarf werden diese Bolzen bestückt mit offenen oder geschlossen Muttern geliefert, um den Gewindebereich ganz oder weitgehend vor Lack zu schützen. So steht nach dem Lackieren eine ohne Nacharbeit leitfähige Oberfläche zur Verfügung. Die Gewinde von Großflanschbolzen können auch mit sogenannten Lacknuten hergestellt werden, bei denen abplatzende Lackpartikel beim Aufschrauben der Mutter in die Lacknute gedrückt werden. Übliche Gewindemaße sind M 6, M 8 und M 10.

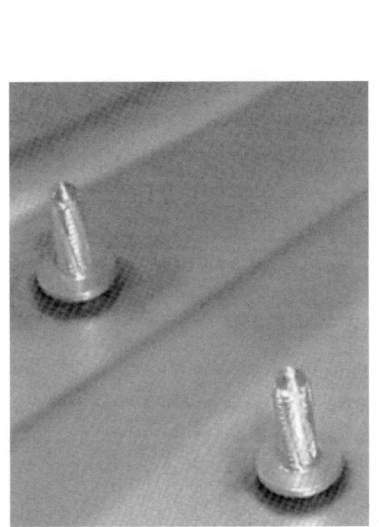

Bild 15-21. Großflanschbolzen.   **Bild 15-22.** Befestigungssystem Bolzen – Kunststoffclip.

Bild 15-22 zeigt schematisch die verschiedenen Befestigungsmöglichkeiten mit Schweißbolzen und Kunststoffclipsen. Insgesamt verarbeitet die Automobilindustrie mehrere Hundert Millionen Bolzen je Jahr in automatischen, von Robotern geführten Bolzenschweißanlagen. Dabei wird das Kurzzeit-Bolzenschweißen als eines der sichersten Schweißverfahren angesehen.

Geschweißt wird automatisch zu etwa 99,9 % mit Schweißköpfen, die Linearmotoren zur Bolzenbewegung während der Schweißung verwenden und mit Inverterstromquellen, die nur Gleichstrom bzw. Gleichstrom oder Wechselstrom mit sich ändernder Schweißpolarität bereitstellen. Konventionelle Gleichrichtergeräte oder Kondensatorentladegeräte kommen vorwiegend in Reparaturwerkstätten zur Anwendung. Inverterstromquellen bieten den Vorteil, dass sie während des Schweißvorganges regelnd eingreifen können, um unerwünschte Wirkungen von sich zufällig ändernden Randbedingungen auszugleichen. Dazu zählen Netzspannungsschwankungen, Änderungen des Schweißkreiswiderstandes sowie Schwankungen der Oberflächenbeschichtung und ihrer Benetzung mit Tiefziehöl. Vorbeugend gewartete automatische Bolzenschweißanlagen erlauben eine Verfügbarkeit von nahezu 100 % sowie ein sehr geringes Versagen von Bolzenschweißverbindungen in der Endmontage, das oftmals einstellige ppm-Werte erreicht.

Selbstverständlich werden fast alle Bolzenverbindungen von Schweißköpfen mit automatischer Bolzenzuführung hergestellt. Bei großen Bauteilen bewegt meist ein Roboterarm den Schweißkopf an die Schweißposition, Bild 15-23, kleinere Bauteile werden oft vom Roboter dem ortsfesten Schweißkopf zugeführt.

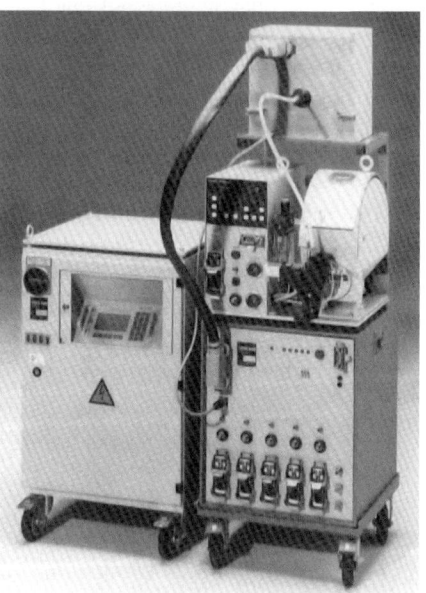

Bild 15-23. Automatisches Bolzenschweißen an einer Autokarosserie.

Bild 15-24. Vollmechanisierte Bolzenschweißanlage (Automobilbau) mit 5 Ausgängen.

Bei der Invertertechnik sind Geräte bis 1500 A Schweißstrom und mit mehreren Ausgängen zur Steuerung von verschiedenen Schweißköpfen Stand der Technik, Bild 15-24. Dabei wird bei Stahl generell ohne Schutzgas geschweißt. Das Bolzenschweißen an Aluminiumbauteilen verlangt hingegen eine Schutzgasabdeckung vorwiegend bestehend aus Argon.

Für fehlende oder fehlerhafte Bolzen gibt es Reparaturlösungen zum Beispiel mit Nieten mit abdichtenden Eigenschaften (siehe Bild 15-19), da es nach dem Lackieren oder in der Endmontage oft schwierig ist, eine Bolzenverbindung herzustellen.

Die Bleche im Stahlbereich liegen im Dickenbereich von etwa 0,5 bis 3 mm. Sehr häufig werden höher und hoch feste Blechqualitäten eingesetzt. Dabei handelt es sich fast immer um Bleche mit vor Korrosion schützenden Beschichtungen, zum Beispiel auf der Basis von Zink, Aluminium und Silizium, sowie zusätzlichen dünnen Kunststofffilmen. Neben Stahlbauteilen werden immer häufiger Bauteile aus Aluminium eingesetzt.

Zur Qualitätssicherung werden die relevanten Parameter überwacht. Bei Abweichungen eines Wertes vom vorgegebenen Fenster wird der Bolzen untersucht und bei Bedarf nachgearbeitet. Bei hohen Anforderungen werden manche Bolzen 100 %ig mit Belastung im unteren elastischen Bereich mechanisch geprüft. Einige Anlagen analysieren beim Stahl-Bolzenschweißen während des Pilotlichtbogens die Lichtbogenspannung, deren Höhe einen Hinweis auf die Dicke eines Ölfilms liefert und regeln während des Hauptlichtbogens den Schweißvorgang entsprechend nach.

Das Aluminium-Bolzenschweißen ist gleichermaßen an Aluminiumbauteilen aus Blech oder Druckguss sowie an Strangpressprofilen ausführbar. Wanddicken von 1 bis 3 mm sind heute üblich. Die Voraussetzung für spritzerfreie, hochwertige Bolzenschweißverbindungen sind eine gleichbleibende Oberflächenqualität der Aluminiumbauteile und Bolzen, eine optimale Schutzgasabdeckung sowie eine Energiequellentechnik, die vorteilhaft mit Wechselstrom eine gezielte Wärmeeinbringung in Bolzen und Bauteil sowie eine Reinigung der Oberflächen und ein Aufbrechen der Oxidhäute in der Fügezone ermöglicht.

Das Schweißen von rechteckigen Bolzen (Blechlaschen) wird durch Verbesserung der Gerätetechnik seit mit konstanter Qualität durchgeführt, Bild 15-25. Dabei spielt neben dem gleichmäßig brennenden Lichtbogen auch die damit koordinierte Hub- und Eintauchbewegung eine große Rolle. Eine geregelte Kolbenbewegung verringert Spritzer und sorgt für ein vollständiges Schweißen des Querschnittes. Als Stromquelle haben sich Inverter bewährt, die mit Strömen bis etwa 1100 A bei Schweißzeiten bis etwa 250 ms arbeiten. Die Querschnitte reichen bis etwa 25 x 2 (mm).

Bild 15-25. Anwendung mit Blechlaschen, die mit einer Inverterstromquelle geschweißt wurden.

Neben Schweißbolzen und Blechlaschen werden heute auch Schweißmuttern aus Stahl bzw. Edelstahl mittels des Kurzzeit-Bolzenschweißens auf Karosseriebauteile geschweißt.

15.3 Bolzenschweißen im Schiffbau

Der industrielle Einsatz des Bolzenschweißens begann im Schiffbau. Auch heute ist das Bolzenschweißen, überwiegend mit Hubzündung, dort nicht mehr wegzudenken. Die kurzen Bauzeiten der Schiffe sind nur durch Schnellbefestigungssysteme wie das Bolzenschweißen möglich. Es lassen sich verschiedene Schwerpunkte unterscheiden:

Bild 15-26. Gewindebolzen im Holzdeckenbau.   **Bild 15-27.** Abbrechstifte als Rutschsicherung.

Bei Holzdecks auf Passagier- oder Fabrikschiffen legt man Wert auf eine glatte, unfallsichere und leicht zu reinigende Oberfläche. **Gewindebolzen** zur Befestigung werden daher durch Bohrungen geschweißt, die mit einer Spezialmutter und einem Pfropfen verschlossen werden, Bild 15-26. Durch eine angepasste Stützeinrichtung, bei der die Bohrung gleichzeitig als Führung für die Pistole dient, sitzen die Bolzen immer an der richtigen Stelle.

Abbrechstifte als Rutschsicherung auf den Auffahrrampen von Fähren und an den Deckarbeitsbereichen von Ankerwinden und Poller sind weit verbreitet und verhindern Unfälle bei Nässe, Schnee und Eis. Gegenüber profilierten Blechen sind sie langlebiger. Die Noppenhöhe von etwa 10 mm bietet auch bei Verschmutzung der Oberfläche besseren Halt. Weil zur Einspannung des Bolzens, den Keramikring und den Überstand bei der üblichen Abmessung eine Mindestlänge von etwa 15 mm nötig ist, fertigt man die Bolzen länger und versieht sie mit einer Sollbruchstelle, an der sie nach dem Schweißen auf die gewünschte Länge abgebrochen werden, Bild 15-27.

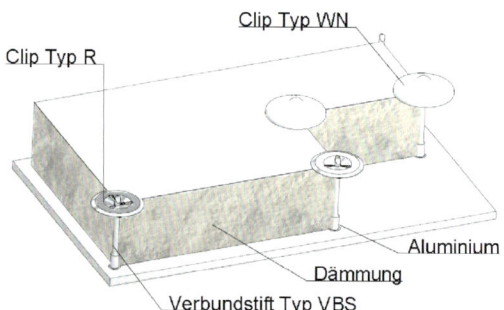

Bild 15-28. Isoliernadeln im Stahlbereich.

Bild 15-29. Verbundstifte – feuerfeste Befestigung von Isoliermaterial.

Jedes Schiff muss zur Vermeidung von Kondenswasser bei Temperaturunterschieden mehr oder weniger isoliert werden. Dazu verwendet man bei Stahlschiffen Isoliernadeln mit einem Durchmesser von 3 mm und einer Länge von etwa 80 mm (je nach Dicke der Isolierschicht). Die Nadeln durchstechen die Isoliermatte beim Auflegen und verhindern durch den aufgesetzten Blechclip ein Abrutschen, Bild 15-28. Bei Aluminiumschiffen ist eine Aluminiumnadel nicht zulässig, weil sie bei einem Brand zu schnell ihre Festigkeit verliert und damit die Isolierung unwirksam wird. Hier haben sich sogenannte Verbundstifte bewährt, die aus einer Aluminium-Buchse mit eingepresster Nadel aus verzinkten oder nichtrostendem Stahl besteht. Dabei wird die Buchse nach dem Kurzzeit-Bolzenschweißverfahren ohne Schweißbadschutz verarbeitet, weil durch ihre geringe spezifische Belastung (Buchse mit Flansch) auch Fehlstellen zu verkraften sind, Bild 15-29.

Bild 15-30. Deckenaufhängung mit Schweißbolzen im Aluminiumbereich.

Bild 15-31. Kabelbefestigung mit Elektrodrahtstegen.

Bild 15-32. Mannlochring mit Bolzen.

Beim Innenausbau von Schiffen haben sich Standardlösungen zur Elektro- und Rohrinstallation durchgesetzt, die durch Vorfertigung eine hohe Kostensenkung bewirken. Statt per Hand geschweißter und dem jeweiligen Anwendungsfall angepasster Halterungen kommen heute auf modernen Werften Befestigungssysteme zum Einsatz, die auf dem Bolzenschweißen basieren und eine schnelle Längenverstellung ermöglichen. Beispiele zeigen Bild 15-30 und Bild 15-31. Von spezialisierten Werkstätten vorgefertigt werden auch Mannlochringe, die mit Bolzen in genormter Ausführung nach DIN 83402 direkt in das Schiff eingeschweißt werden. Dadurch entfällt das aufwändige Bohren am Schiff. Beim Lösen der Mutter kann im Gegensatz zu einer durchgesteckten Schraube der Bolzen nie mitdrehen, Bild 15-32.

Bei der Montage von Sektionsstößen ist man auf den Einsatz von Montagehilfen angewiesen, welche die zu schweißenden Bleche auf gleiche Höhe und konstanten Abstand bringen. Früher behalf man sich mit dem Schweißen von sogenannten Knaggen und benutzte Keile zum Ausrichten. Dieses Verfahren hat mehrere Nachteile: Das Schweißen und das spätere Entfernen der Knaggen ist teuer (meist Putzarbeit nötig), an senkrechter Wand können die Keile herausfallen (Unfallgefahr) und die Stöße müssen sofort geschweißt werden. Heute werden beiderseits des Stoßes Gewindebolzen geschweißt, mit einem hochfesten Aluminiumprofil verbunden und dann verschraubt. Das Schweißen geht bekanntlich sehr schnell, die Nacharbeit ist gering die Verschraubung ist unfallsicher und bleibt bis zum Schweißen des Stoßes unverändert in Position, Bild 15-33 und Bild 15-34. Diese Technik hat sich auch im Anlagenbau bei der Fertigung von baustellengeschweißten Großrohren mit einem Durchmesser von 7 m bewährt.

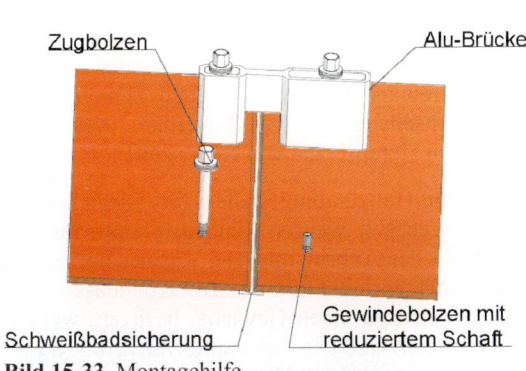

Bild 15-33. Montagehilfe.

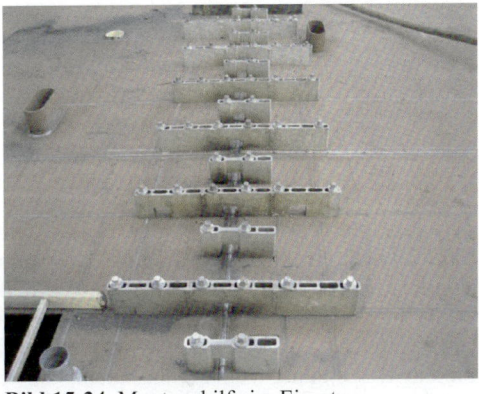

Bild 15-34. Montagehilfe im Einsatz.

Bild 15-35. Schliffbild eines Aluminiumbolzens M 10, geschweißt unter Schutzgas ohne Keramikring.

Bei Aluminiumschiffen oder Schiffsteilen aus Aluminium wie Deckhäuser oder einzelne Decks werden Gewindebolzen M 10 mit angestauchtem Fuß eingesetzt. Das Verfahren eignet sich als Montagehilfssystem auch bei diesem Werkstoff. Eine der ersten bekannt gewordenen Anwendungen für das Aluminium-Bolzenschweißen hat es bei der Isolierung von Flüssiggastanks aus Aluminium mit dem Durchmesser von 40 m auf Schiffen gegeben. Dabei mussten Gewindebolzen M 10 die panelförmigen Elemente aus Hartschaum und einer Blechabdeckung auf der Aluminiumkugel befestigen. Bei –162 °C schrumpft der Kugeldurchmesser gegenüber der Umgebungstemperatur um 150 mm. Die Blechabdeckung bleibt dagegen stets auf Umgebungstemperatur. Die Bolzen übertragen Kräfte und Verschiebungen über eine Feder und Druckverteilungsscheibe vom Tank auf die Blechabdeckung. Die Dichtheit muss dabei stets gewährleistet sein. Geschweißt wurde mit Gleichstrom und Inverterstromquellen, die im Gegensatz zu konventionellen Anlagen, die auch erprobt wurden, gleichmäßigere Schweißergebnisse aufwiesen. Die Belastung der Bolzen liegt rechnerisch relativ weit unterhalb der Streckgrenze; die Belastung ist im Wesentlichen Zugspannung. Insgesamt wurden 4 Tanks auf diese Weise auf einer finnischen Werft hergestellt, Bild 15-35.

15.4 Bolzenschweißen im Feuerfestbau

Feuerfestmaterialien und Isolierstoffe finden beim Bau von Industrieanlagen der Wärme- und Kältetechnik weitreichende Verwendung. Industrieöfen, Kessel, chemische Anlagen, Trockenanlagen, Reaktoren, Kamine, Heißluft- und Abgaskanäle sowie Klimaanlagen sind typische Vertreter. Bei diesen Anwendungen geht es darum, die Stahlkonstruktionen vor hohen Temperaturen und/oder Korrosion durch aggressive Gase zu schützen. Die Auskleidung muss daher für ein möglichst hohes Temperaturgefälle bis zur Außenwand sorgen. Dabei dienen Verankerungen als konstruktive Verbindung der feuerfesten Auskleidung mit der Stahlkonstruktion des Anlagenteils. Nennenswerte wirtschaftliche Einsparungen in der Größenordnung von etwa 30 % der Arbeitskosten können, verglichen mit konventionellen Befestigungsmethoden wie auch Schraub- und Steckverbindungen, durch die Verwendung des Bolzenschweißens erzielt werden. Diese Einsparungen beruhen auf der kurzen Schweißzeit sowie dem Herabsetzen von Nebenzeiten.

Beim klassischen Verfahren des Bolzenschweißens mit Hubzündung stehen für Spezialbolzen Haltevorrichtungen zur Verfügung, die schnell ausgewechselt werden können. Geräte für das Kondensatorentladungs-Bolzenschweißen haben sich bei der Anbringung von wärmedämmenden Werkstoffen mit geringem spezifischen Gewicht oft als vorteilhaft erwiesen. Kondensatorentladungsanlagen, welche oft sehr handliche Schweißpistolen geringen Gewichts besitzen, werden für die Befestigung von Isoliernadeln, -stiften und -nägeln mit Durchmessern von 2 bis 8 mm bevorzugt verwendet. Diese Geräte werden mit Einphasenstrom (230 V) betrieben. Die Schweißzeit liegt im Millisekundenbereich und der Einbrand ist kleiner als 0,5 mm. Die Verbindung erreicht ausreichende mechanische Gütewerte. Die äußerst geringe Wärmezufuhr führt kaum zur Ausbildung einer Wärmeeinflusszone und vermeidet somit Formänderungen des Bauteils, auch bei der Verwendung von Dünnblech ab etwa 0,6 mm. Allerdings muss die Oberfläche im Schweißbereich metallisch blank sein, jede Verunreinigung führt zu einer beträchtlichen Einbuße der Schweißqualität. Neben den geeigneten Einstellungen am Bolzenschweißgerät und der Bolzenschweißpistole sind mögliche Einflüsse des Vormaterial der Verankerungen von großer Bedeutung, siehe Abschnitt 15.4.3.

15.4.1 Hitzebeständige Werkstoffe

An die feuerfesten Auskleidungen werden von den Anlagenbetreibern hohe Anforderungen gestellt. So müssen die Stahlwerkstoffe selbst bei hohen Prozesstemperaturen und chemischen Angriffen durch heiße Gase oder bei Taupunktunterschreitung durch aggressive wässrige Lösungen immer noch hohe Langzeitstabilität aufweisen. In der folgenden Tabelle 15-1 werden die verschiedenen Stahlsorten und die jeweiligen maximalen Einsatztemperaturen wiedergeben:

Tabelle 15-1. Einsatztemperaturen verschiedener Stahlsorten.

Stahlsorte	maximale Einsatztemperatur
unlegierter Stahl	450 °C
Stahl: 2,25 % Cr – 1 % Mo	550 °C
Stahl: 5 % Cr – 0,5 % Mo	580 °C
ferritischer nichtrostender Stahl: 18 % Cr – 0 % Ni	850 °C
austenitischer nichtrostender Stahl: 0,08 % C / 24 % Cr / 12 % Ni	950 °C
austenitischer nichtrostender Stahl: 25 % Cr – 20 % Ni	1100 °C

Im Feuerfestbau werden ferritische und austenitische Stähle angewendet. Wegen der leichteren Verarbeitbarkeit, sowohl beim Herstellen der Bauteile als auch beim Schweißen, werden austenitische Stähle bevorzugt eingesetzt und ferritische Stähle nur dort, wo die spezifischen Eigenschaften dieser Legierungen Vorteile bieten. Darüber hinaus werden bei spezifischen Anforderungen zunehmend auch Nickelbasislegierungen und Sonderlegierungen eingesetzt. Während man in anderen Anwendungen relativ einfach darauf achten kann, dass die zu schweißenden Werkstoffe zueinander passen, hat man im Feuerfestbau die Problematik, dass in nahezu allen Fällen legierte, hitzebeständige Verankerungselemente auf un- bzw. niedriglegierte Grundwerkstoffe des Anlagengehäuses geschweißt werden.

15.4.2 Bolzen- und Verankerungswerkstoffe

Je nach Einsatztemperatur und -atmosphäre werden verschiedene hitze- und zunderbeständige Werkstoffe als Bolzen verwendet. Die Zunderbeständigkeit ist erforderlich, da die Bolzenkopftemperaturen bis zu 1000 °C betragen können. Der Werkstoff soll außerdem korrosionsbeständig gegen die im Feuerraum vorhandenen Gase sein. Die Tabellen 15-2 und 15-3 zeigen die gebräuchlichsten Legierungen, die in Feuerfestbau verwendet werden. Die Tabelle 15-4 gibt einen Überblick der Legierungsbezeichnungen in verschiedenen Normen.

Tabelle 15-2. Chemische Zusammensetzung der gebräuchlichen Werkstoffe.

W.-Nr.	C %	Si %	Mn %	P ≤ %	S ≤ %	Cr %	Mo %	Ni %	Sonstige %
1.4301	≤ 0,07	≤ 1,00	≤ 2,00	0,045	0,030	17,00 … 19,00		8,50 … 10,50	
1.4713	≤ 0,12	0,50 … 1,00	≤ 1,00	0,040	0,030	6,00 … 8,00			Al 0,50 … 1,00
1.4828	≤ 0,20	1,50 … 2,50	≤ 2,00	0,045	0,030	19,00 … 21,00		11,00 … 13,00	
1.4841	≤ 0,20	1,50 … 2,50	≤ 2,00	0,045	0,030	24,00 … 26,00		19,00 … 22,00	
1.4845	≤ 0,15	≤ 0,75	≤ 2,00	0,045	0,030	24,00 … 26,00		19,00 … 22,00	
1.4862	≤ 0,10	1,90 … 2,50	0,80 … 1,50			17,00 … 19,00		35,00 … 39,00	Ti ≤ 0,20
1.4864	≤ 0,15	1,00 … 2,00	≤ 2,00	0,030	0,020	15,00 … 17,00		33,00 … 37,00	
1.4876	≤ 0,12	≤ 1,00	≤ 2,00	0,030	0,020	19,00 … 23,00		30,00 … 34,00	Al 0,15 … 0,60; Ti 0,15 … 0,60
2.4851	≤ 0,10	≤ 0,50				22,00 … 24,00		58,00 … 63,00	Al 1,10-1,60; Ti 0,10-0,40
2.4856	≤ 0,025					21,00 … 23,00	8,0 … 10,0	Rest	Fe ≤ 3,00; Nb 3,20 … 3,80

Tabelle 15-3. Werkstoffkennwerte von hitze- und zunderbeständigen Stählen.

W.-Nr	Brinell-Härte HB	Streckgrenze R_e MPa	Zugfestigkeit R_m MPa	Dehnung A %	Zeitdehngrenze R_{p1} t = 1000 h / MPa bei °C						Zeitstandfestigkeit R_m t = 100 00 h / MPa bei °C				Zunderbeständig an Luft bis °C
					600	700	800	900	1000	1100	600	700	800	900	
1.4301															
1.4713	192	220	420–620	20	27,5	8,5	3,7	1,8			35	9,5	4,3	1,9	620
1.4828	223	230	500–750	30	120	50	20	8	4	1,5	120	36	18	8,5	1000
1.4841	223	230	550–800	30	150	53	23	10	4		160	40	18	8,5	1150
1.4845	192	210	500–750	35	150	53	23	10	4		160	40	18	8,5	1050
1.4862															
1.4864	223	230	550–800	30	105	50	25	12	4	1	125	45	20	8	1100
1.4876	192	245	540–740	30	130	70	30	13	4	1,5	152	68	30	11	1100
2.4851			650												
2.4856			830												

Tabelle 15-4. Stähle im Vergleich mit den in- und ausländischen Normbezeichnungen.

W.-Nr.	AISI	AFNOR	BSI	DIN	GOST	JIS	MNC	UNE	UNI	UNS
1.4301	304	Z7 CN 18 09	304S11	X5 CrNi 18 10	08Ch18N10	SUS 304	2333	F.3504	X5 CrNi 18 10	S 30400
1.4713				X 10 CrAl 7				F.3151		
1.4828	309	Z17 CNS 20 12	309S24	X15 CrNiSi 20 12	20Ch20N14S2	SUH 309		F.3312	X16 CrNi 23 14	S 30900
1.4841	314	Z15 CNS 25 20	314S25	X15 CrNiSi 25 20	20Ch25N20S2	SUH 310		F.3310	X16 CrNiSi 25 20	S 31400
1.4845	310H	Z12 CN 25 20	310S16	X15 CrNi 25 21	20Ch23N18	SUH 310S	2361	F.331	X6 CrNi 25 20	S 31008
1.4862	DS			X8 NiCrSi 38 18						
1.4864	330	Z20 NCS 33 16	NA 17	X12 NiCrSi 36 16		SUH 330		F.3313		N 08330
1.4876	B163		NA 15 (H)	X10 NiCrAlTi 32 20		NCF 800 (TP)		F.3314		
2.4851	601									
2.4856	625					NCF 601				

W.-Nr.	Deutsche Werkstoff-Nummer
AISI	American Iron and Steel Institute
AFNOR	Association Française de Normalisation
BSI	British Standards Institution
DIN	Deutsches Institut für Normung
GOST	Committee for Standards, Measures and Measuring Instruments (GUS)
JIS	Japanese Institute for Standardization
MNC	Metallnormcentralen (Sweden)
UNE	Instituto Nacional de Racionalización y Normalización (Spain)
UNI	Ente Nazionale Italiano de Unificazione
UNS	Unified Numbering System

Tabelle 15-5 bietet eine Übersicht zur Eignung der Stahlwerkstoffe für Bolzen im Feuerfestbau.

Tabelle 15-5. Eignung gängiger Stahlwerkstoffe für Bolzen im Feuerfestbau.

W.-Nr.	
1.4301	Der Stahl 1.4301 ist ein vielseitig einsetzbarer Legierungstyp. Dieser austenitische Stahl zeichnet sich bei konstanten Einsatztemperaturen von bis zu 800 °C durch eine gute Korrosionsbeständigkeit aus. Die mechanisch-technologischen Eigenschaften werden bei hohen Temperaturen jedoch sehr stark herabgesetzt (Grobkornbildung). Starke Temperaturwechselbeanspruchungen können schnell zur Versprödung führen. Bei Temperaturen bis 500 °C wird der Stahl 1.4301 oft auch verwendet, obwohl diese Güte nicht zur Gruppe der hitze- und zunderbeständigen Werkstoffe zählt und die Gewährleistung des Lieferanten sich normalerweise nicht auf Temperaturbeanspruchung in diesem Bereich erstreckt.
W.-Nr. 1.4828	Dieser Stahl wird vorzugsweise bei mittleren Temperaturen bis maximal 1000 °C eingesetzt. Durch den geringen Nickelgehalt bei gleichzeitig hohem Chromgehalt ist er relativ gut gegen schwefelige Atmosphäre beständig. Besonders gut eignet er sich für kontinuierlich betriebene Öfen mit Temperaturen von bis zu 1000 °C. In zyklisch betriebenen Anlagen sollte er wegen der chemischen Zusammensetzung und der damit verbundenen Empfindlichkeit für die Sigma-Phasen-Versprödung nicht verwendet werden.

Tabelle 15-5. Fortsetzung.

W.-Nr.	
1.4841	Unter den hitzebeständigen Stählen wird dieser Stahl häufig als Standardwerkstoff bezeichnet. Das optimale Einsatzgebiet reicht bis zu 1150 °C. Die guten mechanischen Eigenschaften sind zu vergleichen mit den Festigkeitswerten des Stahls 1.4828. Dieser Stahl ist ebenso anfällig gegen Sigma-Phasen-Versprödung.
1.4845	Dieser Werkstoff verfügt über die gleichen physikalischen Eigenschaften wie der Stahl 1.4841, weist aber eine höhere Beständigkeit gegen die Sigma-Phasen-Versprödung auf. Durch einen kleineren Massegehalt an Silizium in der chemischen Zusammensetzung wird die verringerte Sigma-Phasen-Ausscheidungsmenge erzielt.
1.4862	Der Stahl 1.4862 ist ein geeigneter Stahl für Verankerungen, die bei Temperaturen bis 1150 °C, insbesondere unter stark aufkohlenden oder nitrierenden Bedingungen (schwefelhaltige Atmosphäre), eingesetzt werden. Durch die chemische Zusammensetzung hat diese Legierung gute Festigkeitswerte und ist auch in zyklisch betriebenen Anlagen beständig gegen die Sigma-Phasen-Versprödung.

Bild 15-36 zeigt schematisch das Beispiel eines Feuerfestbaus und die Anwendungsbereiche der geeigneten Werkstoffe.

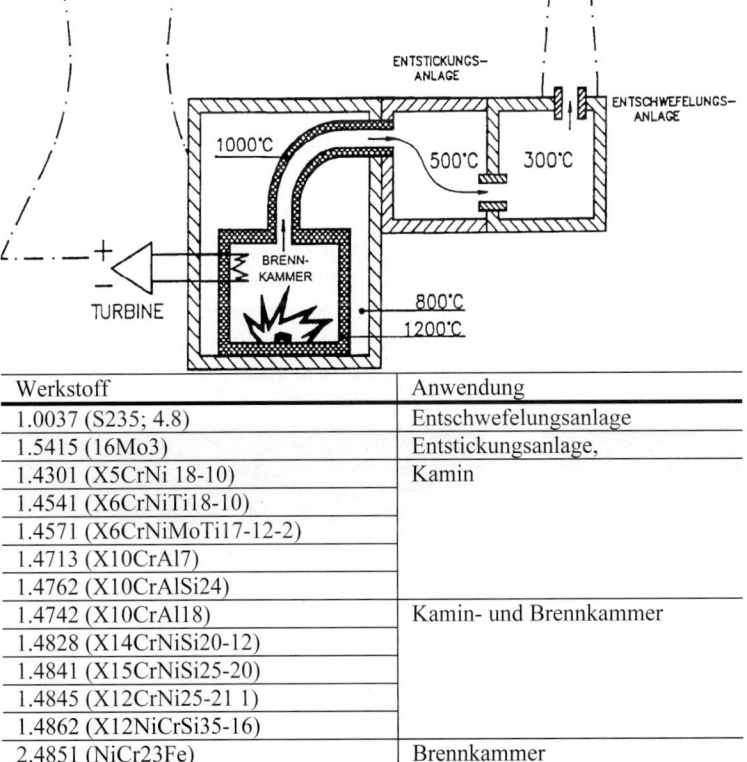

Werkstoff	Anwendung
1.0037 (S235; 4.8)	Entschwefelungsanlage
1.5415 (16Mo3)	Entstickungsanlage,
1.4301 (X5CrNi 18-10)	Kamin
1.4541 (X6CrNiTi18-10)	
1.4571 (X6CrNiMoTi17-12-2)	
1.4713 (X10CrAl7)	
1.4762 (X10CrAlSi24)	
1.4742 (X10CrAl18)	Kamin- und Brennkammer
1.4828 (X14CrNiSi20-12)	
1.4841 (X15CrNiSi25-20)	
1.4845 (X12CrNi25-21 1)	
1.4862 (X12NiCrSi35-16)	
2.4851 (NiCr23Fe)	Brennkammer

Bild 15-36. Werkstoffe und ihre Eignung im Feuerfestbau.

Bei einigen Werkstoffkombinationen und Bolzenwerkstoffen ist der Aluminiumzusatz an der Spitze wichtig. Beim Bolzendurchmesser von 10 mm aus X15CrNiSi25-20 (W.-Nr. 1.4841) ohne Aluminiumzusatz wurde zum Beispiel eine sehr schlechte Wulstbildung und starke Ungleichmäßigkeit im Schweißablauf beobachtet. Bei Zusatz von Aluminium waren die Ergebnisse einwandfrei (siehe Abschnitt 3.2.3 – Zusätze an der Bolzenspitze). Aluminium hat im Vergleich zu

Stahl eine geringere Ionisationsenergie, dadurch zündet der Lichtbogen leichter und sicherer. Außerdem beruhigt das Aluminium das Schweißbad, macht die Schmelze zäh, verhindert das Aufkohlen der Schmelze, verringert die Porenbildung und fördert die Feinkörnigkeit.

Besonders bei Bolzendurchmessern ab 10 mm sind Verbindungen zwischen hitzebeständigem und unlegiertem Stahl nachteilig. Bei diesen Werkstoffkombinationen entstehen unerwünschte Gefügeausbildungen im Schweißbad. Dies kann einerseits Martensitbildung sein, aber auch Anreicherungen von Kohlenstoff, was zur Versprödung führt. Bei mechanisch kaum belasteten Stiften, die überwiegend der Wärmeübertragung dienen, spielt das aber meistens keine Rolle.

Bei definierter Kraftübertragung, vor allem bei dynamischer Belastung, zum Beispiel bei Anlagen (Druckkessel), in denen nach dem Entspannungsglühen keine Schweißarbeiten mehr durchgeführt werden dürfen, werden daher Innengewindebuchsen bzw. Gewindebolzen artgleich geschweißt und das hitzebeständige Verankerungselement ein- bzw. aufgeschraubt. Dadurch wird einerseits das Werkstoffproblem minimiert und andererseits die Möglichkeit zum Auswechseln der Anker bei einer Revision geschaffen.

15.4.3 Eigenschaften des Vormaterials

Bei korrosiven Angriffen hat Draht auf Grund seiner Geometrie Vorteile gegenüber anderen Querschnittsformen. Je nach Verarbeitungsstufe des Drahtes kommen aber zusätzliche Gesichtspunkte für die Auswahl des geeigneten Vormaterials für metallische Verankerungen zum Tragen.

Walzdraht

Zunächst wird jeder Draht als Walzdraht nach DIN EN 10060 in der ersten Verarbeitungsstufe gefertigt. Die Toleranzen des Walzdrahtes sind relativ groß (±0,4 mm bei den Durchmessern 6 und 8 mm) und daher ist in der Regel mit einem um 10 bis 12 % geringeren Haltequerschnitt gegenüber dem Nennmaß zu rechnen. Die Oberfläche ist rau, was zu einer größeren relativen Oberfläche führt und damit zu einem stärkeren Korrosionsangriff, Bild 15-37.

Bild 15-37. Draht-Oberflächen.

Während der Produktion kühlt der Walzdraht undefiniert ab, dadurch diffundieren Legierungsbestandteile, bei Chrom-Nickel-Legierungen im Wesentlichen Chrom, an die Außenbereiche des Drahtes. Die Außenhaut des Drahtes reichert sich mit Chrom an, während die innere Matrix an

Chrom verarmt. Dadurch ist der innere Bereich des Drahtes stärker korrosionsgefährdet; die chromreicheren Außenbereiche beeinflussen die Schweißbarkeit, insbesondere beim Bolzenschweißen, negativ. Walzdraht sollte daher für die Fertigung von metallischen Verankerungen nach Möglichkeit nicht verwendet werden.

Gezogener Draht

Gezogener Draht nach DIN EN 10218-2 hergestellt durch einen Ziehprozess, hat eine geringere Rauheit und günstigere Toleranzen als Walzdraht. Beim Ziehen entsteht durch die Relativbewegung zwischen Außen- und Innenbereich des Drahtes eine mehr oder weniger stark ausgeprägte Kaltverformung, welche die Warm- bzw. Zeitstandfestigkeit des Werkstoffes negativ beeinflusst, Bild 15-38. Dieser Draht sollte daher in dieser Form auf keinen Fall für die Herstellung von metallischen Verankerungssystemen genutzt werden.

Abplatzung bei gezogenem Draht   *lösungsgeglühter Draht*

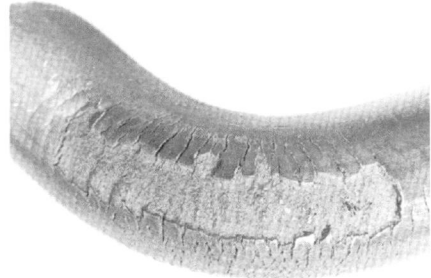
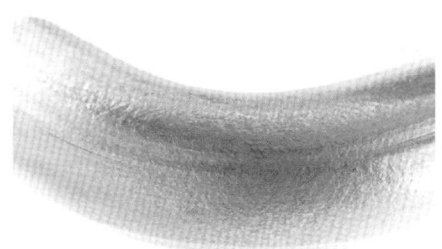

Bild 15-38. Abplatzungen.

Lösungsgeglühter Draht

Das optimale Vormaterial für metallische Verankerungssysteme ist ein Draht, der nach dem Ziehprozess lösungsgeglüht wird. Durch das Lösungsglühen werden die Legierungsbestandteile homogen verteilt, Ausscheidungen in Lösung gebracht, Gitterstörungen beseitigt und die Korngröße der Metallmatrix eingestellt. Draht, der diesen Produktionsprozess durchlaufen hat, ist optimal geeignet, um daraus metallische Verankerungen herzustellen. Für den Fertigungsprozess mit dem CNC-3-D-Biegen werden die Drähte auf eine sehr enge Toleranz nach DIN EN 10278 kalibriert, damit eine reproduzierbare Herstellung möglich ist. Durch das 3-D-Biegeverfahren wird vermieden, dass ein Draht, der hohen Qualitätsanforderungen entspricht, mit einer ungeeigneten Methode verarbeitet wird. Durch massives Umformen, zum Beispiel in einem Gesenk, kann die Struktur der Metallmatrix verändert werden. Es kann dabei zu erheblichen Verformungen des Drahtes kommen (zum Beispiel Verformungsmartensit), wodurch die Duktilität erheblich gemindert werden kann.

Toleranzen

Die industriell gefertigten Drähte werden immer soweit als möglich an der unteren Toleranzgrenze gefertigt. Das bedeutet, dass auch die Haltekräfte der aus den Drähten hergestellten Verankerungen nur der schwächeren, unteren Toleranz entsprechen. Tabelle 15-6 nennt die Toleranzen der industriell gefertigten Drähte.

Tabelle 15-6. Toleranzen für die Drahtdurchmesser 6 und 8 mm.

Draht-durch-messer		DIN EN 10278	DIN EN 10060	DIN EN 10218-2
6 mm	durchschnittliche Toleranz	+0/−0,030 mm	±0,4 mm	±0,15 mm
	Querschnitt	28,27 mm²	28,27 mm²	28,27 mm²
	Mindest-Querschnitt	27,99 mm²	24,63 mm²	26,88 mm²
	unterer Toleranzbereich des Querschnitts	0,28 mm²	3,64 mm²	1,39 mm²
		0,99 % / 6	12,88 % / 6	4.92 % / 6
8 mm	durchschnittliche Toleranz	+0/−0,036 mm	±0,4 mm	±0,15 mm
	Querschnitt	50,26 mm²	50,26 mm²	50,26 mm²
	Mindest-Querschnitt	49,81 mm²	45,36 mm²	48,40 mm²
	unterer Toleranzbereich des Querschnitts	0,45 mm²	4,90 mm²	1,86 mm²
		0,90 % / 8	9,75 % / 8	3,70 % / 8

Korrosion und Versprödung

Die Korrosionsbeständigkeit ist für die Auswahl der geeigneten metallischen Werkstoffe für den Feuerfestbau von großer Bedeutung. Der Anwendungsbereich Feuerfestbau kennt im Wesentlichen Korrosionen an den Verankerungssystemen durch Chlor und Chlorverbindungen, Schwefel und Schwefelverbindungen sowie Alkalien und Erdalkalien, seltener durch Fluor oder Brom. Ein wichtiger Einflussfaktor ist die oxidierende oder reduzierende Atmosphäre, die in der Ofenanlage vorhanden ist. Korrosion kann sich auf die unterschiedlichste Weise an den Bauteilen herausbilden und geht zum Teil mit Versprödungsprozessen einher.

15.4.4 Korrosion

Unter Korrosion versteht man die Reaktion von Metallen mit den umgebenden Stoffen, die eine (negative) Veränderung der ursprünglichen Werkstoffeigenschaften mit sich bringt. Häufig wird dieser Vorgang auch als Rosten bezeichnet. Die direkte Reaktion des Metalls mit einem Reaktionspartner ist als chemische Korrosion zu bezeichnen. Hierbei handelt es sich fast immer um eine Oxidation, die bei Hochtemperaturkorrosionen auch als Verzunderung bekannt ist. Als elektrochemische Korrosion werden Beanspruchungen bezeichnet, die aus der Reaktion des Werkstoffes mit in der Regel wassrigen Medien, auch bei Taupunktunterschreitung von ursprünglich gasförmigen Medien, oder mit anderen Metallen resultieren. Oberflächliche Korrosion zeigt sich durch einen Abtrag des Metalls, flächig oder als Muldenkorrosion, aber auch in Form von ein- oder mehrlagiger Deckschichtbildung, die oft auch mit einer inneren Korrosion unter der Deckschicht einhergehen kann, Bild 15-39.

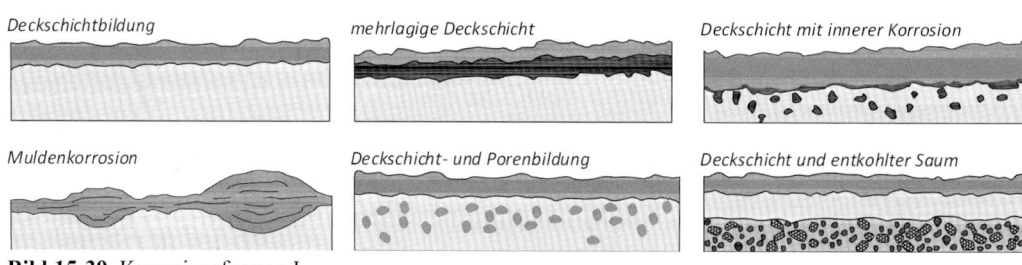

Bild 15-39. Korrosionsformen I.

Die Bildung von Deckschichten kann mit einer starken Volumenvergrößerung einhergehen, was zu Abplatzungen führen kann. Darüber hinaus können große Spannungen in der Feuerfestauskleidung entstehen, die zum Ausfall des Feuerfestwerkstoffs führen. Die oberflächliche Korrosion reduziert bei Verankerungssystemen den Haltequerschnitt des Bauteils und führt mit der Zeit zum Ausfall des Ankers. Ein Herausfallen der Feuerfestauskleidung ist die Folge. Innere Korrosion greift die Gitterstruktur des Metalls an, verändert die Struktur des Bauteils und die Zeitstandfestigkeit negativ. Es können einzelne Legierungsbestandteile angegriffen werden, die dann nicht mehr für die Korrosionsbeständigkeit zur Verfügung stehen oder auch bei der interkristallinen Korrosion, bei der die Veränderungen an den Korngrenzen der Metallmatrix durch Ausscheidung chromreicher Phasen stattfinden. Die Spannungsrisskorrosion verläuft meist ohne äußerliche Zeichen und kann als interkristalline oder transkristalline Spannungsrisskorrosion auftreten. In jedem Fall muss neben dem korrosiven Medium auch ein mechanischer Einfluss, zum Beispiel Zugspannungen, vorliegen, Bild 15-40.

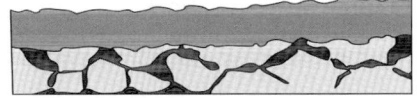
Deckschicht mit interkristalliner Korrosion

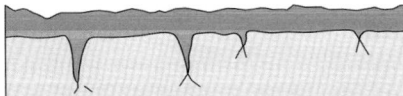
Spannungsrisskorrosion

Bild 15-40. Korrosionsformen II.

Der Korrosionsangriff von Schwefel und Schwefelverbindungen kann auf unterschiedliche Weise erfolgen. Bei gasförmigen Schwefelverbindungen ist es eine Gas-Feststoff-Reaktion, bei der eine Verbindung des Schwefels mit den Legierungsbestandteilen des Metalls entsteht. Bei einer Taupunktunterschreitung entwickeln sich wässrige Lösungen von Schwefelsäuren, die eine Abtragskorrosion oder Lochkorrosion hervorrufen. In Verbindung mit Alkalien und Erdalkalien können Salzschmelzen entstehen, die ebenfalls die Metallmatrix angreifen und schwächen, Bild 15-41.

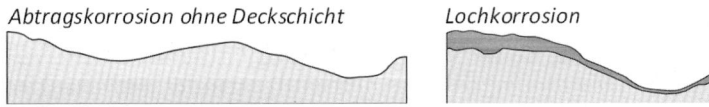

Bild 15-41. Korrosionsformen III.

Wie bei den Schwefelverbindungen, so läuft die Korrosion bei gasförmigen Chlorverbindungen in einer Gas-Feststoff-Reaktion ab. Die bei Taupunktunterschreitung entstehende Salzsäure kann zur Lochkorrosion bzw. bei gleichzeitig vorhandener mechanischer Beanspruchung zur Spannungsrisskorrosion führen. Entstehen Salzschmelzen des Chlors, so wird das Metall von der Oberfläche her abgetragen. Bei Taupunktunterschreitung können in Verbindung mit Alkalien und Erdalkalien wässrige Lösungen von Laugen entstehen, die das Metall abtragen und in Verbindung mit mechanischer Beanspruchung zur Spannungsrisskorrosion führen können.

15.4.5 Versprödung und Duktilitätsverlust

Bei der Auswahl der richtigen Legierung für die jeweilige Anwendung ist die Beachtung der möglichen Versprödungsneigung des Werkstoffes von großer Bedeutung. Eine während der Anwendung eintretende Versprödung des Verankerungssystems kann leicht zu einem Ausfall der feuerfesten Auskleidung führen.

Sigma-Phase

In einem Temperaturbereich zwischen etwa 600 und 900 °C entsteht bei ferritischen und austenitischen Stählen eine spröde, intermetallische Phase, die Sigma-Phase. Durch einen Lösungsglühprozess kann bereits gebildete Sigma-Phase wieder aufgelöst werden. Die Sigma-Phase kann unterschiedliche Zusammensetzungen haben, zum Beispiel Chrom-Molybdän-Nickel-Eisen oder Chrom-Eisen. Mit der Bildung der Sigma-Phase geht in der Peripherie der Ausscheidungen eine Verarmung der Matrix an Chrom und Molybdän einher. Dies hat zur Folge, dass es neben der Abnahme der Duktilität zu einer drastischen Verschlechterung der Korrosionsbeständigkeit kommt. Legierungsbestandteile wie Molybdän, Titan und Silizium begünstigen, Stickstoff und Kohlenstoff verringern die Bildung von Sigma-Phase.

Chi-Phase (475 °C-Versprödung)

Die Chi-Phase ist eine metallische Phase der Struktur $Fe_{36}Cr_{12}Mo_{10}$, die häufig vor der Sigma-Phase ausgeschieden und in sie umgewandelt wird. Die Chi-Phase entsteht bei Temperaturen von 400 bis 550 °C (475 °C-Versprödung). Die Chi-Phase tritt bei Stählen mit einem Chromgehalt von über 15 % auf. Durch die Chi-Phase werden die Duktilität und die Korrosionsbeständigkeit der Stähle reduziert.

Grobkornbildung

Bei ferritischen, hitzebeständigen Stählen entsteht bei Temperaturen über 950 °C eine Grobkornbildung. Das führt zu einem Duktilitätsverlust, insbesondere bei niedrigen Temperaturen, das heißt, wenn Bauteile wieder in einen Bereich geringerer Temperaturen kommen.

Wasserstoffversprödung

Grundsätzliches zum Mechanismus der Wasserstoffversprödung wurde bereits im Abschnitt 5.5 gesagt. Für die Anwendung im Feuerfestbau, wo im Wesentlichen austenitische Werkstoffe verwendet werden, ist die Gefahr einer Wasserstoffversprödung von untergeordneter Bedeutung, da austenitische Gitter nicht durch Wasserstoff gefährdet sind. Eingelagerter Wasserstoff effundiert wieder bei höheren Temperaturen ab 350 °C. Es sollte jedoch beachtet werden, dass die Schweißstelle eines Verankerungssystems durch die Einlagerung von Wasserstoff gefährdet sein kann. Deshalb muss der Bereich der Schweißstelle trocken sein und auch die Bolzen und Keramikringe dürfen keine Feuchtigkeit aufweisen.

Aufkohlung

Durch den Angriff von meist gasförmigen Kohlenstoffverbindungen können Kohlenstoffatome in die Metallmatrix eingelagert werden. Die entstehende Aufkohlung geht mit einem Duktilitätsverlust einher. An den Korngrenzen kann es zu Karbidbildungen, häufig mit Chrom, kommen. Dadurch wird Chrom gebunden, das dann nicht mehr zur Vermeidung von Korrosionsangriffen zur Verfügung steht.

Nitridbildung

In der Ofenatmosphäre enthaltener Stickstoff, zum Beispiel Ammoniak, kann in atomarer Form in die Metallmatrix interstitiell oder unter Bildung von Nitriden eingelagert werden. Hierdurch kann die Duktilität des Bauteils soweit reduziert werden, dass es zum Bruch des Verankerungssystems kommt.

15.4.6 Anwendungsbereiche und Befestigungssysteme

Mit den Verankerungen werden die feuerfesten Auskleidungen in den Anlagenteilen fixiert. Feuerfeste Materialien werden in unterschiedlichen Formen in Industrieanlagen, zum Beispiel in der stahlerzeugenden Industrie, der NE-Metallindustrie, in Zementanlagen (Rollöfen), in Raffinerien, Kohlekraftwerken, Müllverbrennungsanlagen und vielen weiteren Industriebereichen verwendet. Die feuerfesten Werkstoffe, die in diesen Anlagen zum Einsatz kommen, erzeugen einen Temperaturgradienten, der die Temperatur am Stahlmantel des Anlagenteils soweit reduziert, dass dieser seinen statischen Aufgaben nachkommen kann. Je nach Anwendung werden unterschiedliche Arten von Feuerfestwerkstoffen eingesetzt:

– Stampf-, Gieß- und Spritzmassen (monolithische Werkstoffe),
– Blockisolierungen,
– Produkte aus Hochtemperaturwolle (HTW),
– feuerfeste Steine und Fertigbauteile aus Feuerbeton,
– Feuerleicht- und Wärmedämmsteine.

Monolithische Werkstoffe, Blockisolierungen und Produkte aus Hochtemperaturwolle werden mit einer Vielzahl unterschiedlicher Elemente verankert, welche oft mit dem Bolzenschweißen befestigt werden, während Steine, Fertigbauteile, Feuerleicht- und Wärmedämmsteine selten bzw. nicht mit Bolzenschweiß-Befestigungselementen in Berührung kommen.

Die Mehrzahl der Verankerungssysteme ist in Standardabmessungen erhältlich, zu denen entsprechende Keramikringe geliefert werden können. So werden fast alle V-Anker und Wellenankertypen mit einem Öffnungswinkel von 60° (80°) und einem Drahtdurchmesser von 6 mm hergestellt. Alle diese Werkstoffe können mit ein und derselben Bolzenschweißpistole eingesetzt werden.

Bei allen Verankerungen von feuerfesten Massen mit Bolzen treten Relativbewegungen durch die unterschiedliche Wärmeausdehnung auf. Da die keramische Masse spröde ist, sind Risse zu erwarten, die Ansatzpunkte für Korrosion, auch zwischen Masse und Rohr- oder Kesselwand, sind. Die Standzeit wird wesentlich erhöht, wenn solche Risse vermieden oder vermindert werden können. Grundprinzip ist eine gewisse Bewegungsmöglichkeit im Spalt zwischen Anker und Masse, die beispielsweise durch Kunststoffendkappen, Einstreichen des Ankers mit Bitumen oder Umwickeln mit Kreppband oder durch dünne Metallquerschnitte des Ankers erreicht wird. Die genannten Werkstoffe schmelzen oder verbrennen beim ersten Aufheizen und geben dem Anker Bewegungsfreiheit. Dünne Querschnitte können bei Ausdehnung einknicken und sprengen damit die Masse nicht so leicht ab.

15.4.7 Allgemeiner Feuerfestbau

Monolithische feuerfeste Auskleidungen können ein- oder mehrlagig ausgeführt werden. Bei mehrlagigen Auskleidungen hat man hinter der Verschleißschicht auf der heißen Seite ein Dauer- und/oder Isolierfutter. Die Isolierung einer Auskleidung kann eine monolithische Lage sein, aber auch eine Schicht aus einer Blockisolierung. Je nach Ausführung wählt man als Verankerung unterschiedliche Systeme. Während man bei einem gespritzten Dauer- bzw. Isolierfutter direkt gespreizte Anker, Bild 15-42, gegebenenfalls mit einer kurzen Hilfsverankerung für das Dauer- bzw. Isolierfutter, verwenden kann, ist bei der Verwendung von Blockisolierung die Nutzung von sogenannten Twin-Pin-Ankern, Bild 15-43, zu empfehlen. Dieser Ankertyp hat im Anlieferungszustand die beiden Ankerschenkel parallel nebeneinander liegen. Hierdurch ist es einfacher, die

Blockisolierung über die Anker zu installieren. Nach dem Einbringen der Isolierung werden die Anker mit Rohren, die auf die unterschiedlich langen Ankerenden aufgesteckt werden, an einer Scheibe direkt über der Blockisolierung aufgebogen. Danach können die Kunststoffkappen auf die Ankerenden montiert werden.

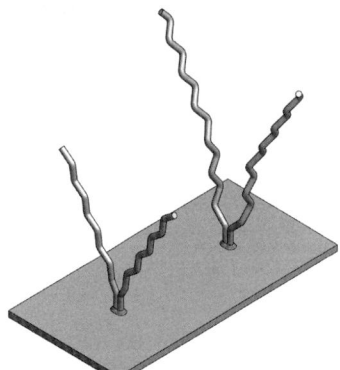

Bild 15-42. Gespreizte Anker.

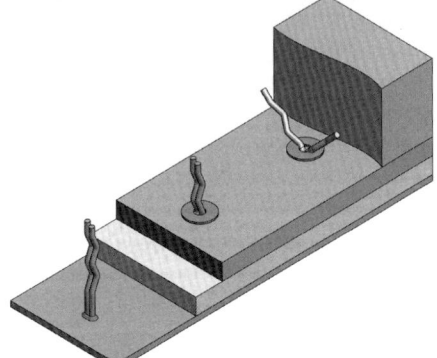

Bild 15-43. Twin-Pin-Anker.

15.4.8 Kraftwerksanlagen

In diesen Anlagen handelt es sich meist um die Auskleidung von sogenannten Flossenrohrwänden, bei denen großflächig Rohre jeweils mit einem Steg verbunden sind. Die Rohre führen überhitztes Wasser. Um die Feuerfestauskleidung auf dem Rohr-Steg-Rohr-System zu halten, gibt es verschiedene bewährte Verankerungssysteme.

Zum Einen sind dies Kesselstifte, die vornehmlich aus ferritischen Werkstoffen (zum Beispiel X10CrAl18 – W.-Nr. 1.4742, Abmessung: Durchmesser 10 mm x 14 bis 25 mm) bestehen und auf die Rohre geschweißt werden, Bild 15-44. Die Kesselstifte verankern das Feuerfestmaterial ausschließlich über die Winkelstellung zueinander und werden in unterschiedlich großer Zahl je m² eingesetzt. Schmelzkammerkessel werden mit Stückzahlen von bis zu 4000 Stück je m² ausgestattet, um einen möglichst hohen Wärmeübergang zu erreichen. In Müllverbrennungsanlagen wird eine geringere Anzahl von Kesselstiften verwendet und diese zum Schutz vor Korrosion mit einem SiC-Hütchen versehen, Bild 15-45. Die Verwendung von Kesselstiften ist aus der Verwendung von SiC-Schmiermassen entstanden, die keine große Festigkeit haben.

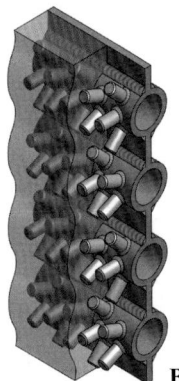

Bild 15-44. Kesselstifte.

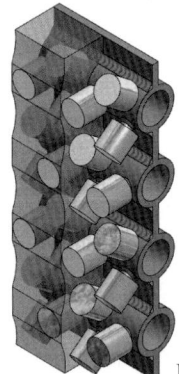

Bild 15-45. Kesselstifte mit SiC-Hütchen.

Bei Reparaturen schweißt man in die Zwischenräume oder auf die abgezehrten Stummel neue Stifte, Bild 15-46, und kleidet wieder neu aus. Höher legierte Werkstoffe wie X10CrAl24 (W.-Nr. 1.4762) wären zwar standfester, bereiten aber Schwierigkeiten in der Mischzone mit dem Kesselrohr. Bei hohen Temperaturen erfolgt eine Sigma-Phasen-Versprödung, die zum Versagen der Schweißverbindung und zum Abfallen ganzer Auskleidungsbereiche führt. Trotz hoher Kosten haben sich zum Teil sogenannte Verbundstifte aus einem Unterteil X10CrAl17 (W.-Nr. 1.4713) und einem Oberteil aus X10CrAl24 (W.-Nr. 1.4762) bewährt. Sie verbinden die relativ gute Schweißeignung des niedriger legierten X10CrAl17 (W.-Nr. 1.4713) mit der Beständigkeit des X10CrAl24 (W.-Nr. 1.4762).

 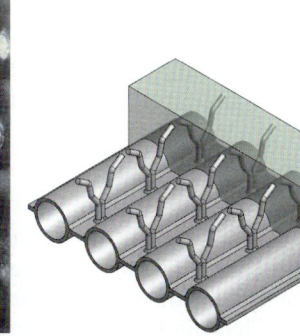 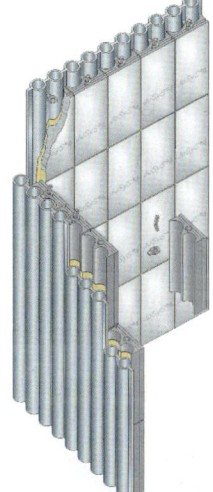

Bild 15-46. Stark korrodierte Rohrwand mit zur Notreparatur dazwischengeschweißten Bolzen.   **Bild 15-47.** Rohrwand mit Wellenanker.   **Bild 15-48.** SiC-Plattensysteme mit bolzengeschweißten Halteelementen.

Mit der Entwicklung von modernen Gieß- und Spritzmassen wurde die Verwendung von anderen Verankerungen notwendig. Heute sind dies Wellen- und 3-D-Anker, die auf den Steg zwischen den Rohren aufgeschweißt werden, Bild 15-47. Schlitzstifte und Flachanker haben bei dieser Anwendung nur eine nachrangige Bedeutung. Neben den monolithischen Auskleidungen werden, insbesondere in Müllverbrennungsanlagen auch SiC-Plattensysteme eingesetzt, Bild 15-48, die ebenfalls mit bolzengeschweißten Halteelementen befestigt werden.

Zustellungen mit Hochtemperaturwolle

Zustellungen von Ofenanlagen mit Hochtemperaturwolle werden im Wesentlichen auf zwei Arten ausgeführt. Es gibt die Auskleidung in Lagenbauweise, Bild 15-49, und die Modulbauweise, Bild 15-50. Daneben werden in seltenen Fällen auch Auskleidungen aus Vakuum-Formteilen ausgeführt, die jedoch für die Befestigung mit Bolzenschweißteilen keine Rolle spielen. Bei der Lagenbauweise werden Rundstifte, meist mit einem Durchmesser von 5 mm, in einem vorgegebenen Raster durch Bolzenschweißen befestigt. Über diese Stifte werden Matten aus Hochtemperaturwolle geschoben, nötigenfalls mit Montageclips fixiert, und die letzte Lage dann mit einem Endclip oder bei hohen Temperaturen bzw. besonderen atmosphärischen Angriffen mit einem Cuplock abgeschlossen. Es gibt die unterschiedlichsten Systeme von Haltestiften für die Lagenbauweise von Hochtemperaturwolle.

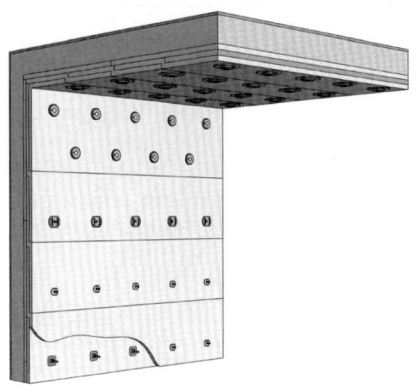 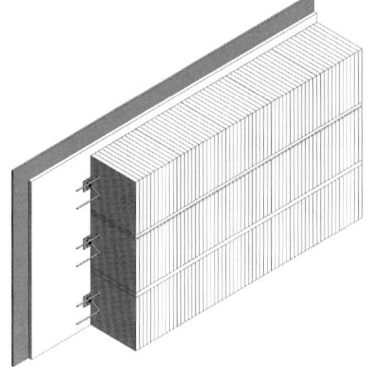

Bild 15-49. Lagenbauweise.   **Bild 15-50.** Modulbauweise.

Für die Auskleidungen mit Modulen aus Hochtemperaturwolle werden vorgefertigte und vorgespannte Elemente aus Hochtemperaturwolle verwendet. Mit geeigneten Ankersystemen, zusammen mit bolzengeschweißten Gewindebolzen, werden die Module am Gehäuse des Anlagenteils befestigt. Nach der Montage werden die Bänder, welche die Vorspannung halten, entfernt und die Auskleidung presst durch den Federeffekt die Montagefugen dicht.

Einfluss der Querschnittsgeometrie

Rundstahlanker
Rundstahlanker sind wegen ihres kreisförmigen Querschnitts die optimale Lösung für Verankerungen. Sie haben weder Ecken noch Kanten und ihre relative Oberfläche ist geringer als die anderer Querschnittsformen. Rundstahlanker übertragen die Haltekräfte gleichmäßig in den Feuerbeton und haben eine geringere Angriffsfläche für korrosive Angriffe.

Flachstahlanker
Flachstahlanker haben eine Reihe von Nachteilen. Der rechteckige Querschnitt hat zur Folge, dass der Anker aufgrund seiner Geometrie den Dehnungen in der Feuerfestauskleidung in den beiden Hauptrichtungen einen sehr unterschiedlichen Widerstand entgegensetzt. Das fördert die Rissbildung, die von den Kanten ausgeht. Während Flachstahlanker in der Regel manuell geschweißt werden, sind Rundstahlanker bis zu einem Durchmesser von 8 mm bolzenzuschweißen. Bei einer Spritzzustellung von feuerfestem Beton kann es bei Flachstahlankern leicht zu einem Spritzschatten kommen und damit im Feuerfestmaterial partiell zu Bereichen mit nicht ausreichender Dichte.

Schlitzstifte
Der Nachteil von Schlitzstiften ist, dass ihr Querschnitt gerade dort entscheidend geschwächt ist, wo die Haltekraft in das Feuerfestmaterial eingeleitet wird. Bei einem Stift mit einem Durchmesser von 10 mm wird der wirksame Querschnitt durch den Schlitz um fast 40 Prozent verringert. Oftmals ist der Schlitz nicht mittig, was in der Praxis häufig zum Abbrechen des dünneren Schenkels führt. Der Schlitzstift ist extrem anfällig für Korrosionen, da die relative Oberfläche an den beiden Schenkeln sehr groß ist, siehe Bild 15-51.

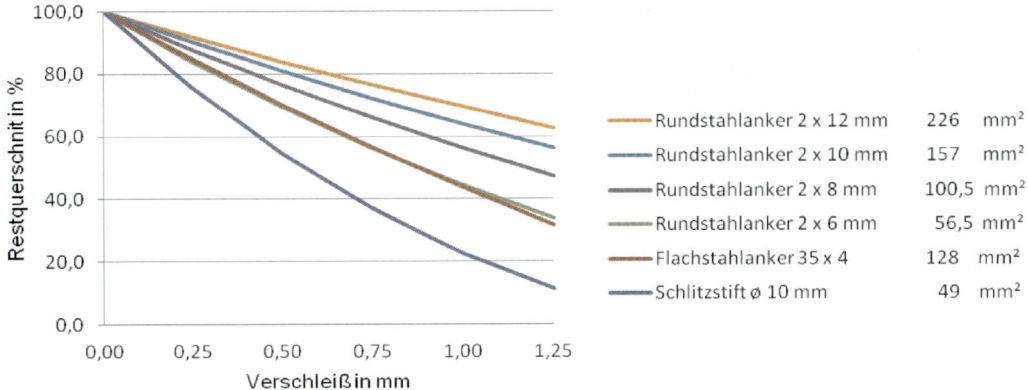

Bild 15-51. Restquerschnitte ausgewählter Geometrien nach Verschleiß (Korrosion).

15.4.9 Qualitätssicherung nach DIN EN ISO 14555

Mit DIN EN ISO 14555 („Lichtbogenbolzenschweißen von metallischen Werkstoffen") steht der Konstruktion und der Fertigung für Bestiftungsarbeiten ein umfassendes Normenwerk zur Verfügung. Für die Ausführung und Qualitätssicherung von Bolzenschweißverbindungen mit Hubzündung für Feuerraum- und Wärmeübertragungsbestiftung im Druckbehälter- und Dampfkesselbau ist DIN EN ISO 14555 mit folgenden Einschränkungen/Festlegungen bzw. Präzisierungen anzuwenden, siehe auch FDBR 19 [45].

Arbeitsbereich

Die Arbeitsbereiche gelten entsprechend der festgelegten Einsatzbereiche der verschiedenen Verfahren. Als Mindestblechdicke gilt sinngemäß für den Kesselbau die Rohrwanddicke.

Hinweise für die Konstruktion

Die Rohrwanddicke ist so zu wählen, dass die nicht aufgeschmolzene Zone >2 mm beträgt. Die nicht aufgeschmolzene Zone muss im anderen Fall größer/gleich der rechnerisch erforderlichen Wanddicke sein. Zur Ermittlung der konstruktiven Wanddicken ist der Einbrand erfahrungsgemäß mit etwa 1,5 mm zu berücksichtigen. Die Angabe der rechnerischen Wanddicken in der Zeichnung wird empfohlen.

Hinweise für die Fertigung

Wird bei der Auswertung der Probebestiftung festgestellt, dass die nicht aufgeschmolzene Zone < 2 mm ist, so ist die rechnerische Wanddicke zu überprüfen. Ist die rechnerische Wanddicke größer als die nicht aufgeschmolzene Zone, muss eine Wärmenachbehandlung durchgeführt werden.

Bolzenwerkstoff

Auch andere Werkstoffkombinationen hinsichtlich der nach DIN EN ISO 14555 empfohlenen Bolzenwerkstoffe sind möglich, Tabelle 15-7.

Tabelle 15-7. Mögliche Werkstoffkombinationen nach DIN CEN ISO/TR 15608.

Bolzenwerkstoff	Grundwerkstoff nach DIN CEN ISO/TR 15608			
	Werkstoffgruppen 1 und 2.1	Werkstoffgruppen 2.2, 3 bis 6	Werkstoffgruppen 8 und 10	Werkstoffgruppen 21 und 22
S235 4.8 (schweißgeeignet) 16Mo3	gut geeignet für jede Anwendung [a]	geeignet mit Einschränkungen [b]	geeignet mit Einschränkungen [b]	nicht schweißgeeignet
W.-Nr. 1.4742/X10CrAl18 W.-Nr. 1.4762/X10CrAl24	geeignet mit Einschränkungen [d]	geeignet mit Einschränkungen [d]	geeignet mit Einschränkungen [d]	nicht schweißgeeignet
W.-Nr. 1.4828/X15CrNiSi20 W.-Nr. 1.4841/X20CrNiSI25-4	geeignet mit Einschränkungen [b]	geeignet mit Einschränkungen [b]	geeignet mit Einschränkungen [b]	nicht schweißgeeignet
W.-Nr. 1.4301/X5CrNi8-10 W.-Nr. 1.4303/X5CrNi18-12 W.-Nr. 1.4401 /X5CrNiMo17-12-2 W.-Nr. 1.4529/X1 NiCrMoCuN25-20-7 W.-Nr. 1.4541/XeCrNiT1 18-10 W.-Nr. 1.4571 /X5CrNiMoTi17-12-2	geeignet mit Einschränkungen [b]/ gut geeignet für jede Anwendung [a, e]	geeignet mit Einschränkungen [b]	gut geeignet für jede Anwendung [a]	nicht schweißgeeignet
EM AW-AlMg3/EN AW-5754 EN AW-AlMg5/EN AW-5019	nicht schweißgeeignet	nicht schweißgeeignet	nicht schweißgeeignet	geeignet mit Einschränkungen [b]

[a] zum Bespiel für die Kraftübertragung
[b] Einschränkungen für Kraftübertragung
[c] nur beim Kurzzeit-Bolzenschweißen
[d] Einschränkungen nur für Wärmeübertragung
[e] bis 12 mm Durchmesser

15.4.10 Qualitätsanforderungen nach DIN EN ISO 3834

Bei Bestiftungs- bzw. Bolzenschweißarbeiten für eine Wärmeübertragung gilt die DIN EN ISO 3834-2 als vereinbart. Dies betrifft insbesondere die Untersuchung und Prüfung sowie die Qualitätsanforderungen beim Bolzenschweißen.

Verfahren der Anerkennung der Schweißverfahrensprüfung (WPS)

Bei der Auftragsvergabe von Bolzenschweißarbeiten ist eine Regelung zur Anerkennung der WPS zu treffen: Die Anerkennung kann durch eine Schweißverfahrensprüfung oder durch eine vorgezogene Arbeitsprüfung erfolgen.

Fertigungsüberwachung

Eine Probebestiftung dient der Kontrolle der richtigen Einstellung und Arbeitsweise der Geräte. Sie wird vor Beginn und während der Schweißarbeiten durchgeführt. Vor dem eigentlichen Fertigungsbeginn ist eine normale Arbeitsprüfung an einem Probestück entsprechend der späteren Werkstoffkombination und Bolzenabmessung durchzuführen. Während der Schweißarbeiten ist vor Beginn jeder Schicht eine in Art und Umfang vereinfachte Arbeitsprüfung an einem Probestück durchzuführen. Einwandfreie Bolzenschweißverbindungen zeichnen sich durch hohe mechanisch-technologische Eigenschaften aus. Eine einfache überschlägige Qualitätskontrolle stellt die Biegeprüfung mit Drehmomentschlüssel dar.

Mangelnde Übereinstimmung und Korrekturmaßnahmen

Abweichend von der Norm darf nur der Prozess 141 (Wolfram-Inertgasschweißen) zur Nachbesserung einer einseitig ausgeprägten Schweißnahtwulst angewendet werden. Die Schweißer müssen über eine entsprechende Prüfungsbescheinigung nach DIN EN 287-1 bzw. DIN EN ISO 9606-1 verfügen.

Ausblick

In Zukunft wird die Bedeutung von feuerfesten Auskleidungen und damit von Verankerungen durch Bolzenschweißen zunehmen. Die seit vielen Jahren zu beobachtende Entwicklung, dass geformte feuerfeste Produkte durch monolithische Werkstoffe ersetzt werden, wird weiter zunehmen. Der Vorteil dieser Produkte liegt in der einfacheren Handhabung, sowohl bei der Produktion, der Lagerung und dem Transport, als auch bei der Möglichkeit, anwendungsspezifische Werkstoffe zu entwickeln. Damit einhergehen muss die Anpassung von Befestigungen bzw. Verankerungen. Hier wird auch in Zukunft die Befestigung der Verankerungen durch Bolzenschweißen eine wichtige Rolle spielen.

15.5 Bolzenschweißen in der Wärme-, Kälte-, Schall- und Brandschutzisolierung

In der Isoliertechnik kommt es auf die unbeschädigte Vorder- und Rückseite der verhältnismäßig dünnen Bleche an. Sorgfältiges und sauberes Arbeiten ist hier oberstes Gebot. Schmorstellen durch lose Masseklemmen, ungleichmäßige Zinkschichten, Vibrieren der Teile beim Schweißen oder auch verschmutzte Bolzen führen unweigerlich zu Qualitätsmängeln. Doch hat das Bolzenschweißen, vor allem mit Spitzenzündung, den Ruf eines „Low-Cost"-Verfahrens, bei dem man nur die Schweißpistole aufsetzen und auslösen muss. Die nicht ganz einfachen schweißtechnischen, physikalischen und chemischen Zusammenhänge, insbesondere bei verzinkten und beschichteten Blechen, bleiben oft auf der Strecke, so dass man sich über unbefriedigende Schweißergebnisse nicht wundern darf.

Zu beachten gilt: Zink ist als Korrosionsschutz fast konkurrenzlos, die Verdampfungstemperatur liegt jedoch mit etwa 900°C weit unterhalb der Prozesstemperatur (etwa 1600°C). Durch die hohe Temperatur des Lichtbogens (> 3000 °C) wird die Siedetemperatur des Eisens und des Zinks örtlich überschritten. Dies führt im Bereich des Lichtbogens (Durchmesser bis 5 mm) zu einer örtlichen Metallverdampfung der aufgetragenen Zinkschicht, und im weiteren Schmelzringbereich zu einem An- und Umschmelzen der Zinkoberfläche (Durchmesser bis 4 mm) auf der Blechunterseite (Kanalinnenseite). Bei Blechdicken unter 0,6 bis 0,8 mm lassen sich aufgrund der örtlichen Lichtbogenwirkung und der Wärmeleitung durch das Grundblech auf der Kanalinnenseite thermische Markierungen der Zinkschicht oder Beschädigungen nicht vermeiden. Hierbei wird die Zinkschicht im Millisekundenbereich partiell angeschmolzen, was zu einer Gefügeumbildung im Bereich der Wärmeinflusszone führt. Bei Erkalten bildet sich die Zinkschicht wieder gleichmäßig über der Schweißzone aus. Thermische Markierungen treten bei der Spitzenzündung erst bei Blechdicken unter 0,8 mm und erst nach einer geometrischen Markierung (Durchdruck auf der Rückseite) ein.

Bei galvanischen Verzinkungen (etwa 5 µm) kann generell jedes Spitzenzündungsverfahren verwendet werden, vorzugsweise jedoch das Kontaktverfahren. Im Gegensatz dazu sind Sendzimirverzinkungen mit höheren Schichtdicken (15 bis 25 µm) und Feuerverzinkungen aufgrund höherer sowie schwankender Zink-Schichtdicken schwieriger zu beherrschen.

Eine gewisse Sonderstellung beim Bolzenschweißen nehmen Stifte für die Feuerfest- und Klimaisolierung ein. In der Isoliertechnik, zum Beispiel auf sendzimirverzinkten Luftkanälen, werden oft sogenannte Isoliernägel oder Tellerstifte aufgeschweißt, die keine zylindrische sondern eine kegelige Nagelspitze aufweisen, Bild 15-52.

Hierbei wird der Stift durch die Isoliermatte aufgeschweißt. Da bei beschichteten (verzinkten) Blechen eine relativ lange Schweißzeit erforderlich ist wird zum Schweißen das Kontaktverfahren angewendet, wobei die Schweißzeit zur Verbrennung der Zinkschicht und zum Aufschmelzen des Grundwerkstoffs etwa 10 ms beträgt. Da es sich hierbei um Schweißungen mit nur geringen Qualitätsanforderungen handelt, sind Schwankungen in der Schweißzeit, die von unterschiedlicher Andruckkraft verursacht werden, nicht tragisch. Aufgrund der Sonderstellung der Tellerstifte und Isoliernägel im Bereich des Bolzenschweißens sind die Befestigungselemente keiner Standardisierung unterworfen und unterliegen in den geometrischen Abmessungen sowie der Werkstoffklassifikation der Wahl des Herstellers.

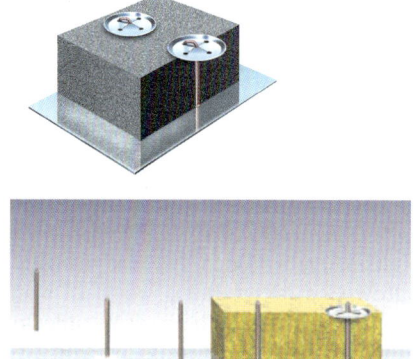
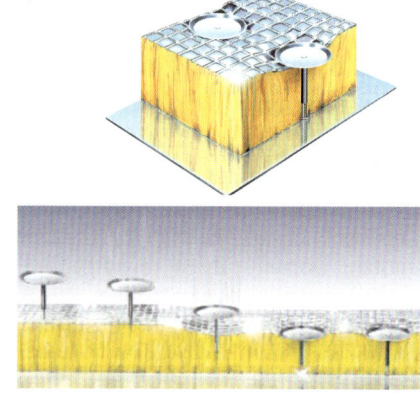

Bild 15-52. a) Isoliernagel und b) Tellerstift.

Die in der Isoliertechnik bisher verwendete Befestigungsmethode des Schweißens von Isolierstiften auf sendzimirverzinkte Grundbleche (Luftkanäle) sowie dem anschließenden Aufdrücken der Isoliermatte und deren Befestigung mit Steckclips wird mehr und mehr von der Befestigungsmethode mit Tellerstiften abgelöst. Da sich die aluminiumkaschierten Steinwollematten auf dem europäischen Markt durchsetzen, ist zur Verhinderung eines Kurzschlusses über die Aluminiumfolie eine elektrische Isolierung an der Kontaktstelle Tellerstift/Aluminiumkaschierung erforderlich. Die Aluminiumfolie wird während des Schweißvorgangs durch ein Stützrohr an der Pistole vom Blechteller nach unten gedrückt, siehe Bild 15-53.

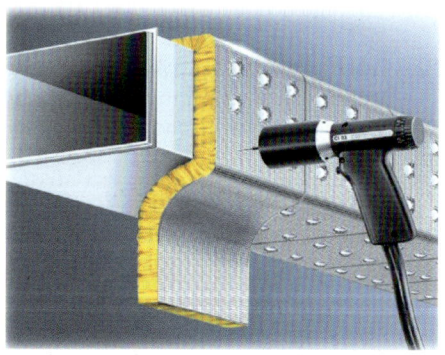

Bild 15-53. Befestigung von Tellerstiften an Aluminiumfolie durch ein Stützrohr an der Pistole.

Die Grundlagen für die Qualitätssicherung legt DIN EN ISO 14555 fest; daneben findet man in den Merkblättern DVS 0903 und DVS 0904 Hinweise zur sicheren Durchführung der Arbeiten. Die Biegeprüfung sollte auch während der Fertigung öfter durchgeführt werden. Er gibt der Schweißaufsichtsperson ein hohes Maß an Sicherheit.

Da es sich beim Schweißen an Luftkanälen nach DIN EN ISO 3834-4 um sehr einfache Schweißungen ohne definierte Kraft oder Wärmeübertragung handelt, gelten die darin festgelegten elementaren Qualitätsanforderungen. Der Bediener muss gemäß DIN EN ISO 14732 qualifiziert bzw. geprüft sein, das heißt ausreichende Fachkenntnisse zum Bolzenschweißen besitzen. Die Prüfung während der Fertigung besteht aus einer einfachen Arbeitsprüfung und Sichtprüfungen an allen Schweißungen. Betreffend Fertigungsplan, Schweiß- und Arbeitsanweisungen, Dokumentation werden keine Forderungen gestellt. Die Qualitätsprüfung sowie Qualitätsberichte sind gemäß der Verantwortung oder Durchführung wie im Vertrag bestimmt vor, während oder nach dem Schweißen durchzuführen.

Die Wahl der Befestigungselemente für die Wärme- und Kältedämmung, die Ausführung sowie die Anzahl der Befestigungselemente in der jeweiligen Schweißposition wird in DIN 4140 „Dämmarbeiten an betriebstechnischen Anlagen" geregelt.

Tabelle 15-8. Auswahlkriterien für Spalt- und Kontaktverfahren.

Blechdicke / Verzinkung / Markierung	Spitzenzündung Spaltverfahren	Spitzenzündung Kontaktverfahren
Blechdicke 0,5 bis 0,8 mm nur galvanische Verzinkung möglichst. geringe geometrische Rückseitenmarkierung	gut geeignet	bedingt geeignet
Blechdicke 0,8 bis 1,2 mm galvanische Verzinkung möglichst geringe geometrische Rückseitenmarkierung	bedingt geeignet	gut geeignet
Blechdicke 1,2 bis 2 mm galvanische Verzinkung keine thermische Rückseitenmarkierung	bedingt geeignet	gut geeignet
Blechdicke 0,8 bis 1 mm Sendzimir-Verzinkung keine thermische Rückseitenmarkierung	nicht geeignet	gut geeignet für Isolierungen (zum Beispiel Tellerstifte)
Blechdicke über 1,2 mm Sendzimir-Verzinkung Rückseitenmarkierung erlaubt	nicht geeignet	bedingt geeignet (Bolzendurchmesser bis 6 mm)

15.6 Bolzenschweißen im Anlagen- und Behälterbau

Die Auskleidung von Bunkern, Silos und Fahrzeugen (zum Beispiel bei Schienenfahrzeugen für den Kohletransport) ist eine häufige Anwendung für das Bolzenschweißen. Dabei wird ähnlich wie bei der Holzdeckenbefestigung im Schiffbau ein Gewindebolzen aufgeschweißt und der Auskleidungswerkstoff (meist Kunststoff, aber auch verschleißfeste Bleche) mit Hilfe einer Spezialmutter angeschraubt. Je nach Verschleißgrad können demnach einzelne Elemente leicht ersetzt werden, Bild 15-54.

Bei der Herstellung von Spanplatten müssen die Holzspäne gleichmäßig gemischt und in konstanter Dichte dem Presswerk zugeführt werden. Dazu dienen Mischwalzen, die am Umfang geschweißte Bolzen tragen. Der Schweißqualität kommt hier eine besondere Bedeutung zu, denn ein abgebrochener Bolzen im Presswerk würde hohe Schäden verursachen, Bild 15-55. Beim Verarbeiten von Baumstämmen dienen Walzen mit geschweißten „Spikes" zum sicheren Transport, Bild 15-56.

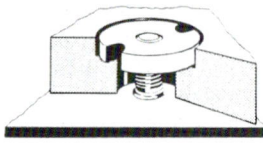

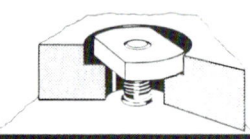

Bild 15-54. Kunststoffplatten-Befestigung.

Bild 15-55. Mischwalze für Holzspäne bei der Herstellung von Spannplatten.

Bild 15-56. Walzen mit Transport von Baumstämmen bei der Verarbeitung.

Gitterroste sind ein vertrautes Bild in vielen industriellen Anlagen. Das Bolzenschweißen ist auch hier ein bewährtes und zuverlässiges Verfahren zur Befestigung. Selbst bei Verlust der Mutter eines Gitterrostes kann sich dieses zwar lösen, wird aber durch den unlösbar befestigten Bolzen an Abrutschen gehindert, Bild 15-57 und Bild 15-58.

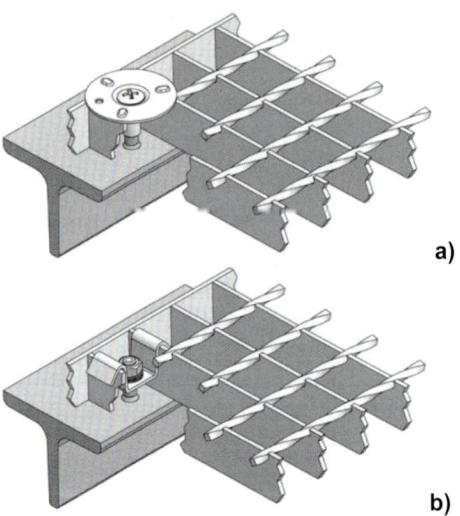

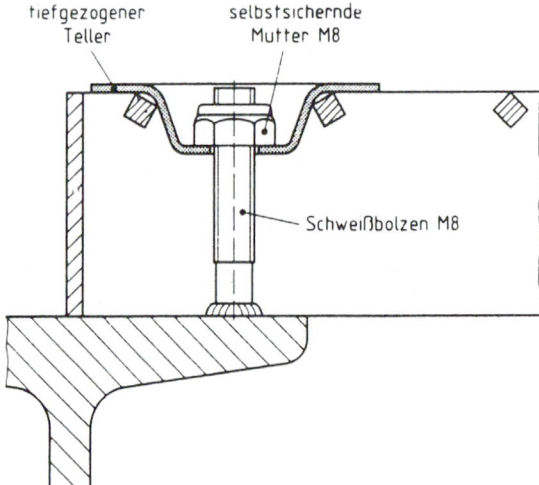

Bild 15-57. In der Praxis bewährte Befestigungen von Gitterrosten;
a) Befestigung mit Halteflansch, Gewindebolzen angeschweißt.
b) Befestigung mit Haltebügel, Gewindebolzen angeschweißt, selbstsichernde Mutter.

Bild 15-58. Gitterrost. Sicherheitsbefestigung mit Schweißbolzen. Teller und selbstsichernder Mutter aus nichtrostendem Stahl.

Im Behälterbau, zum Beispiel bei der Heizkesselfertigung, dienen Bolzen in verschiedenen Ausführungen zum Befestigen von Türen und Deckeln und zur Verbindung von Gerätekomponenten. Hier kommt besonders der Vorteil des Bolzenschweißens zum Tragen, keine Undichtheiten bei Behältern zu verursachen. Die Verbindungen müssen sowohl für die dynamischen als auch für die thermischen Belastungen ausgelegt sein. In der Serienfertigung wird automatisch mit Hilfe von Robotern, vollmechanisch und auch manuell geschweißt, Bild 15-59 und Bild 15-60.

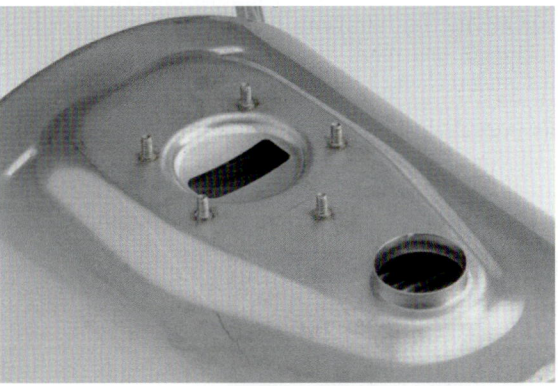

Bild 15-59. Wärmetauscher eines Gasbrennwert-Heizgerätes. Gewindebolzen M 6, geschweißt mit Inverteranlage im Kurzzeitverfahren mit Hubzündung unter Schutzgas. Die Bolzen dienen zur Befestigung des Gasbrenners.

Bild 15-60. Abgasmantel eines Wärmetauschers. Gewindebolzen M 4 x 8, geschweißt im Spitzenzündungsverfahren. Die Bolzen dienen zur Verbindung des Wärmetauschers mit einem Stirlingmotor bei einem Mikro-Kraft-Wärme-Kopplungs-Gerät.

Auf den Gehäusen von Transformatoren dienen Gewindebolzen M 10 aus nichtrostendem Stahl zur Befestigung der Isolatoren, Bild 15-61.

Bild 15-61. Befestigung von Isolatoren mit Gewindebolzen im Transformatorenbau.

15.7 Bolzenschweißen im Verschleißschutzbereich

Ein interessantes Sondergebiet haben sich Sonderbolzen im Verschleißschutz erobert. Bekannt ist seit langer Zeit der Einsatz von hochlegierten Stählen (Legierungselemente Kohlenstoff, Chrom, Molybdän, Wolfram und andere) als Schutz gegen reibenden oder schlagenden Verschleiß in der Rohstoffgewinnung- und -verarbeitung, zum Bespiel in Steinbrüchen, Bergwerken, Hüttenwerken, Hafenanlagen und im Straßen- und Tunnelbau. Dabei liegt der beständigere Werkstoff im Verschleißbereich und muss regelmäßig erneuert werden. Teilweise werden auch Auftragschweißungen aus entsprechend hochlegiertem Schweißgut hergestellt.

Durch das Aufschweißen von sogenannten Noppenbolzen mit einem Durchmesser von 16 bis 22 mm und einer Höhe von etwa 10 mm in einem Gitterraster erreicht man eine wesentliche Verbesserung des Verschleißschutzes. Zwischen den Bolzen lagert sich nach kurzer Betriebszeit Fördergut ab und schützt dadurch den darunterliegenden Werkstoff, Bild 15-62.

Bild 15-62. Ablagerung von Fördergut zwischen den Noppenbolzen.

Auf den ersten Blick scheint das Aufschweißen derart aufhärtungsfreudiger Bolzen nicht möglich, werden doch erhebliche Härtespitzen erreicht. Es wird jedoch in den seltensten Fällen gelingen, einen Noppenbolzen durch Hammerschläge abzubrechen. Dazu trägt die im Verhältnis zum Durchmesser sehr geringe Länge bei, die fast jede Biegung auf das Schweißgut verhindert. Weitere Vorteile bei Noppenbolzen sind die geringe Wärmeeinbringung (geringer Verzug), die hohe Schweißleistung (nur etwa ein Viertel der Schweißzeit/Fläche gegenüber herkömmlicher Panzerung) und die Möglichkeit, Bolzen direkt an das Bauteil zu schweißen. Auftragschweißungen werden dagegen oft erst nach Ausbau des verschleißgefährdeten Bauteils möglich. Außerdem platzen massive harte Schichten bei Durchbiegung oft ab; bei Noppenbolzen besteht diese Gefahr nicht. Einige Anwendungen zeigen Bild 15-63 bis Bild 15-65.

Bild 15-63. Noppenbolzen mit Hartmetallkern als Verschleißschutz auf der Wendelkante und den Werkzeughaltern einer Bohrschnecke.

Bild 15-64. Schaufel eines Großbaggers mit Noppenbolzen als Verschleißschutz.

Bild 15-65. Schneidräder einer Schlitzwandfräse mit aufgeschweißten Noppenbolzen.

15.8 Bolzenschweißen auf hochfesten Stählen

Beim Verschleißschutz werden harte Bolzen auf meist geringerfeste Werkstücke geschweißt. In bestimmten Fällen ist es umgekehrt. Zwei Anwendungen aus dem Maschinen- und Fahrzeugbau sollen hier dargestellt werden:

Tabelle 15-9. Chemische Zusammensetzung (Schmelzenanalyse) eines verschleißfesten Stahls.

Blechdicke mm	C max. %	Si max. %	Mn max. %	P max. %	S max. %	Cr max. %	Ni max. %	Mo max. %	B max. %	CEV typ.	CET typ.
3 – (8)	0,15	0,70	1,60	0,025	0,010	0,30	0,25	0,25	0,004	0,33	0,23
8 – 20	0,15	0,70	1,60	0,025	0,010	0,50	0,25	0,25	0,004	0,43	0,29
(20) – 32	0,18	0,70	1,60	0,025	0,010	1,00	0,25	0,25	0,004	0,48	0,29
(32) – 45	0,22	0,70	1,60	0,025	0,010	1,40	0,50	0,60	0,004	0,57	0,31
(45) – 51	0,22	0,70	1,60	0,025	0,010	1,40	0,50	0,60	0,004	0,57	0,38
(51) – 80	0,27	0,70	1,60	0,025	0,010	1,40	1,00	0,60	0,004	0,65	0,41
(80) – 130	0,32	0,70	1,60	0,025	0,010	1,40	1,50	0,60	0,004	0,73	0,48

In Maschinen, in denen bestimmte Teile starkem Verschleiß ausgesetzt sind, setzt man seit einiger Zeit thermomechanisch behandelte Stähle mit relativ guten Schweißeigenschaften ein. Eine beispielhafte Analyse eines hochverschleißfesten Stahls bei unterschiedlichen Bleckdicken zeigt Tabelle 15-9. Solche Werkstoffe finden Verwendung in Straßenbaumaschinen, Schrottpressen und Auskleidungen für Kippermulden. Eine glatte Außenseite, das schnelle und kostengünstige Anbringen des Befestigungselementes (kein Bohren) und die einfache Demontage (kein Mitdrehen der Schraube) sind entscheidende Argumente für das Bolzenschweißen, Bild 15-66.

In diesem Einsatzfall werden Gewindebolzen M 16 auf Platten aus einem verschleißfesten, aber schweißgeeigneten Stahl geschweißt. Die anfangs bestehende Befürchtung, die Verbindung könnte wegen Aufhärtung wenig verformungsfähig sein, hat sich nicht bestätigt. Durch Vorwärmen auf etwa 150°C (eher eine zuverlässige Trocknung der Oberfläche zur Verminderung des Wasserstoffangebotes) ist seit Jahren eine konstante Verbindungsqualität erzielt worden. Mit manchen Bolzenschweißanlagen kann eine elektrische Vorwärmung stattfinden, bei denen ein starker (bis 200 A) und extrem verlängerter (bis 10 s) Pilotstrom die Oberfläche im Schweißbereich vorbehandelt. Das Schliffbild mit Härteverlauf an einer solchen Bolzenschweißung zeigt Bild 15-67.

 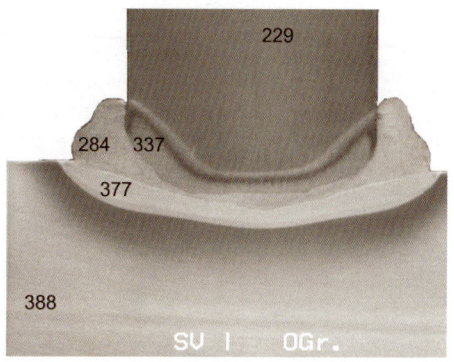

Bild 15-66. Platte aus hochverschleißfestem Stahl mit aufgeschweißten Bolzen M 12 für Straßenbaumaschine.

Bild 15-67. Bolzenschweißen mit Hubzündung mit Keramikring von M 16 auf verschleißfesten Stahl mit Vorwärmung (alle Härtewerte HV 10).

In einem anderen Fall geht es um Fahrzeugkrane, bei denen Hydraulikleitungen auf dem Rahmen aus S960 befestigt werden müssen. Bei solchen hochfesten Feinkornbaustählen muss der Anwender sowohl Kaltrissgefahr bei zu geringer Wärmeeinbringung als auch eine Verschlechterung der mechanisch-technologischen Eigenschaften durch zu hohe Energieeinbringung vermeiden. Es hat sich gezeigt, dass Gewindebolzen M 8 aus S235 in der Güte 4.8 ohne Beeinträchtigung der Eigenschaften des ultrafesten Baustahls aufgeschweißt werden können. Die Härte steigt zwar auf Werte um 500 HV2, die Zähigkeit wird jedoch nicht entscheidend verringert. Der entstehende Martensit hat aufgrund des niedrigen Kohlenstoffgehaltes des Grundwerkstoffes eine geringe Maximalhärte.

15.9 Anwendungen für das Bolzenschweißen mit Spitzenzündung

Das Bolzenschweißen mit Spitzenzündung hat sein Hauptanwendungsgebiet im Dünnblechbereich bis etwa 3 mm Blechdicke. Grundsätzlich gibt es nach oben keine Blechdickenbegrenzung, die notwendige Schweißenergie steigt aber mit zunehmender Blechdicke erheblich an.

Bild 15-68. Bolzenschweißen mit Spitzenzündung in der Schaltschrankfertigung.

Bild 15-69. Frontplatte bei elektrischen Geräten mi Bolzen befestigt.

Bei der Fertigung von Schaltschränken werden die Bolzen zur Befestigung der Tragplatte und die Erdungsbolzen meistens mit Spitzenzündung verarbeitet, Bild 15-68. Auch beim Bestücken eines bereits lackierten Schrankes können nach Säubern der Schweißstelle Bolzen an beliebiger Stelle ohne Beschädigung der Rückseite geschweißt werden. Frontplatten bei elektrischen Geräten werden wegen der unbeeinflussten Frontseite oft mit Bolzen befestigt, Bild 15-69.

Im Fassadenbau gibt es kein Schweißverfahren, das die Rückseite, gerade bei Aluminium und nichtrostendem Stahl, so wenig beeinträchtigt wie das Bolzenschweißen mit Spitzenzündung. Hier ist aber besonders sorgfältiges Arbeiten erforderlich, denn die Verkleidungselemente unterliegen im Betrieb oft dynamischer Belastung (Wind, Wärmespannungen), Bild 15-70.

Bild 15-70. Aufschweißen von Bolzen M 6 aus AlMg3 auf die Rückseite einer Fassadenkassette aus Aluminium.

Vielfältige Anwendungen gibt es in der Gerätefertigung (Waschmaschinen, Kaffeemaschinen, Eierkocher, Bügeleisen und anderes). Die Bolzen dienen hier zur Befestigung von Heizelementen, Schildern, Verkleidungsblechen usw. In der Großserienfertigung lohnt sich oft der Einsatz von aufwendigen, aber zuverlässigen Prozessüberwachungssystemen, die schlechte Schweißverbindungen aussortieren und so gefährliche und rufschädigende Ausfälle beim Kunden verhindern. Beispiele der Anwendung zeigen Bild 15-71 bis Bild 15-77.

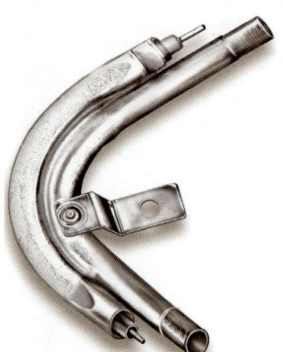  

Bild 15-71. Anschweißen eines Haltewinkels an einem Heizelement.

Bild 15-72. Gewindebolzen zur Befestigung eines Herstellerkennzeichens.

Bild 15-73. Schweißbolzen an einem Wasserkocher.

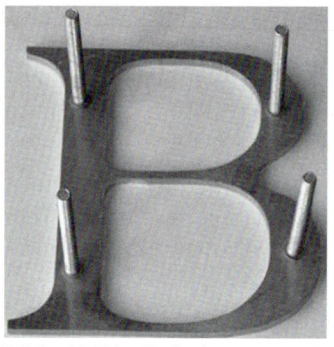 

Bild 15-74. Befestigen von Beschriftungen mit Schweißbolzen. **Bild 15-75.** Maurerkelle mit Gewindebolzen zur Haltegriffbefestigung.

Bild 15-76. Bankschließfachtür mit Schweißbolzen. **Bild 15-77.** Stift-Durchmesser. 1 mm, Werkstoff: CuZn, Werkstück: Abzeichen, Werkstoff: CuZn37.

Beispiele für Bolzen weit unterhalb des geringsten Normdurchmessers sind Nadeln für Ansteckplaketten. Sie haben meistens Durchmesser von 0,6 mm und sind zur besseren Haftung in der Kleidung profiliert, Bild 15-78.

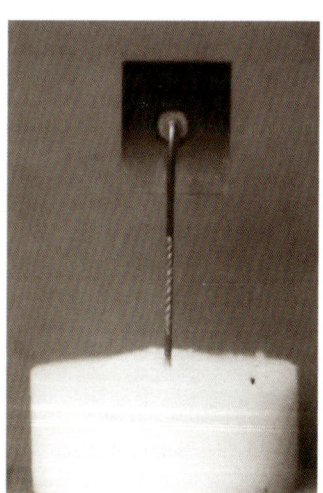 

Bild 15-78. Anstecknadel, bolzengeschweißt mit Spitzenzündung. **Bild 15-79.** Gleichzeitiges Befestigen von zwei Bolzen (Spitzenzündung) für Wärmezähler an einem Heizkörper.

Eine interessante Spezialanwendung ist das Anbringen von Verdunsterröhrchen an Heizkörpern. Dafür werden zwei Gewindebolzen mit einem Durchmesser von 3 oder 4 mm benötigt. Problematisch ist die Einhaltung des genauen Abstandes und (bei Nachrüstungen) das zeitaufwendige Suchen einer Steckdose in jedem Raum. Als Lösung wird eine akkubetriebene Stromquelle mit einer Pistole angeboten, mit der gleichzeitig zwei Bolzen in einem einstellbaren Abstand geschweißt werden. Die Bolzen liegen in Reihe im Schweißkreis, so dass beide Bolzen mit Sicherheit mit gleicher Energie geschweißt werden, Bild 15-79.

16 Schrifttum

[1] Nelson, Edward, US-Patent Nr. 2,191,494, Febr. 1940.

[2] Welz, W., Deutsches Patent Nr. 1565 003: Verfahren zum Anschweißen eines rohrförmigen metallischen Werkstücks an ein plattenförmiges Gegenwerkstück mittels eines elektrischen Lichtbogens (1965).

[3] Kappe, A., und U. Strotmann: Untersuchung des Einflusses der Aluminiummenge auf die Schweißqualität beim Bolzenschweißen mit Hubzündung, Diplomarbeit FH Gelsenkirchen 1995.

[4] Holm, R.: Die technische Physik der elektrischen Kontakte. Springer Verlag, Berlin 1941.

[5] Welz, W., und G. Dennin: Dauerfestigkeit von Konstruktionen mit aufgeschweißten Bolzen. Schweißen und Schneiden 33 (1981), H. 2, S. 63/66.

[6] Jenicek, A., A. Nentwig und W. Welz: Untersuchungen zum Bolzenschweißen mit hochfesten Baustählen. Forschungsbericht Projekt 168 der SLV München, 1990.

[7] Welz, W.: Untersuchung zur Verringerung der Fehleranfälligkeit beim Bolzenschweißen mit Hubzündung. Forschungsbericht Projekt 79, Fortsetzung, SLV München, 1983.

[8] Welz, W., und G. Dietrich: Festigkeitsuntersuchungen an Bolzenschweißverbindungen. Schweißen und Schneiden (23) 1971 (H. 8) S. 308/11.

[9] Rehm, W., W. Welz und G. Habenicht: Untersuchung zur Verringerung der Fehleranfälligkeit beim Bolzenschweißen mit Hubzündung. Schweißen und Schneiden 34 (1982), H. 9, S. 433/37 und DVS-Berichte 76, S. 39/46

[10] DIN EN 1993-1-8/NA:2010:12: Nationaler Anhang – National festgelegte Parameter – Eurocode 3: Bemessung und Konstruktion von Stahlbauten – Teil 1-8: Bemessung von Anschlüssen. Beuth Verlag, Berlin.

[11] Welz, W.: Bolzenschweißen mit hochlegierten Stählen. Forschungsbericht Projekt 133 der SLV München, 1987.

[12] DIN 1910-100:2008-02: Schweißen und verwandte Prozesse – Begriffe – Teil 100: Metallschweißprozesse mit Ergänzungen zu DIN EN 14610:2005. Beuth Verlag, Berlin.

[13] Allgemeine bauaufsichtliche Zulassung Z-30.3-6 vom 1. Mai 2014: Erzeugnisse, Verbindungsmittel und Bauteile aus nichtrostenden Stählen. Deutsches Institut für Bautechnik, Berlin.

[14] DIN EN 1994-1-1:2010:12: Eurocode 4: Bemessung und Konstruktion von Verbundtragwerken aus Stahl und Beton – Teil 1-1: Allgemeine Bemessungsregeln und Anwendungsregeln für den Hochbau. Beuth Verlag, Berlin.

[15] An American National Standard, Structural Welding Code AWS D1.1/D1.1M:2010, Sec. 7: Stud Welding.

[16] Merkblatt DVS 0901 (1998-12): Bolzenschweißprozesse für Metalle – Übersicht. Beuth Verlag, Berlin, und DVS Media, Düsseldorf.

[17] Merkblatt DVS 0902 (2000-12): Lichtbogenbolzenschweißen mit Hubzündung. Beuth Verlag, Berlin, und DVS Media, Düsseldorf.

[18] Merkblatt DVS 0903 (2000-12): Kondensatorentladungs-Bolzenschweißen mit Spitzenzündung. Beuth Verlag, Berlin, und DVS Media, Düsseldorf.

[19] Merkblatt DVS 0904 (2000-12): Hinweise für die Praxis – Lichtbogenbolzenschweißen. Beuth Verlag, Berlin, und DVS Media, Düsseldorf.

[20] Merkblatt DVS 0967 (2010-04): Berechnung von Bolzenschweißverbindungen. Beuth Verlag, Berlin, und DVS Media, Düsseldorf.

[21] Merkblatt DVS 0968 (2008-07): Leistungsangaben von Bolzenschweißgeräten. Beuth Verlag, Berlin, und DVS Media, Düsseldorf.

[22] DIN EN 14610:2005-02: Schweißen und verwandte Prozesse – Begriffe für Metallschweißprozesse. Beuth Verlag, Berlin.

[23] Vergleichende Untersuchungen der Einsatzmöglichkeiten von Gleich- und Wechselstrom beim Lichtbogenbolzenschweißen (Projekt 5094 der SLV München, 1996).

[24] Verbesserung der Schweißqualität beim Lichtbogenbolzenschweißen mit Spitzenzündung von Stahl- und Aluminiumwerkstoffen (Projekt 5118 der SLV München, 2003).

[25] Erprobung der Durchschweißtechnik beim Lichtbogenbolzenschweißen mit Hubzündung an unterschiedlich beschichteten Stahlblechen (Projekt 5131 der SLV München, 2004).

[26] Bolzenschweißen an beschichteten Blechen im Vergleich (Projekt 5132 der SLV München, 2004).

[27] Optimierung der Verbindungsqualität und Ermittlung von verbesserten Prüfkriterien artfremder Schwarz-Weiß-Bolzenschweißverbindungen (Projekt 5137 der SLV München, 2005).

[28] Qualitätsbeurteilung von Bolzenschweißverbindungen mit Hubzündung durch Prozessüberwachung (Projekt 5146 der SLV München, 2008).

[29] Untersuchung zur Vermeidung der Wasserstoffversprödung beim Lichtbogenbolzenschweißen an Stahlwerkstoffen (Projekt 5154 der SLV München, 2010).

[30] Bewertung und Optimierung der Tragfähigkeit von Gewindebolzenschweißverbindungen unter Ermüdungsbeanspruchung (Projekt 5159 der SLV München, 2011).

[31] Olden, V., C. Thaulow und R. Johnsen: Modelling of hydrogen diffusion and hydrogen induced cracking in supermartensitic and duplex stainless steels. Materials and Design 29 (2008), Elsevier Ltd.

[32] Allgemeine bauaufsichtliche Zulassung Z-14.4-585 vom 26. Oktober 2010: KÖCO Gewindebolzen K 800. Deutsches Institut für Bautechnik, Berlin.

[33] Porsch, Markus: Modellierung von Schädigungsmechanismen zur Beurteilung der Lebensdauer von Verbundkonstruktionen aus Stahl und Beton. Dissertation Universität Wuppertal, 2010.

[34] Presseinformation VOGT Ultrasonics GmbH, Burgwedel.

[35] Kopfbolzen des KÖCO-Systems und deren Verschweißung mit Stahlträgern und Ankerplatten in Verbundbaudecken ZAO „CNIIPSK im. Mel'nikova". Werksnorm 0062-2009 (02494680, GE 11181058).

[36] DIN 18800-1:2008-11: Stahlbauten – Teil 1: Bemessung und Konstruktion.. Beuth Verlag, Berlin.

[37] DIN EN 1090-2: 2011:10: Ausführung von Stahltragwerken und Aluminiumtragwerken – Teil 2: Technische Regeln für die Ausführung von Stahltragwerken. Beuth Verlag, Berlin.

[38] DIN EN ISO 13918:2008-10: Schweißen – Bolzen und Keramikringe für das Lichtbogenbolzenschweißen. Beuth Verlag, Berlin.

[39] DIN EN ISO 14555:2014-08: Schweißen – Lichtbogenbolzenschweißen von metallischen Werkstoffen. Beuth Verlag, Berlin.

[40] Lungershausen, H.: Zur Schubtragfähigkeit von Kopfbolzendübeln, Mitteilung Nr. 88-7, Institut für konstruktiven Ingenieurbau, Ruhr-Universität Bochum, Dissertation 1988

[41] DIN SPEC 1021-4-1:2009-08 (DIN CEN/TS 1992-4-1:2009-08): Bemessung der Verankerung von Befestigungen in Beton – Teil 4-1: Allgemeines. Beuth Verlag, Berlin.

[42] DIN SPEC 1021-4-2:2009-08 ((DIN CEN/TS 1992-4-2:2009-08): Bemessung der Verankerung von Befestigungen in Beton – Teil 4-2: Kopfbolzen. Beuth Verlag, Berlin.

[43] DIN EN 1994-2:2010-12 Eurocode 4: Bemessung und Konstruktion von Verbundtragwerken aus Stahl und Beton – Teil 2: Allgemeine Bemessungsregeln und Anwendungsregeln für Brücken. Beuth Verlag, Berlin.

[44] Europäische Technische Zulassung ETA-03/0039 vom 4. Juni 2013: Stahlplatte mit einbetonierten KÖCO-Kopfbolzen aus Stahl und aus nichtrostendem Stahl. Deutsches Institut für Bautechnik, Berlin.

[45] FDBR-Norm 19 (2010-07): Bolzenschweißverbindungen mit Hubzündung für Feuerraum- und Wärmeübertragungsbestiftung im Druckbehälter- und Dampfkesselbau – Ergänzungen zur DIN EN ISO 14555. FDBR – Fachverband Dampfkessel, Behälter- und Rohrleitungsbau e. V., Düsseldorf.

[46] Bauregelliste A (Ausgabe 2014/1), Deutsches Institut für Bautechnik (DIBt), Berlin.

[47] SNiP 2.05.03-84 (Baunormen und Regelungen): Brücken und Rohre. Verlag. M. Gosstroj, UdSSR, 1985.

[48] SNiP 2.05.03-84 (Baunormen und Regelungen): Brücken und Rohre. Neuausgabe SNiP 2.05.03-84 mit Ergänzungen vom 26.11.1991, entwickelt von ZNIIS Mintransstroj ,UdSSR.

[49] DBN W 2.3-14:2006 (Державні будівельні норми – Staatliche Baunormen): Brücken und Rohre – Vorschriften für die Entwicklung. Verlag ISS «Sodtschij», Kiew, 2006.

[50] STP 015-2001: Technologie der Struktur der Anschläge in Form von Rundstäben mit Kopf aus importierten Materialien in den Brückenbaukonstruktionen. Verlag Korporation «Transstroj», 2001.

[51] DIN CEN ISO/TR 15608 (2013-08): Schweißen – Richtlinien für eine Gruppeneinteilung von metallischen Werkstoffen. Beuth Verlag, Berlin.

[52] TKP EN 1994-1-1-2009 (02250): Euro-Code 4. Entwicklung des Verbundbaus Teil 1-1. Allgemeine Vorschriften und Vorschriften für Gebäude.

[53] SNiP 2.03.01-84 (Baunormen und Regelungen): Konstruktionen aus Beton und Stahlbeton. Verlag NIISHB Gosstroj, UdSSR.

[54] Handbuch zur Entwicklung von Beton- und Stahlbetonkonstruktionen aus Schwer- und Leichtbeton ohne Bewehrungsvorspannung (zu SNiP 2.03.01-84). Verlag ZNII Promsdanij Gosstroj. UdSSR, 1984.

[55] Empfehlungen zur Entwicklung von Einbauteilen aus Stahl für Stahlbetonkonstruktionen, Moskau Strojisdat, 1984.

[56] Welz, W.: Bolzenschweißen nach dem Kondensatorentladungsverfahren, Schweißen und Schneiden 16 (1964), H. 5, S. 184/91.

[57] Computer-Programm Sinfo 1: „Schweißen niedriglegierter Stähle" nach H. Thier, SLV Duisburg.

[58] Bystram, M. C. T.: Some aspects of stainless alloy metallurgy and their application to welding problems. British Welding Journal 3 (1956), No. 2.

[59] Roguin, P.: Soudage à l'arc de goujons avec bague réfractaire. Soudage et techniques connexes, Septembre/Octobre 1993.

[60] Roik, K., R. Bergmann, J. Haensel und G. Hanswille: Verbundkonstruktionen, Bemessung auf der Grundlage des Eurocode 4 Teil 1. Beton-Klaneder 1993, Verlag Ernst und Sohn, Berlin.

Weiterführende Literatur

Welz, W.: Probleme des Bolzenschweißens. Maschinenmarkt Nr. 94, November 1964, und Nr. 100, Dezember 1964.

Oring, H.: Das Schaeffler-Diagramm, Aufbau – Anwendung – Genauigkeit. Zeitschrift für Schweißechnik (Zürich) 1968, H. 10; S. 307/11.

Eichhorn, F., und R. Schaefer: Grundlegende Untersuchungen zum Bolzenschweißen mit Kondensatorentladungsenergie. Schweißen und Schneiden 23 (1971), H. 1.

Martin, H. (Interview): Stud welding – the early days. Metal Construction and British Welding Journal 1973, S. 9/10.

Meyer, J., und W. Spandick: Untersuchungen zum heißen Liner als Innenwand für Spannbetondruckbehälter für Leichtwasserreaktoren. Krupp Forschungsinstitut, Essen 1973.

Küster, D.: Standzeitverlängerung von Schmelzkammerauskleidungen. VGB Kraftwerkstechnik 75 (1975), H. 10.

N. N.: Änderung des Bolzenschweißverfahrens mit Hubzündung zur Verringerung der Kerbwirkung am Grundblech (nicht veröffentlicht). SLV München, 1975.

N. N.: Dauerfestigkeit von Bolzenschweißverbindungen (nicht veröffentlicht). SLV München, 1976.

Welz, W.: Heutiger Bedeutung des Bolzenschweißens. Schweißtechnik (Wien) 1977, H. 8.

Knoch, R., und W. Welz: Weiterentwicklung des Bolzenschweißens mit Hubzündung. Mitteilung SLV München, Nr. 57/1978, S. 1/11.

Eichhorn, F.: Untersuchungen über die Anwendbarkeit des Bolzenschweißens bei wetterfesten und hochfesten Baustählen. RWTH Aachen, 1979.

Arnhold, H.-J.: Stand des Lichtbogenbolzenschweißens im Ingenieurbau. Schweißen und Schneiden 32 (1980), H. 12 S. 496/501.

Eichhorn, F., und H.-W. Langenbahn: Bolzenschweißen mit Hubzündung an Feinkornbaustählen und durch verzinkte Verschalungselemente. Schweißen und Schneiden 34 (1982), H. 8.

Eichhorn, F., und Langenbahn H.-W.: Untersuchungen über die Anwendbarkeit des Bolzenschweißens mit Hubzündung beim Schweißen verzinkter Stahlbleche, Projekt 80 RWTH Aachen, 1982.

Hahn, O., und K.-G. Schmidt,: Untersuchungen zur Prozeßanalyse und prozeßbegleitenden Qualitätskontrolle beim Bolzenschweißen mit Spitzenzündung. Universität Gesamthochschule Paderborn, Laboratorium für Werkstoffe und Fügetechnik, 1983.

Pollok, C.: Bolzenschweißen im Bauwesen. Merkblatt 459, 2. Auflage 1984. Beratungsstelle für Stahlverwendung, Düsseldorf.

Yang, G., und W. Welz: Kurzzeitbolzenschweißen mit Hubzündung. Schweißen und Schneiden 38 (1986), H. 3, S. 128/31.

Welz, W., und E. Hagn: Reibbolzenschweißen – ein Gerät für neue Anwendungsgebiete Der Praktiker 41 (1989), H. 8.

Welz, W., und R. Zwätz: Nachbessern von Bolzenschweißverbindungen. Der Praktiker 42 (1990), H. 2.

Welz, W., A. Nentwig und A. Jenicek: Bolzenschweißen mit Hubzündung an Aluminiumwerkstoffen. Aluminium 1991, S. 153/59.

Jenicek, A., A. Nentwig und W. Welz: Verbesserung der Reproduzierbarkeit des Bolzenschweißens mit Hubzündung. Forschungsbericht Projekt 207, SLV München 1993.

Trillmich, R.: Stand des Lichtbogenbolzenschweißens in der Praxis. Der Praktiker 45 (1993), H. 10 und H. 12 sowie 46 (1993), H. 2.

Trillmich, R., und W. Keuchel: Erfahrungen beim Bolzenschweißen in Müllverbrennungsanlagen. Der Praktiker 47 (1995), H. 7.

Trillmich, R.: Erfahrungen beim Bolzenschweißen mit neuen Stromquellen und Steuerungen. DVS-Berichte 162, S. 18/21. DVS Media, Düsseldorf 1994.

Mecke, H., H.-D. Musikowski, T. Reiter und F. Cronacher: Aufschweißen hohlzylindrischer Verbindungselemente mit magnetisch bewegtem Lichtbogen. Der Praktiker 47 (1995), H. 9.

N. N.: Untersuchungen zum Kurzzeitbolzenschweißen mit moderner Gerätetechnik. AiF-Bericht Nr. 9310, SLV München 1995.

Jenicek, A., und A. Nentwig: Untersuchungen zum Kurzzeitbolzenschweißen mit moderner Gerätetechnik. Schlußbericht, SLV München, 1995.

Trillmich, R.: Lichtbogenbolzenschweißen – auch bei dünnen beschichteten Blechen Der Praktiker 48 (1996), H. 9 und H. 10.

Untersuchungen zum Lichtbogenbolzenschweißen dünner Aluminiumbleche (1 bis 3 mm). Projekt 5092, SLV München, 1997.

Trillmich, R.: Bolzenschweißen auf dünnen und beschichteten Blechen. Bleche Bänder Rohre 9/1998.

Trillmich, R.: Bolzenschweißen auf verschleißfesten Feinkornbaustählen. Bleche Bänder Rohre 4/1999.

Trillmich, R.: Bolzenschweißen – Regelung für Schwarzweiß-Verbindungen. M & T Metallhandwerk 3/2000.

Trillmich, R.: Verbundbau mit der Bolzenschweißtechnik. Der Praktiker 54 (2002) H. 4, S. 126/32.

Jenicek, A., und H. Cramer: Stand und Zukunftsaussichten der Sonderschweißverfahren – Teil 2: Bolzenschweißen: Schweißen und Schneiden 54 (2002); H. 11, S. 650/59.

Bach, F.-W., R. Versemann, T. Krüssel und C. Bruns: Reib- und Lichtbogenbolzenschweißen von Verbindungselementen mit metallischen Schäumen. Schweißen und Schneiden 55 (2003), H. 9, S. 494/501.

Bach, F.-W., H. Haferkamp, T. Krüssel, W. Schreiber und R. Versemann: Lichtbogenbolzenschweißen mit Hubzündung für Unterwasseranwendungen. Schweißen und Schneiden 56 (2004), H. 3, S. 106/12.

Jenicek, A., H. Cramer und M. Berndl: Erprobung der Durchschweißtechnik beim Lichtbogenbolzenschweißen mit Hubzündung an unterschiedlich beschichteten Stahlblechen. Schweißen und Schneiden 57 (2005), H. 9, S. 464/71.

Jenicek, A., und H. Cramer: Verbesserung des Tragverhaltens artfremder Bolzenschweißverbindungen. Schweißen und Schneiden 58 (2006), H. 10, S. 542/49.

Jenicek, A., H. Cramer und T. Bschorr: Bolzenschweißen an beschichteten Blechen im Vergleich. Schweißen und Schneiden 57 (2005), H. 11, S. 620/26.

Klier, R.: Lichtbogenbolzenschweißen – Teil 1: Verfahren und Anwendungsbeispiele. Der Praktiker 59 (2007), H. 11, S. 346/54.

Klier, R.: Lichtbogenbolzenschweißen – Teil 2: Einflussgrößen und ihre Auswirkungen auf das Fügeergebnis. Der Praktiker 59 (2007), H. 12, S. 386/90.

Trillmich, R.: Zur Qualitätssicherung beim Bolzenschweißen – Was sagt die DIN EN ISO 14555:2006 dazu? (Teil 2). Der Praktiker 60 (2008), H. 7, S. 258/62.

Trillmich, R.: Erfahrungen bei der Kalibrierung von Geräten zum Bolzenschweißen. Der Praktiker 60 (2008), H. 4, S. 136/41.

Trillmich, R.: Zur Qualitätssicherung beim Bolzenschweißen – Was sagt die DIN EN ISO 14555/2006 dazu? (Teil 1). Der Praktiker 60 (2008), H. 6, S. 198/202.

Zwoch, S., W. Reimche, J. Klotz und F.-W. Bach Entwicklung einer Ultraschallprüftechnik zur Qualitätsbewertung von Bolzenschweißverbindungen. Schweißen und Schneiden 60 (2008), H. 4, S. 205/10.

Klier, R.: Verankerungen für Feuerfestverkleidungen und Isolierstoffe durch Bolzenschweißen befestigen (Teil 1). Der Praktiker 60 (2008), H. 2, S. 87/90.

Klier, R.: Verankerungen für Feuerfestverkleidungen und Isolierstoffe durch Bolzenschweißen befestigen (Teil 2). Der Praktiker 60 (2008), H. 3, S. 114/19.

Jenicek, A., und H. Cramer: Qualitätsbeurteilung von Bolzenschweißverbindungen mit Hubzündung durch Prozessüberwachung. Schweißen und Schneiden 60 (2008), H. 12, S. 684/90.

Gragres, H., J. Lange und R. Trillmich: Untersuchung zur Stahlträgerverformung durch Aufschweißen von Verbundmitteln., Schweißen und Schneiden 60 (2008), H. 4, S. 211/15.

Schmitt, K. G.: Bolzenschweißen mit Wechselstrom bei Aluminiumwerkstoffen – Stand der Technik und aktuelle Erfahrungen. Der Praktiker 61 (2009), H. 8, S. 254/58.

Gruß, D., H. Kache, R. Nickel, B.-A. Behrens, A. Jenicek und H. Cramer: Bolzenschweißen in Blechumformwerkzeugen. Schweißen und Schneiden 62 (2010), H. 6, S. 322/27.

Jenicek, A., und H. Cramer: Ermittlung von Wasserstoffgehalten an Lichtbogenbolzenschweißungen mit Keramikringen und deren Einfluss auf die Schweißqualität. Schweißen und Schneiden 62 (2010), H. 9, S. 502/07.

Jenicek, A., A. Petropoulos und H. Cramer: Ermittlung des Ermüdungsverhaltens von M 12-Gewindebolzenschweißungen mit unterschiedlicher Wulstgeometrie. Schweißen und Schneiden 64 (2012), H. 6, S. 320/25.

Trillmich, R.: Geänderte Anforderungen: Bolzenschweißen – neugefasste Norm DIN EN ISO 14555. Der Praktiker 65 (2013), H. 5, S. 176/81.

Weitere Normen

DIN 8528-1:1973-06: Schweißbarkeit – metallische Werkstoffe, Begriffe (zurückgezogen). Beuth Verlag, Berlin.

DIN 4140:2014-04: Dämmarbeiten an betriebstechnischen Anlagen in der Industrie und in der technischen Gebäudeausrüstung – Ausführung von Wärme- und Kältedämmungen. Beuth Verlag, Berlin.

DIN 50133:1985-02: Prüfung metallischer Werkstoffe – Härteprüfung nach Vickers – Bereich HV 0,2 bis HV 100 (zurückgezogen). Beuth Verlag, Berlin.

DIN 54111-1:1988-05: Zerstörungsfreie Prüfung – Prüfung metallischer Werkstoffe mit Röntgen- und Gammastrahlen – Aufnahme von Durchstrahlungsbildern von Schmelzschweißverbindungen (zurückgezogen). Beuth Verlag, Berlin.

DIN 83402-1:2006-03: Mannlochverschlüsse der Nenngröße 600 × 400 für Drücke bis 1,1 bar oder 3 bar – Teil 1: Zusammenstellung, Einbau. Beuth Verlag, Berlin.

DIN 83402-2:2008-08: Mannlochverschlüsse der Nenngröße 600 × 400 für Drücke bis 1,1 bar oder 3 bar – Teil 2: Rahmen, Deckel. Beuth Verlag, Berlin.

DIN EN 462-4:1994-12: Zerstörungsfreie Prüfung – Bildgüte von Durchstrahlungsaufnahmen – Teil 4: Experimentelle Ermittlung von Bildgütezahlen und Bildgütetabellen (zurückgezogen). Beuth Verlag, Berlin.

DIN EN 10088-1:2014-12: Nichtrostende Stähle – Teil 1: Verzeichnis der nichtrostenden Stähle. Beuth Verlag, Berlin.

DIN EN 10088-2:2014-12: Nichtrostende Stähle – Teil 2: Technische Lieferbedingungen für Blech und Band aus korrosionsbeständigen Stählen für allgemeine Verwendung. Beuth Verlag, Berlin.

DIN EN 10088-3:2014-12: Nichtrostende Stähle – Teil 3: Technische Lieferbedingungen für Halbzeug, Stäbe, Walzdraht, gezogenen Draht, Profile und Blankstahlerzeugnisse aus korrosionsbeständigen Stählen für allgemeine Verwendung. Beuth Verlag, Berlin.

DIN EN 10204:2005-01: Metallische Erzeugnisse – Arten von Prüfbescheinigungen. Beuth Verlag, Berlin.

DIN EN 50199:1996-06, VDE 0544-206:1996-06: Elektromagnetische Verträglichkeit (EMV) – Produktnorm für Lichtbogenschweißeinrichtungen (zurückgezogen). Beuth Verlag, Berlin.

DIN EN 60974-1:2013-06, VDE 0544-1:2013-06: Lichtbogenschweißeinrichtungen – Teil 1: Schweißstromquellen (IEC 60974-1:2012). Beuth Verlag, Berlin.

DIN EN ISO 898-1:2013-05: Mechanische Eigenschaften von Verbindungselementen aus Kohlenstoffstahl und legiertem Stahl – Teil 1: Schrauben mit festgelegten Festigkeitsklassen – Regelgewinde und Feingewinde. Beuth Verlag, Berlin.

DIN EN ISO 9015-1:2011-05: Zerstörende Prüfung von Schweißverbindungen an metallischen Werkstoffen – Härteprüfung – Teil 1: Härteprüfung für Lichtbogenschweißverbindungen.

DIN EN ISO 9015-2:2011-05: Zerstörende Prüfung von Schweißverbindungen an metallischen Werkstoffen – Härteprüfung – Teil 2: Mikrohärteprüfung an Schweißverbindungen. Beuth Verlag, Berlin.

DIN EN ISO 14731:2006-12: Schweißaufsicht - Aufgaben und Verantwortung. Beuth Verlag, Berlin.

DIN EN ISO 14732:2013-12: Schweißpersonal – Prüfung von Bedienern und Einrichtern zum mechanischen und automatischen Schweißen von metallischen Werkstoffen. Beuth Verlag, Berlin.

Fachinformation für die Füge-, Trenn- und Beschichtungstechnik

- Zeitschriften
- Fachbücher
- Praxisratgeber
- Publikationen für praktische und theoretische Ausbildung
- Normensammlung
- Software
- DVS-Regelwerk
- Wissenschaftliche Veröffentlichungen

DVS Media GmbH • Aachener Straße 172 • 40223 Düsseldorf
Tel: +49. (0)2 11. 15 91-161 • Fax: +49. (0)2 11. 15 91-250 • media@dvs-hg.de • www.dvs-media.eu